高等学校“十三五”规划教材

给排水科学与工程专业
大学生创新创业训练与实例

张立勇　主　编
王　志　焦　昆　副主编
刘俊良　主　审

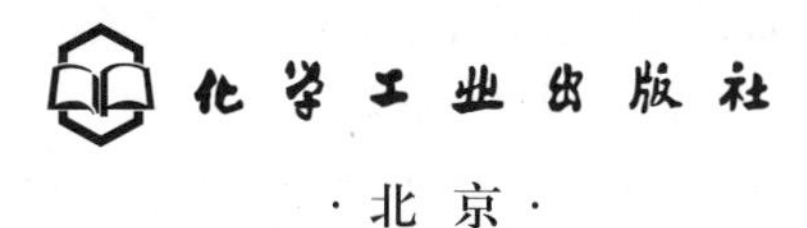

·北京·

本书在总结了作者多年实践的基础上，按照当前国家对大学生创新创业的政策和导向，介绍了给排水科学与工程专业大学生参与创新、创业训练活动的过程和要点。全书共分13章，内容包括概述、大学生创新创业训练活动流程及要求、作品展示与答辩技巧、科技作品制作、科技论文写作、社会科学类社会调查报告写作、创业计划书写作；此外，还精选了有代表性的作品案例并加以介绍。

本书可供市政工程、环境工程等领域的工程技术人员、科研人员参考，也可供高等学校给排水科学与工程及相近专业师生使用，同时可供有志于进行科技创新及创业实践的青年及团队参考和借鉴。

图书在版编目（CIP）数据

给排水科学与工程专业大学生创新创业训练与实例/张立勇主编．—北京：化学工业出版社，2017.3

ISBN 978-7-122-28890-5

Ⅰ.①给…　Ⅱ.①张…　Ⅲ.①给排水系统-高等学校-教学参考资料　Ⅳ.①TU991

中国版本图书馆CIP数据核字（2017）第008684号

责任编辑：刘兴春　刘　婧　　　文字编辑：汲永臻
责任校对：王素芹　　　装帧设计：韩　飞

出版发行：化学工业出版社（北京市东城区青年湖南街13号　邮政编码100011）
印　　刷：北京永鑫印刷有限责任公司
装　　订：三河市宇新装订厂
787mm×1092mm　1/16　印张17½　字数422千字　　2017年5月北京第1版第1次印刷

购书咨询：010-64518888（传真：010-64519686）　售后服务：010-64518899
网　　址：http://www.cip.com.cn
凡购买本书，如有缺损质量问题，本社销售中心负责调换。

定　　价：68.00元　　

前言

中国共产党第十八次全国代表大会（简称中共十八大）以来，由国家有关部门牵头组织的带有权威性、导向性、示范性、大众性的创新创业竞赛活动，如“创青春”全国大学生创业计划大赛、大学生课外学术科技作品竞赛等，对引导在校大学生热爱科学、追求创新、了解创业、迎接挑战发挥了积极的作用，促进了高校学生课外科技和创业训练活动的广泛开展，深化了社会各界对大学生科技活动的参与程度。这些举措无疑对大学生科技活动的蓬勃开展起到了推动作用。在此氛围影响下，全国各高校进一步认识到大学生科技活动的重要性并出台了积极的举措，逐步提高了大学生科技活动经费，建立了相应的工作机制和激励机制，创办了一批大学生科研基地和科技实体，令大学生科技活动开始走上规范化、制度化、良性发展的轨道，完成了从“萌芽”到“繁荣”的过渡。

科技创新和创业训练活动作为一种探索性的实践过程，最突出的特征就是“新”，许多新思想、新方法、新技术的产生均来源于这种实践活动。作为一种实践环节，该活动过程中可强化学生实际动手能力和实践技能，实现从科学知识型向实用技能型转化，有利于将课本知识和实际问题相结合，是大学生深化知识、增强能力的有益补充。因此，课外科技创新和创业训练活动是培养学生创新意识的最佳切入点和重要途径，它为广大学生提供了参与创新活动的舞台。

大力开展创新创业训练活动，是高校构建适应时代要求的全新人才培养模式的重要手段，通过引导大学生参与课外科技创新活动的探索与实践，我们认识到大学生课外科技创新活动意义重大。

本书分为基础篇和案例篇两部分，从项目解析到实践操作均做了详细的介绍，特别注重从项目实际角度出发去论述该项目所属类别中的基本原理、写作方法、注意事项等。主要内容如下：第 1 章，介绍大学生参加创新活动的背景、意义、优势、前期准备及组织工作，同时，对给排水科学与工程专业特色也进行了简要分析；第 2 章，简要梳理了大学生创新创业训练活动与竞赛的类型，以“挑战杯”系列竞赛为例介绍了相关活动的主要流程和对参与者及指导教师的基本要求；第 3 章，按照活动进程，依次阐述了创新创业训练活动选题、过程控制、结题材料撰写等方面内容；第 4 章，介绍了大学生创业训练项目主要结题材料中创业计划书的主要框架以及撰写方法；第 5 章，分别介绍了适合于给排水科学与工程专业学生参与的自然科学类学术论文和社会调查报告的写作方法；第 6 章，简要介绍了发明的定义和分类，叙述了发明制作类作品的设计思路，参照专利说明书的写作框架说明了产品设计说明书的主要内容及写作方法；第 7 章，介绍了大学生创新创业训练项目作品展示方案、陈述与答辩技巧、答辩台风等环节需要注意的事项；最后，在案例篇中，分别举例介绍了产品类创业计划书、服务类创业计划书、公益类创业计划书以及自然科学类课外作品、社会科学类课外作品、发明制作类作品的写作框架和内容。

总之，本书强调理论分析与实践相结合，论述浅显易懂，内容丰富翔实。我们相信本书对促进大学生参加创新创业计划活动具有一定的指导意义和参考价值。

本书由张立勇任主编，王志、焦昆任副主编，刘俊良任主审。

参加编写人员及其分工编写内容如下：第 1 章、第 2 章由张立勇、赵旭阳、张铁坚编写；第 3 章至第 6 章由焦昆、王佳惠、张小燕编写；第 7 章由王志、季准编写；案例部分由张立勇、张铁坚、张小燕、赵旭阳、冀雅婉整理和编写。此外，河北农业大学学生梁丽华、郑迅参与了本书文字整理工作。全书最后由张立勇、王志、焦昆统编、定稿。

在本书编写过程中得到了河北农业大学校团委和城乡建设学院的大力支持，得到了化学工业出版社的鼓励和帮助，得到了保定市格美投资有限公司的资助，在此表示衷心感谢。

由于编者水平有限，加之内容较多、时间较短，书中难免有不足或疏漏之处，敬请读者批评斧正。

编者

2016 年 11 月

目录

上篇　基础篇

下篇 案例篇

上篇

基础篇

第1章 概述

1.1 大学生参与创新创业训练活动的时代背景

进入21世纪之后，科学发现、技术发明与商品化产业化之间的关系越来越紧密，科技成果转化为现实生产力的周期越来越短，科技进步和创新越来越成为经济社会发展的重要决定因素。这些都给处于改革攻坚阶段的中国带来巨大的机遇和严峻的挑战。国际化的中国也在更广的领域里直接面对全球技术、信息和资本市场的竞争。因此大力实施“科教兴国”战略，努力培养广大青年的创新创业意识，造就一批能够适应未来挑战的高素质人才，已经成为实现中华民族伟大复兴的时代要求。

在知识经济时代的今天，国家十分重视人才的培养，培养高素质人才是发展知识经济的重要途径。从世界高等教育发展的角度来看，高等教育由精英化走向大众化之后，教育的核心目标是为国家培养出适应未来竞争需要的高素质创新人才。因此，如何加强大学生科技创新素质和能力培养，如何在全面素质教育基础上突出创新教育、增强大学生的科技创新能力，已经成为高校教育改革的重大课题。

大学作为知识创新、技术创新、知识传播和知识应用的主体，在国家创新体系中具有不可替代的作用。我国已经以法律形式赋予高等教育以“培养具有创新精神和实践能力的高级人才，发展科学技术文化，促进社会主义现代化建设”的使命。高校通过开展创新创业活动，为大学生提供了增长知识、拓展视野、增强能力、提升素质的平台。此类活动一方面可以不断提升大学生的综合分析、实践能力；另一方面可以成为科技成果向现实生产力转化的有效途径之一，也是企业界接触和物色储备人才、引进科技成果、宣传企业、树立企业形象的最佳机会。

接受高等教育的大学生是青年中的佼佼者，是高级专业技术人才的重要来源。为了激发创新意识，提高创新创业能力，促进创业和就业全面协调发展，国家有关部门及地方各级政府认真贯彻实施中央的战略部署，在培养科技创新创业人才方面出台了一系列政策措施。

2010年，教育部下发的《关于大力推进高等学校创新创业教育和大学生自主创业的意见》就提出“提高自主创新能力，建设创新型国家”和“促进以创业带动就业”的发展战略，明确指出“大学生是最具创新、创业潜力的群体之一，在高等学校开展创新创业教育，积极鼓励高校学生自主创业，是教育系统深入学习实践科学发展观，服务于创新型国家建设的重大战略举措；是深化高等教育教学改革，培养学生创新精神和实践能力的重要途径；是落实以创业带动就业，促进高校毕业生充分就业的重要措施”。

2012 年，教育部又下发了《普通本科学校创业教育教学基本要求（试行）》，对普通本科学校创新创业教育教学工作提出了要求，“各地高校认真抓好大学生的创新创业教育，并把鼓励创新创业、支持创新创业、成就创新创业摆到高校毕业生就业工作更加突出的位置”。

中国共产党第十八次全国代表大会（简称中共十八大）后，为了贯彻落实习近平总书记系列重要讲话和党中央有关指示精神，共青团中央、教育部、人力资源社会保障部、中国科协、全国学联决定，在原有“挑战杯”中国大学生创业计划竞赛的基础上，自 2014 年起共同组织开展“创青春”全国大学生创业大赛，每两年举办一次。

2015 年，李克强总理在政府工作报告中提出“大众创业，万众创新”这一全民创新的新理念，指出推动大众创业、万众创新，“既可以扩大就业、增加居民收入，又有利于促进社会纵向流动和公平正义”。在论及创业创新文化时，强调“让人们在创造财富的过程中，更好地实现精神追求和自身价值”。

大学生是具有创造潜力和活力的学生群体，因此，培养和激发大学生的科技创新意识就显得尤为重要。结合当前大学生就业压力大、就业难的现状以及大学生普遍存在的动手操作能力低、所学知识生硬等问题，越来越多的大学生已经意识到参加创新活动的重要性。在这个过程中，参与者可以根据自己的兴趣、爱好，选择某个方面开展研究，容易激发其内在的学习动机，使其真正成为学习的主人，自觉地参与到科研活动当中，亲自感受、理解知识产生和发展的过程，感受、体验创新认识、创新思想和创新事物产生和发展的过程，激发出强烈的好奇心和创造欲望。此外，还可以增强大学生自我管理、项目管理以及互相沟通的能力，还提升了大学生心理、思想以及科学等各方面的素质。

1.2　大学生创新创业训练活动的积极意义

大学生创新创业训练活动作为高校培养学生创新创业教育活动和校园文化建设的重要载体，是提高高校毕业生创新能力和就业竞争力的有效途径。大学生科技创新活动作为课堂教学的重要补充和拓展，已经成为大学生丰富实践经验的重要环节，能够为学生提供自由广阔的发展空间，引导学生培养创新意识和创新能力，使学生的素质获得充分的展示与锻炼。

（1）有助于促进课堂学习方式的转变

创新创业活动是对课堂知识的延伸和补充，通过课堂知识的学习，构建社会主义学习观，获得丰富的理论知识，可是这些知识不是用于死记硬背、纸上谈兵的，需要通过课外活动，学生才会有目的的自我构建知识体系，更有效地将所学的知识和基本理论立体化，并综合运用到实践之中。同时，大学生参与创新创业训练活动，不断积极主动、充分地调动知识储备，这无疑会强化、加深对课堂知识的理解，通过对知识的反复实践从而形成相对完整的、适用于解决实际问题的知识体系。创新创业训练活动为大学生提供了一个发展自我、张扬个性的平台，在活动中，学生通过实践活动掌握知识的同时，从中寻找最适合自己的学习方式，从中发现问题，找到学术创新理论创新的方向，学以致用。

（2）有助于提高参与者的科研能力

很多大学生刚步入大学校园就对科研创新产生浓厚兴趣，而创新创业训练活动有助于学生了解科研方法，熟悉科研工作流程，提高科研能力。很多情况下，考研深造已经成为一种趋势，可是盲目跟风不仅会耽误自己的时间，甚至会错过就业的最佳机会，所以可以根据自己的实际情况，通过参加创新创业训练活动来验证继续深造搞科研是否是最佳选择。而且在考研复试过程中，很多导师都倾向于选择那些有科研创新经历的学生，因为项目的紧迫性、时间的有限性都要求学生有一定的科研基础，从而更容易适应科研，为导师做一些力所能及的工作。创新创业训练活动为大学生了解“观察、实验、归纳、演绎、分析、综合、系统分析方法、信息方法、功能模拟方法”等科学的研究方法、建立“逻辑思维、创造思维、抽象思维、形象思维”等科学的思维方法搭建了一个更广阔的平台，有利于以后的学习和积累科研工作经验。

(3) 有助于参与者创新意识和创业能力的培养

创新创业训练活动主要包括三个方面：一是科技知识的学习与提高，包括开展学术讲座、学术交流等；二是科技的发明创造，包括开展科学研究、发明制作、撰写学术论文等；三是科技的推广应用，包括开展科技咨询、社会调查、技术开发、创业实践等。活动的丰富性有利于提高学生自身的综合素质。不管是各方面能力的提升还是素质的提升，对于大学生成长成才都有激励作用。从管理项目的角度来看，科技创新活动实际上就是一个系统工程，包括课题设计、文献查找、资料收集、实验操作、调查研究、数据处理、结果分析、论文撰写等一系列有计划、有组织的过程环节。在这个相对复杂的科研项目过程中，大学生要根据自己掌握的知识、具备的能力和科学的分析，制定详细的实施方案和步骤，运用正确的方法，提高工作效率，用整体论和创造性的方式来应对这个复杂多变的研究过程。在科学技术迅猛发展的今天，社会分工越来越明确，科学实践的道路上除了个人艰苦探索、不断创新，也需要团队的良好沟通、协作与支持，以达到个人无法达到的目标，这就需要不断与他人沟通，用简明易懂的话语来表达自己的想法，从而提高自己的人际交往沟通能力。

(4) 有助于促进参与者完善职业规划

在学生就业面临困难的背景下，针对大学生进行职业生涯指导，促进毕业生职业生涯顺利发展，也已成为全面提升学生综合素质的重要途径。为了促进学生职业生涯能够持续发展，在学生在校期间对其进行必要的职业创新教育是必不可少的。

创新创业训练活动有助于学生在步入高等教育大门之后，尽早地根据社会需要和自身所长，结合理论学习和创新实践的亲身感受，进行职业生涯规划并不断加以修正、完善。很多即将毕业的大学生都面临着就业还是创业的选择，与其在毕业时彷徨迷茫，还不如提前为毕业做好准备，尤其是其中具有代表性的创业实践活动，通过创业计划书文本的制作，充分了解创业的流程。在参与的过程中，结合自己的性格和能力，尽可能为自己制定明确的职业规划，适合做文本整理工作，还是技术研究工作，在团队分工中，找准自己的目标，针对性地学习，在学习的过程中不断提高。

(5) 有助于提升参与者的社会责任感

学生在参与创新创业活动的过程中需要关注社会、关注身边的人，通过不断实践努力解决实际问题，养成“找到痛点、解决难点”的优良生活习惯。

1.3　大学生参与创新创业训练活动的优势

（1）大学学习生活特点

从中学到大学，学生的学习模式、学习环境、学习状态都发生了明显转变，从纯粹的知识接受者转变为学以致用的知识运用者。美国著名哲学家、教育家杜威的实用主义教育理论中谈到“学校即社会，教育即生活”，就是对大学学习状态的生动描述。进入大学，也就相当于进入了社会，学生的角色在不知不觉地发生着转变。大学更像是社会生活的缩影，通过大学这个“雏形社会”使社会经验简单化、纯净化，并且学校自身的生活就是社会生活的一部分，要想更好地适应社会的生活必须先将学校变成社会。这是由于身份的转变，令大学生更能够自主地开展创新创业活动。

首先，中学阶段的学习是基于升学的压力，强调书本知识的传授，传统的知识观、教育观和学习观没有得到根本变革，重知识轻实践，教学仍然没有摆脱课堂、教师、书本的束缚；大学的学习则是更依赖自我管理、独立思考的自主学习方式，正体现了社会属性的自我约束，自我管理的特性。

其次，中学阶段的学习内容大多是基础的公共知识，学习过程程式化、学习结果唯一性，不需要、也不能够对学习内容进行偏离正确答案的发挥；大学的学习内容比高中时期要广泛得多。除了学习系统的专业理论知识，各方面的实践也非常重要。大学期间，学生能够根据自己的喜好兴趣，参加各种形式的学术活动、社会实践活动以及其他形式的学生活动，通过参与其中，得到乐趣。

再次，就是人际关系发生变化。中学时生活在相对熟悉、稳定的学习环境中，与社会的接触机会不多，对社会的认识比较单一；进入大学，学习环境宽松，有更多机会结识不同专业的同学、不同个性的朋友、不同职业的人群，可以与老师进行课业问题的互动，可以与专业人士进行学术问题的探讨，可以与校友进行职业规划的交流，这些人际关系的交往，对于扩展创新创业思维有很好的促进作用。

最后，大学生处于知识有了初步积累、求知欲强、动手能力强、创造力丰富的人生阶段，对学习、社会的理解较之于中学生更为深入、成熟，对于未来的发展、就业的方向更为明确。在这样的情况下，为了自身的成长以及更好对接工作岗位，大学生更能够主动参与基于专业的创新创业训练活动，全面系统地锻炼自己。

（2）大学生创新创业活动特征

创新创业活动，是大学生群体在国家有关部门和学校的组织引导下，依靠专业教师指导，自主开展的一种科技学术活动。活动主体是包括本专科生、硕士生和博士生在内的整个高校学生群体，多数活动限定以全日制在校学生参与；活动对象是科技学术活动，并且这种科技学术活动具有多样性和系统性。创新创业活动的本质是一种创新实践活动，更注重对参与者创新性、科学性的锻炼和考核，是一个动态的发展过程，其内涵和功能随着时代和实践的发展而不断发生变化。

大学生创新创业活动与通常所说的课外活动既有区别又有联系。

课外活动是整个教育体系中的一个重要组成部分，随着教学改革的全面深化，在不同学习阶段举办丰富多彩、形式多样的课外活动，是国家推进素质教育的重要环节，是丰富学生生活的重要组成部分。课外活动按照性质一般可分为以下几种。

① 文学艺术活动　以发展学生对文学艺术的兴趣爱好、培养审美情趣、发展文艺方面的才能为主要目的。如对小说、诗歌、音乐、舞蹈、戏剧、绘画、雕刻、书法、刺绣、摄影、花卉、盆景等，进行欣赏、评论或演练、创作。

② 文娱、体育活动　是学校最广泛的一类群众性活动，如文艺会演、歌咏比赛、看电影、组织球赛、棋赛等。这些活动可使学生身心愉快，增加生活的乐趣，增进体质，能满足文体爱好者的需要。

③ 劳动技术及社会服务活动　此类活动主要包括劳动技术训练、公益活动，比如校园绿化、整理图书桌椅、帮助军属、敬老院清洁等、打扫校园街道、清理小广告等。

④ 学科活动　此类活动的内容主要是各学科的知识性作业和对某一学科领域中的某些专题进行比较深入地讨论和研究，如阅读有关的书籍和资料，调查、实验、听专题报告、组织协会等。学科活动是基于某一学科的具体问题开展的，这类活动能加深学生对特定学科知识的理解，扩大学生对该学科领域的知识面。

⑤ 科技活动　这类活动的宗旨在于使学生掌握一定的科学知识，获取科技信息，掌握一定的技能技巧，培养学生的科学态度和创造精神以及初步的科学研究能力，具体形式有科技发明制作、科学实验、科技论文撰写、创业计划书写作等。

⑥ 社会实践活动　社会实践活动是让学生走出学校接触社会，了解科学技术的发展，了解社会生活、经济建设的实际的教育活动。如组织学生进行社会调查、参观、访谈等。其有别于社会服务活动之处主要在于，社会实践活动是通过对社会某一现象进行考察后，经过科学分析总结，揭示社会问题并提出解决问题的方法、手段或措施；而社会服务活动则是单纯的通过体力或经济手段对社会上特定人群或区域进行无偿（或有偿）服务的行为。

可见，课外活动涵盖的活动类型包括创新创业活动，两者内容丰富、形式多样，过程环节设置大多相对固定，活动的主要场所集中在大学校园，参与的动机主要源于学生对某一活动的特长、兴趣或爱好，流程一般有自主报名、过程控制、竞争性评价与考核等内容。

大学生创新创业活动的参与者或以科技活动的形式加入到活动当中，或以社会实践的形式参与其中。由此可见，创新创业活动对于学生知识拓展、创新意识培养、创新实践锻炼等方面的训练则更加系统、更加全面，更能将学生塑造成为符合创新型社会所需要的专业技术人才。

1.4　大学生创新创业训练活动的组织与开展

传统上大学生创新创业训练活动源自于专业课堂延伸，或者专业教师的科研项目的部分拓展。在国家组织“挑战杯”系列竞赛后，各级各类的创新创业活动如雨后春笋般涌现。在活动过程中，高校、专业或年级，通过开办讲座、组织观摩、交流培训、项目遴选、写作指导、答辩演练、参与竞赛等环节，有计划有步骤地引导学生从了解认识到参与实践，最后获得较好的评价，同时提高学生的实践能力和创新意识。

随着国家日益重视，时至今日，大学生创新创业活动不再局限于大学校园，已经延伸到社会的各个角落，活动空间越来越大、范围越来越广，更贴近于国家、社会发展的要求。由于大学及大学生特定的属性，大学生创新创业内容往往处于学科前沿或贴近实际，因此活动的过程及所取得成果具有一定的深度，与传统课外活动的差异日益明显，对参与者知识储备、素质能力、目的动机等有着更为明晰的要求。

在此情况下，为了持续有效推进大学生创新创业活动，通过组织活动，达到培养学生、锻炼学生的效果，不但需要学校各职能部门协调配合提供组织保障、需要专业老师和辅导老师积极参与提供过程指导，还需要对传统的培养方案、课程体系以及实践环节等诸多方面加以调整，在高校人才培养体系中加以引导和认可。

具体地说，要在实施大学生创新创业训练活动过程中，注意和把握以下几个方面内容。

① 在遴选大学生创新创业训练项目时，首先，可以基于参与者的专业背景确定项目领域，同时为了使项目顺利进行并得到较好评价，可以在专业优势特色领域进行选题或明确研究方向，还可以从本专业的社会热点问题入手进行选题，此类题目贴近生活，易于引起参与者的普遍共鸣；其次，由于创新创业项目是高等教育中的一个环节，因此学生参与的项目应当与学生实践能力培养相结合，并且宜与未来的职业规划相结合，做到创新意识培养与专业实践能力同步提升；再次，创新创业活动从选题立项、课题研究到结题论证的全部过程与正规的科学研究项目研究过程是高度一致的，所以，可以从专业教师的科研课题中选取大学生力所能及的部分作为创新创业项目，组织学生参与实施，这样做也有助于提高科研课题的完成质量；最后，为了激发参与者的灵感，促进学生专业互补和协同发展，组建的项目团队以能够吸引不同年级、不同专业、不同特长的参与者为宜，这就要求项目本身能够浅显直白，或者经过简单讲解、培训就能领会题目的核心内容。

② 在实施大学生创新创业训练项目过程中，首先，应当依据活动主办方提出的活动安排或者往年该类活动的进度计划，制定明晰的项目开展计划以及各阶段的主要工作内容，并按照该计划进行组织实施，这是一个项目能够取得预期效果的关键，尤其对于大学生相对松散的学习生活状态和容易波动的参与热情而言，制定并按部就班实施项目计划，直接影响着创新创业训练活动的成效；其次，对于团体项目，应该明确所有项目参与者的职责任务，将不同阶段的项目内容分解到人、责任落实到人，对于成员之间的互相推诿、依赖搭车将会起到很好的抑制作用，能够令每一个参与者在项目中都能得到较为全面的锻炼；最后，对于有各类经费支持的创新创业训练项目，应当按照经费使用计划、用途等，按照学校的财务制度进行开支，并进行明确细致的记录。

③ 对于大学生创新创业训练项目获得的诸如论文、专利、样品、品种、软件、设计文件等各类成果，成果的署名以参与者为主体较适宜，但是成果的所有权应当归属于学校，这一点应当向参与者说明，以避免不必要的纠纷；成果材料的主要管理主体可以是指导教师、专业负责人、学生工作办公室、团委办公室或者学校设立的创新创业训练专门机构，以上组织或个人应将接收的成果分类建档，一方面便于查证使用；另一方面也方便后续同学借鉴参阅或进一步完善。

④ 当前面向大学生创新创业训练活动设立的竞赛活动多种多样，应当综合考虑作品水平、参与者学业压力、所在院校认可程度等情况适度参与，否则，可能造成学生疲于应付而对本身能力提升不大，或者同一作品重复使用涉嫌剽窃，或者浪费资源影响项目评价等诸多不良后果。

1.5　大学生参加创新创业训练活动的准备工作

大学的学习生活自主选择性比较大，如何快速了解并融入创新创业训练活动，需要寻找机会、创造机会。因此，对于计划参与创新创业训练活动的初始参与者来说，应当做好下面的准备工作。

(1) 善于请教

主动与有经验的高年级学生取得联系，通常初始参与的学生学习跨度大、任务重，如果不能正确处理好课内学习和课余科技活动的关系，很容易对正常学业造成负面影响，而参与过的学生大多已经适应了大学生活，学习节奏相对放慢，专业素质与专业兴趣得到初步培养，所以可以借鉴他们的经验，对科技创新活动有一个初步的认识，根据自身的条件做好规划。

从目前的实际来看，大学生参与创新创业训练活动主要有两条途径：一是在教师的指导下，独立自主地开展科学研究，形成独立的学生科研系统；二是参与教师的科研。因此能与专业教师取得联系，并表达意愿是参与活动的最佳方式。大部分学生对于导师的科研活动有强烈的好奇心、参与欲望，并富有质疑精神，使他们很容易冲破传统的思维模式的束缚，有可能在研究中做出一些突破。所以对于一些课题任务重、急需人手的项目来说，导师很乐意引导有意愿的同学加入到项目科研团队中。

(2) 关注活动动态

学校创新创业训练活动的专门机构通常通过引导大学生科协等学生社团，来提高创新创业训练活动的覆盖面和活动成效。学生社团及其成员会通过校园网站、广播站、微信、学生例会等途径不定期发布有关的活动动态，有计划参与的学生可以通过上述渠道，主动了解活动内容，做好准备工作。

(3) 主动学习、勤于思考

寻找并学习往届创新创业训练活动作品，对于快速了解项目选题技巧、项目研究深度、成果考核形式等大有裨益。在学习过程中，不但要知晓创新创业训练活动的大致过程、成果表现形式及提交材料类型等形式上的内容，更要考虑自身能够承担哪类项目、能够在项目中起到什么作用、需要寻求什么样的合作者、能否预期完成任务等问题。在学习借鉴的基础上，针对自选项目或指定课题发散思维，提出看法。

(4) 端正态度、重视过程

相当一部分参与者为了获得较好的评价而参与创新创业训练活动，过于注重短期效益，而忽视了在活动过程中意识能力的提升，这是违背活动设立初衷的。因此，参与者需要明确和正视参与创新创业训练活动的动机，合理对待活动的结果或者取得的评价。在参加活动之前，摆正“重过程、轻结果”的参与态度尤为重要，通过创新创业训练活动运用知识、积累经验、锻炼技能、提高素质。

1.6　给排水科学与工程专业简析

给排水科学与工程专业所培养的工程技术人才，能够掌握当代给水排水工程学科的知识，运用流体力学、工程学、生态环境学及有关学科的理论和方法，在城市给水排水工程、建筑给水排水工程、工业给水排水工程、雨水及海绵城市建设、水污染控制规划和水资源保护等领域，开展社会生活生产用水供应、水污染控制、水环境保护、水生态修复等方面的相关工作。

水作为生命之源，与人们日常生活和生产息息相关，打开家里的水龙头便有洁净的水供人们使用，使用后的水又可以顺卫生器具流走，每当有降水时，街道上的雨水井可以顺利排水。与此同时随着社会的高速发展，城镇中生活、生产对水资源的需求迅速增加。而其带来的水资源短缺、河流污染、污水处理量剧增、城市管网落后老化等一系列问题，随着城市化进程加速而不断被放大。

以污水处理为例，截至 2011 年，全国已建成的污水处理厂总数已经超过 3000 座，总处理能力达到 $1.3\times10^8 m^3/d$，总体污水处理率达到 70%以上。当然，污水处理产业正在如火如荼的向前推进，同时也应注意到小城镇、乡镇和广大的农村地区的污水处理还处于起步阶段。同时污水偷排偷放、污水排放不达标、城市内河污染严重、城市内涝等问题依然困扰城市的管理者和城市生活的参与者。

为解决上述问题，加快生态文明建设，增进人民福祉，国家先后发布了绿色建筑、海绵城市建设、城市综合管廊建设、水污染防治行动计划等文件和相关政策，推动水产业健康发展、城市绿色发展。

绿色建筑，是指在建筑寿命期内，最大限度地节约资源（节能、节地、节水）、保护环境、减少污染，为人们提供健康、适用和高效的使用空间，与自然和谐共生的建筑。节水，作为标准条件之一，更是其确定为绿色建筑的关键性指标，中水回用和再生水的利用率为重要内容。2004 年 9 月建设部“全国绿色建筑创新奖”的启动标志着中国的绿色建筑发展进入了全面发展阶段。2006 年，住房和城乡建设部正式颁布了《绿色建筑评价标准》，建筑企业的建筑物达到相关绿色建筑指标可以获得国家相应的经济补贴。

海绵城市建设，海绵城市是指通过加强城市规划建设管理，充分发挥建筑、道路和绿地、水系等生态系统对雨水的吸纳、蓄渗和缓释作用，有效控制雨水径流，实现自然积存、自然渗透、自然净化的城市发展方式。充分利用雨水资源，有效解决城市内涝问题。国务院先后颁布了《国务院关于加强城市基础设施建设的意见》（国发〔2013〕36 号）、《国务院办公厅关于做好城市排水防涝设施建设工作的通知》（国办发〔2013〕23 号）和《国务院办公厅关于推进海绵城市建设的指导意见》（国办发〔2015〕75 号），在指导意见中提出，海绵城市建设的目标是通过海绵城市建设，综合采取“渗、滞、蓄、净、用、排”等措施，最大限度地减少城市开发建设对生态环境的影响，将 70%的降雨就地消纳和利用。到 2020 年，城市建成区 20%以上的面积达到目标要求；到 2030 年，城市建成区 80%以上的面积达到目标要求。

城市管道施工技术（综合管廊），综合管廊是一种将水、电、气、热、通信等各类公用管线集中铺设，预留检修通道的地下共同隧道。对其实施统一规划、设计、建设、管理和运营维护，可避免反复开挖、影响交通和环境等问题。社会效益显著，但建设资金巨大，协调统一管理困难。从国务院办公厅公布《关于推进城市地下综合管廊建设的指导意见》（国发办〔2015〕61 号）到 2015 年年底，国家发展改革委、住建部印发了《关于城市地下综合管廊实行有偿使用制度的指导意见》，指导各地建立健全城市地下综合管廊有偿使用制度，形成合理收费机制。相关文件、意见的出台为我国综合管廊的发展注入了新动力，积极引进社会资本，促进城市地下综合管廊建设发展。

水污染防治行动计划，《水污染防治行动计划》（简称“水十条”），是由环保部下属的中国环境规划院（CAEP）作为牵头单位和主要技术支持单位，2015年4月公布。“水十条”的出台将有力缓解全国地表水污染程度，改善地表江河流域的生态环境。目前全国的水环境形式依然十分严峻，如以地表水为例，劣Ⅴ类水约占10%；部分地区黑臭水体较多，群众反映强烈；地表水源污染引发的饮水安全事件屡见不鲜。保障饮水安全，改善居民生活环境，加快生态文明建设，正是“水十条”出台的目的。

从上的几个例子看到，随着社会不断的向前发展，水行业必将成为21世纪的朝阳产业。人们不断提高的生态环境需求及用水需求和水资源供应紧缺、生态环境脆弱之间的矛盾，赋予了相关领域从业者更多的责任，对于培养未来接班人的相关专业人才的能力提出了更加全面的要求和更高的期望。

第 2 章　大学生创新创业训练活动解析

开展大学生创新创业训练活动已经成为我国高等教育培养创新型人才、创业型人才的重要方式，是为“大众创业、万众创新”培养后备人才的有效途径。目前，面向高等院校学生已经形成了宗旨明确、组织固定、覆盖面广、体系完善的多种赛事活动，例如大学生创新创业训练计划、“创青春”与“挑战杯”系列活动、大学生节能减排社会实践与科技竞赛等；此外还有基于区域特点、学科特色，由地方政府、协会组织、高等院校自主开展的各级各类创新创业训练活动。上述活动基本涵盖了不同年级、不同专业的参与者，满足了其差异化的参与动机和需求。

2.1　创新创业训练与竞赛

2.1.1　创新创业训练活动

（1）创新训练活动

创新训练项目以高校本科生为主要参与对象，旨在探索以问题和课题为核心的研究性教学模式改革。通过创新训练项目，高校本科生在读期间可获得科学研究、发明创造、工程实训、社会实践的训练机会，达到“转变学习方式、增强实践能力、发挥个性潜质”的训练目的。参加创新训练的学生应充分发挥自身的主动性、积极性和创造性，培养创新思维和创新意识，逐渐掌握发现问题、思考问题、解决问题的方法，提高创新实践能力。

通过创新训练项目的实施，参与者应重点训练问题确认与解决能力，批判性思维和有效表达的能力；注重个体与团队工作能力的有效提升，明确创新团体中个人角色的定位；注重沟通交流能力的培养，尤其是培养跨专业交流沟通能力；注重培养项目管理能力，其中包括：项目流程管理、资金管理和控制等，合理规划并使用项目经费，遵守国家和学校的财务管理制度；注重锻炼科学态度和承受能力，具备努力克服困难和积极承担责任的态度，具备评估方案和决策能力，具备处理风险与不确定性的能力，具备心理承受力和抗压力，具有创新精神；注重自主学习和自我发展，培养自我认识能力、确认学习需求能力、时间管理和资源管理能力、未来职业规划能力等，熟悉相关学科领域学术发展和变革进展情况。

（2）创业训练活动

参与者通过参加创业训练项目，全面模拟真实企业的创业运营管理过程，在虚拟商业社会中完成企业从注册、创建、运营、管理等所有决策，提升综合素质，增强就业与创业能力；重点训练创业所必需的领导力、敏锐的市场意识、务实踏实的作风、锲而不舍的精神、组织运作能力，以及商业谈判技巧、市场评估与预测、启动资金募集方式等；注重自主、自信、勤奋、坚毅、果敢、诚信等品格与创业精神的培养和锻炼，了解未来创业者与领导者的成就动机，掌握科技开发及市场开拓的方法和手段，提高分析问题与解决问题的能力；具备市场预测和决策的能力，具备处理风险与不确定性的能力，具备心理承受力和抗压力；在立题、开题、检查、考核、结题、延期等过程环节应遵守相关管理规程。

(3) 创业实践活动

大学生创业实践项目由本科生创业实践团队，在导师的指导下进行自主立项、真实创办企业的实践过程，强化就业与创业能力的培养。创业实践项目的实施主体是本科生，教师在创业实践项目中为学生提供必要的指导、引导和帮助。通过创业实践项目，高校本科生在读期间可就一项具有市场前景的创新性产品或者服务进行创业实践，真实创办企业并实现有效运行。

通过创业实践项目的实施，培养参与者初步具备创业所必需的领导力、全球化的眼光、敏锐的市场意识、务实踏实的作风、锲而不舍的精神、组织运作能力和为人处世的技巧，以及商业谈判技巧、市场评估与预测、启动资金募集方式；注重个体与团队工作能力的有效提升，明确创业团体中个人角色的定位，组织协调在共同创业目标下的分工、协作与配合的关系，并在团队内部懂得相互理解和尊重。

2.1.2　创新创业竞赛

由于面向高校学生的创新创业赛事众多，下文仅以较为系统成熟的“创青春”大学生创业计划竞赛和“挑战杯”大学生课外学术科技作品竞赛为例，对创新创业竞赛活动组织和分类加以简要描述。

“挑战杯”大学生系列科技学术竞赛，是由共青团中央、中国科协、教育部和全国学联共同主办的大学生课外学术实践竞赛，在设立之初共有两类并行的活动，一个是“挑战杯”大学生创业计划竞赛（简称“小挑”）；另一个是“挑战杯”大学生课外学术科技作品竞赛（简称“大挑”）。中共十八大后，为贯彻落实习近平总书记系列重要讲话和党中央有关指示精神，适应大学生创业发展的形势需要，在原有“挑战杯”大学生创业计划竞赛的基础上，共青团中央、教育部、人力资源和社会保障部、中国科协、全国学联决定，自 2014 年起共同组织开展“创青春”大学生创业大赛，每两年举办一次。

(1)“创青春”大学生创业计划竞赛（原“挑战杯”中国大学生创业计划竞赛）

“创青春”大学生创业计划竞赛，亦即通常所说的创业计划竞赛，是借用风险投资的运作模式，要求参赛者组成专业互补的竞赛团队，围绕一个具有市场前景的技术产品或服务概念，以获得风险投资和企业盈利与发展为目的，完成一份包括企业概述、业务与业务展望、风险因素、投资回报与退出策略、组织管理、财务预测等方面内容的创业计划书，最终通过书面评审和答辩的方式评出获奖者。它旨在引导大学生适应深化教育改革、推进素质教育的要求，了解创业知识、培养创业意识，提高创业能力。原“挑战杯”大学生创业计划竞赛作品项目大致分为产品类和服务类。

① 产品技术类创业计划　所谓产品类创业计划活动，是指人们向市场提供的能满足消费者或用户某种需要的任何有形产品和无形产品。产品一般由三个层次组成，即核心产品、形式产品和延伸产品。例如，产品类创业计划活动——尚质蛋白回收设备有限责任公司，公司生产蛋白回收设备，主要应用于淀粉及食品生产加工企业，其功能是将企业产生的高浓度有机废水在二级处理之前进行高效率预处理，高效回收蛋白，同时降低废水后续处理费用。客户通过使用公司生产的蛋白回收设备，可以增加经济效益 40%～70%。具体内容详见第 8 章。表 2-1 是产品整体三个层次概念的总结。

表 2-1　产品整体三个层次概念的总结

核心产品（实质产品）	指产品能为顾客带来的基本利益和效用，即产品的使用价值
有形产品	满足顾客某种需要的具体产品形式就是有形产品。有形产品一般涉及质量水平、特征、式样、品牌、包装五个方面的内容
延伸产品	指顾客在购买形式产品和期望产品时，附带获得的各种利益的总和，包括产品说明书、保证、安装、维修、送货、技术培训等

这类项目主要是创业团队成员本身拥有专利技术或者与专利或技术的所有者签订项目授权书得到相关技术，创业团队对这项技术进行包装加工，使产品产业化并投入市场。此类项目的主要核心竞争力在于先进的技术含量和产品，对于服务要求不高，一般集中在价值链的上游。

② 服务类创业计划　所谓服务类创业计划活动，是由一系列或多或少具有无形特征的活动所构成的能够为顾客带来一定经济附加值的一种互动过程。对于产品和服务的概念，虽然两者存在一定的联系，但是也有很多不同。纯粹意义上的产品与服务是很容易区分的，例如，沙发、电视是产品，心理咨询就是一种服务。但是，有时就会存在两者相互交织的现象。例如在商场购买商品，所购商品就是一种产品，但是整个购买过程却是一种服务，有时顾客更关注这一服务的过程。例如，服务类创业计划活动——瑞赛科乡村环保科技有限责任公司，是以乡村废弃物资源化服务为核心，集技术咨询、规划设计、产品代理、投资建设为一体的新型乡村环保企业。因地制宜进行农村生活垃圾、生活污水处理、厕所改造整改设计；为农村基层组织、农民等群体提供农村废弃物资源化技术培训。具体内容详见第 9 章。

这类项目主要是创业团队成员根据自身条件和市场调查，通过多次集体头脑风暴得出的创意，其后团队在创意的基础上看出商机，进而进一步完善项目。这类项目技术含量较低，主要集中在第三产业上，主要的核心竞争力在于创意和服务内容。

为适应大学生创业发展的形式需要，自 2014 年起，共青团中央、教育部、中国科协、全国学联在“挑战杯”大学生创业计划竞赛的基础上，增加了创业实践挑战赛和公益创业赛，统称“创青春”大学生创业大赛。

(2)“挑战杯”大学生课外学术科技作品竞赛

“挑战杯”大学生课外学术科技作品竞赛（以下简称“挑战杯”竞赛）自 1989 年首届竞赛举办以来，始终坚持“崇尚科学、追求真知、勤奋学习、锐意创新、迎接挑战”的宗旨，在促进青年创新人才成长、深化高校素质教育、推动经济社会发展等方面发挥了积极作用，在广大高校乃至社会上产生了广泛而良好的影响，被誉为当代大学生科技创新的“奥林匹克”盛会。大学生课外学术科技作品竞赛大致有自然科学类、社会科学类和科技发明类三大类。

① 自然科学类学术论文 自然科学类学术科技作品仅限本专科在校学生参与，所做研究多涉及实验、逻辑论证和统计检验等精密和定量研究，以实验结果、数据等作为所给出结论的论据。在整个活动开展的过程中，通过结合某一命题开展广泛调研论证，自行拟定科学实验设计方案，在完成全部实验过程的基础上，对得出的数据、结果进行科学分析，以得出研究结论。

② 哲学社会科学类社会调查报告和学术论文 社会科学的研究对象包括社会学、经济学、管理学、教育学、法律学等，社会科学研究对象分为宏观层次（国家和国际层面的群体行为的相关问题）、微观层次（个人行为的相关问题）以及中观层次（企业、事业单位、群体、团体层面的行为）的相关问题。社会科学的研究对象范围广、内容多。例如，社会调查活动就是大学生在学习阶段有目的、有计划地认识社会的实践活动，如河北省大学生“调研河北”社会调查活动、节能减排专项调研、环保调研等，有助于大学生提高思想觉悟、更新观念，增强服务社会的意识以及更广泛地接触社会、了解社会。

③ 科技发明制作类课外学术科技作品 运用科学技术知识进行发明制作，是“挑战杯”竞赛寄予大学生课外科技创新的厚望。与自然科学类和社会科学类作品不同的是，科技发明制作类作品更加注重的是应用有关的科学理论知识解决技术领域中特有问题而提出创新性方案、措施的过程和成果。科技发明类作品分为A、B两类，参赛者应注意A类作品和B类作品的区别并慎重选择填报。其中，A类指科技含量较高、制作投入较大的作品；而B类指投入较少，且为生产技术或社会生活带来便利的小发明、小制作等。

(3) 历届竞赛回顾

① 创业计划竞赛回顾 “创青春”中国大学生创业计划竞赛（原“挑战杯”中国大学生创业计划竞赛）于1999年、2000年、2002年、2004年、2006年、2008年、2010年、2012年、2014年、2016年分别在清华大学、上海交通大学、浙江大学、厦门大学、山东大学、四川大学、吉林大学、同济大学、华中科技大学、电子科技大学举办了十届。表2-2依次列出了历届创业计划竞赛的简要情况。

表2-2 创业计划竞赛的历届回顾

举办届数	举办时间	承办高校	成果展示
第一届	1999年	清华大学	汇集了全国120余所高校近400件作品。大赛的举办使”创业”的热浪从清华园向全国扩散，在全国高校掀起了一轮创新创业的热潮，孕育了视美乐、易得方舟等一批高科技公司，产生了良好的社会影响
第二届	2000年	上海交通大学	组委会共收到来自全国24个省137所高校的455件作品。在社会各界的关心支持下，一批创业计划进入实际运行操作阶段，技术、资本和市场的结合向更深的层次推进
第三届	2002年	浙江大学	组委会共收到来自全国29个省、市、自治区244所高校的参赛作品共542件。竞赛受到社会各界尤其是企业界和风险投资界的关注
第四届	2004年	厦门大学	全国29个省、市、自治区276所高校的603件作品参加了竞赛，其中100件作品进入了终审决赛。台湾省首次派队参加，香港和澳门的大学也应邀观摩
第五届	2006年	山东大学	本届“挑战杯”竞赛得到了来自港澳台地区众多高校的热烈响应，香港地区首次正式参赛，共有来自香港地区的9所高校、澳门地区1所高校、台湾地区的3所高校前来参赛、参展、观摩，为大赛增添了新的亮点，吸引了各方的广泛关注

续表

举办届数	举办时间	承办高校	成果展示
第六届	2008 年	四川大学	来自内地的 109 所高校的 150 支大学生团队以及港澳地区的 18 支大学生团队在此角逐金银铜奖
第七届	2010 年	吉林大学	组委会收到来自全国 374 所高校(含港澳台)的 640 项创业作品,参赛学生达 6000 多名。汇集了大学生中的精英,并层层精选了领先的研究成果。比赛不仅要用展板、实物、资料、幻灯片和答辩等形式展示自己的设计成果,而且还要进行项目计划书评审、秘密答辩和“创业之星”网络虚拟运营竞赛
第八届	2012 年	同济大学	共有内地 152 所高校的 200 件作品进入全国决赛。竞赛评审委员会共评出金奖作品 65 件,银奖作品 135 件,铜奖作品 450 件。港澳地区共有 10 所大学的 23 件作品进入全国决赛,评出金奖作品 4 件,银奖作品 7 件,铜奖作品 12 件。本届竞赛期间,主办单位还设立了“网络虚拟运营”专项竞赛。共有 187 支参赛团队入围专项竞赛决赛,最终评出一等奖 20 个,二等奖 40 个,三等奖 98 个
第九届	2014 年	华中科技大学	最终评定揭晓华中科技大学《“海投网”(大学生求职系统)》等 65 个内地高校项目和澳门大学《音乐熊猫诗词儿歌项目》等 3 个港澳高校项目为第九届“挑战杯”大学生创业计划竞赛金奖项目,清华大学《海斯凯尔医学技术公司》等 35 个创业实践挑战赛金奖项目,重庆大学《五彩石公益创业项目》等 20 个公益创业赛金奖项目。上海交通大学、华中科技大学以团体总分并列第一的成绩共同捧得冠军杯
第十届	2016 年	电子科技大学	评定电子科技大学《四川普力科技有限公司》等 75 个项目为第十届“挑战杯”大学生创业计划竞赛金奖项目,浙江大学《杭州云造科技有限公司》等 38 个项目为创业实践挑战赛金奖项目。团北京市委等 15 个省级团委和清华大学等 72 所高校获得优秀组织奖。电子科技大学以团体总分第一的成绩捧得冠军杯,20 所高校荣获优胜杯

② 课外学术科技作品竞赛回顾　“挑战杯”大学课外学术科技作品竞赛,自 1989 年以来,已先后在清华大学、浙江大学、上海交通大学、武汉大学、南京理工大学、重庆大学、西安交通大学、华南理工大学、复旦大学、南开大学、北京航空航天大学、大连理工大学、苏州大学、广东工业大学和香港科技大学等国内著名高校成功举办了十四届,历届竞赛简要情况见表 2-3 所列。

表 2-3　大学生课外学术科技作品竞赛历届回顾

举办届数	承办高校	举办时间	成果展示
第一届	清华大学	1989 年	李鹏、聂荣臻、薄一波等领导为首届竞赛题词
第二届	浙江大学	1991 年	“挑战杯”大学生课外学术科技作品竞赛名称正式确定并沿用至今。这届竞赛初步建立了选拔、申报、评审的竞赛机制;确立组委会和评委会各自独立运作的竞赛机构;形成了两年一届、高校承办的组织方式
第三届	上海交通大学	1993 年	竞赛开幕前夕,江泽民同志亲笔为竞赛题写杯名,使竞赛影响更加广泛。通过本届竞赛的举办,“挑战杯”竞赛的各项机制得到进一步完善和加强
第四届	武汉大学	1995 年	国务院副总理李岚清为本届竞赛题词,周光召、朱光亚等 100 名著名科学家为大赛寄语勉励
第五届	南京理工大学	1997 年	时任国务院副总理邹家华为本届“挑战杯”竞赛题词。香港大学生首次组团参与竞赛活动
第六届	重庆大学	1999 年	重庆市政府成为主办方之一,这是省级政府首次参与赛事主办。香港地区 9 所高校的 40 件作品直接进入终审决赛。竞赛协议项目 43 个,转让总金额超过 1 亿元,转让金额超过前五届的总和

续表

举办届数	承办高校	举办时间	成果展示
第七届	西安交通大学	2001年	“挑战杯”竞赛首次在西北地区举行终审决赛。西安外事学院成为第一所参加“挑战杯”竞赛的民办高校。本届高校还首次实现了大陆和台湾大学生的同台竞技交流
第八届	华南理工大学	2003年	来自中国内地31个省、区、市，香港、澳门、台湾，以及新加坡等地高校的师生代表及企业界、新闻界人士近万人参加了开幕式。共有18件“挑战杯”参赛作品成功转让，总成交额达到1300万元。其中单件作品最高成交额为800万元
第九届	复旦大学	2005年	本届“挑战杯”竞赛成为前九届竞赛中参赛高校最多、参赛作品最多的一届，共有1107件作品入围复赛。台湾地区高校首次正式组团参赛。首次以公开答辩的方式进行最后的评审
第十届	南开大学	2007年	来自国内及国外的300多所高校3000多名师生参加了决赛。决赛期间，举办了学生学术科技作品展、创新型人才培养系列论坛、天津滨海新区开发开放报告会、学生科技成果转化洽谈会、港澳台高校学生座谈会。109位两院院士在内的161位海内外知名人士为竞赛题词
第十一届	北京航空航天大学	2009年	本届“挑战杯”有1106件项目(其中文科616件;理科490件)进入终审决赛，入围高校达432个。竞赛信息化是本届挑战杯竞赛特点之一，组委会邀请专家组开发竞赛官方网站、完善全国大学生科技成果信息服务平台，第一次在挑战杯引入网络申报，网络评审的机制，全程实现网络信息化服务
第十二届	大连理工大学	2011年	本届“挑战杯”自3月启动以来，相继开展了校级、省级、全国级三级竞赛，并首次采用了逐级报备制度。截至6月底，共有1900多所高校的近5万件作品实现了网络报备。经全国评委会预赛、复审，最终有来自305个高校的1252件作品进入终审决赛。港澳地区12所大学的55件作品也参加了比赛
第十三届	苏州大学	2013年	本届竞赛共有包括港澳高校参赛团队在内的531所高校的1464件作品进入全国复赛，最终有454所高校的1195件作品进入终审决赛
第十四届	广东工业大学 香港科技大学	2015年	第十四届“挑战杯”大学生课外学术科技作品竞赛全国竞赛评审委员会最终评出特等奖作品38件、一等奖作品124件、二等奖作品318件、三等奖作品759件

2.2 创新创业训练活动主要流程

下文仍以“创青春”大学生创业计划竞赛和“挑战杯”大学生课外学术科技作品竞赛为例，对创新创业竞赛流程及注意事项进行分析。

2.2.1 “创青春”大学生创业计划竞赛

自2014年起，大赛下设3项主体赛事：大学生创业计划竞赛、创业实践挑战赛、公益创业赛。其中，大学生创业计划竞赛面向高等在校学生，以创业计划书评审、现场答辩等作为参赛项目的主要评价内容；创业实践挑战赛面向高等学校在校学生或毕业未满5年的高校毕业生，且已投入实际创业3个月以上，以经营状况、发展前景等作为参赛项目的主要评价内容；公益创业赛面向高等学校在校学生，以创办非盈利性质社会组织的计划和实践等作为参赛项目的主要评价内容。竞赛流程及通常的时间进度安排如图 2-1 所示。

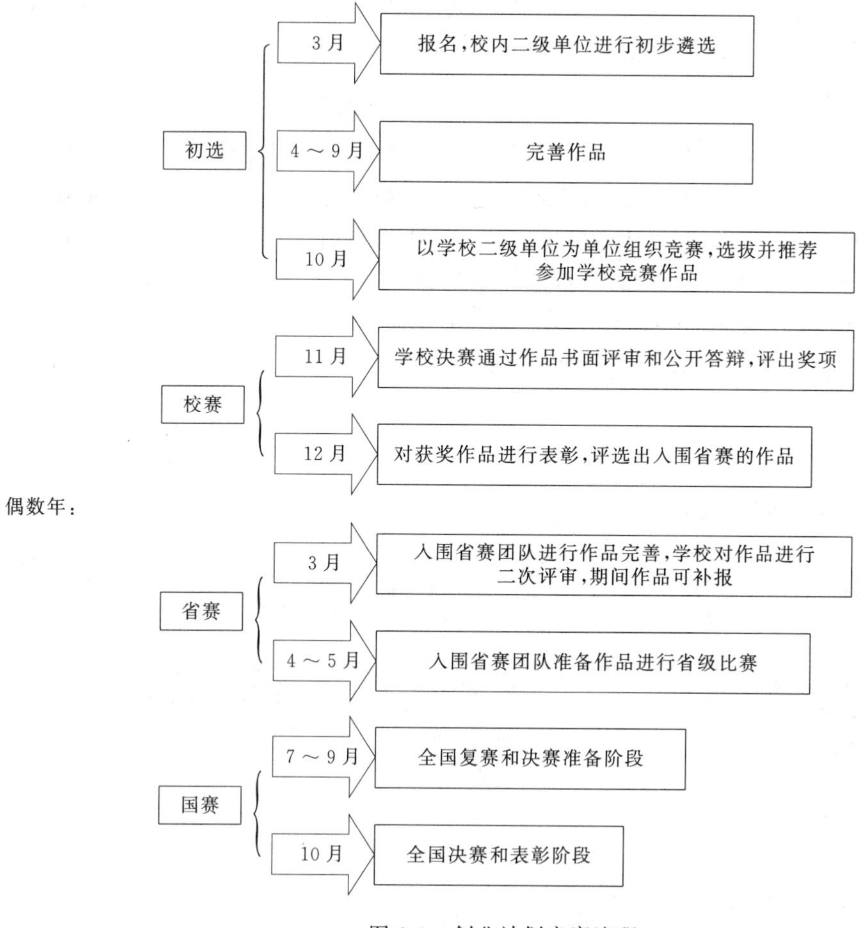

图 2-1　创业计划竞赛流程

（1）学校二级院系选拔赛

学校二级院系以学校下发有关通知为依据，组织学生进行文件讲解，并鼓励报名参与，充分做好竞赛的宣传、策划、准备工作，并引导学生做好参赛组队、作品申报以及撰写工作，并有针对性地对参赛学生进行培训。

参与学生在规定的时间内按照要求向二级院系提交作品，评选出若干优秀作品，进入决赛。为了激发学生的竞争意识，可以在初赛的基础上，增设复赛环节，扩大对作品的选择范围，从而有利于提高学生参与的主动性以及对作品的重视程度。

作为参赛队员，这一阶段的主要工作包括组建团队、寻找项目以及完成计划书。组建团队方面应以不同专业优势互补的学生组成，寻求符合要求的学生参与到团队中；在评比阶段，评委主要是通过上交的创业计划书来进行初步评审，在决赛环节还会采取 PPT 宣讲、评委提问、答辩的形式。

（2）校级选拔赛

评审委员会对各二级院系选送的作品进行评审，选出若干优秀作品参加决赛，并及时将进入决赛作品的评审意见反馈给报送单位，各参赛团队根据反馈意见对作品进行完善。

这个阶段参赛者的主要工作是对创业计划书的完善，例如对市场的进一步调研、选取更好的营销策略、完善公司的体制和资本结构以及对财务报表的统计整理，从而达到使整个计划书更完善、更专业的目的。校赛的选拔形式通常以书面评审结合公开答辩为主，因此，学生要更加重视对 PPT 的宣讲以及问题的回答，提前做好充分的准备工作。

（3）省级选拔赛

各高校向省赛组委会及承办单位报送校作品及申报书，并由其组织专家进行对申报作品及其作者的资格及形式进行审查。各省评审委员会完成对各校申报作品的初评，向全国组委会报送。每所高校参加全国大赛总数不超过 6 件，其中，参加大学生创业计划竞赛项目总数不超过 3 件，参加创业实践挑战赛的项目总数不超过 2 件，参加公益创业竞赛项目不超过 1 件，每人（每个团队）限报 1 件，每个参赛项目只能选择 1 项主体赛事，不得兼报。

入围省赛的团队应针对评委的意见进行市场再调研，完善创业计划书，配合学校接受培训。

（4）国家终审竞赛

该阶段的主要工作内容如图 2-2 所示。

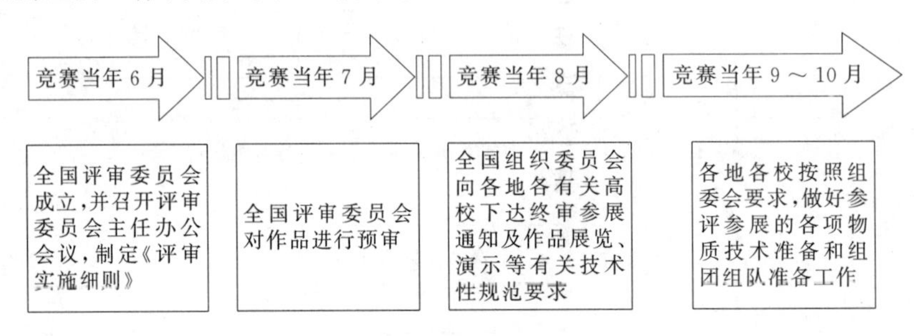

图 2-2　全国预审和参展准备阶段

（5）竞赛答辩评审标准

大学生创业计划竞赛的书面评审主要以执行摘要、产品或服务、市场、竞争、营销、经营、组织、财务以及表述作为评审依据，具体如表 2-4 所列。

表 2-4　大学生创业计划竞赛书面评审标准

概述	文字表达简明、扼要，具有鲜明特色。重点包括对公司及产品或服务的介绍、市场概括、营销策略、生产销售、管理计划、财务预测；正确表达新思想的形成过程和对企业发展目标的展望；明确介绍创业团队的特色和优势等
产品或服务	明确表述产品或服务如何满足相关用户需要；相关市场进入策略和市场开发策略；说明其专利权、著作权、政府批文、鉴定材料等；指出产品或服务目前的技术水平及领先程度，是否适应市场需求，能否实现产品化；产品的市场接受程度等
市场	明确表述该产品或服务的市场容量与趋势、市场竞争状况、市场变化趋势与潜力，细分目标市场及客户描述，估计市场份额和销售额，注意相关市场调查和分析的科学严密性
竞争	表述公司的商业目的、市场定位、全盘战略及各阶段的目标等，同时要有对现有和潜在的竞争者的分析以及替代品竞争、行业内原有竞争的分析；总结本公司的竞争优势并研究战胜对手的方案，并对主要竞争对手和市场驱动力进行适当分析
营销	详细阐述如何保留并提高市场占有率，把握企业的总进度，对收入、盈亏平衡点以及现金流量、市场份额、产品开发、主要合作伙伴和融资等重要事件有所安排；构建合理的营销渠道、与之相适应的形象、富有吸引力的促销方式

续表

经营	说明原材料的供应情况、工艺设备的运行安排、人力资源安排等。要求以产品或服务为依据，以及生产工艺为主线，力求描述准确、合理，可操作性强
组织	介绍团队中各成员的教育和工作背景、经验、能力、专长；组建营销、财务、行政、生产、技术团队；明确各成员的管理分工和互补情况、公司组织结构情况、领导层成员、创业顾问及主要投资人的持股情况，指出公司股份比例的划分情况
财务	介绍营业收入和费用、现金流量、盈利能力和持久性、固定和变动成本；前两年的财务月报，后三年的财务年报。所有数据应基于经营状况和未来发展的正确估计，并能有效反映出公司的财务绩效
表述	条理清晰，表述应避免冗余，力求简洁、清晰、重点突出、条理分明；专业语言的运用要准确适度；相关数据科学、诚信、翔实

大学生创业计划竞赛的竞争性答辩由项目陈述、回答问题、答辩表现等环节组成，评委根据各团队的综合表现给出竞赛成绩，各环节主要评价标准参见表 2-5～表 2-7。

表 2-5　项目陈述环节评定标准

产品/服务介绍	全面且客观地介绍和评价产品/服务的特点、性质和市场前景
市场分析	对市场进行细致的调查，并对调查结果进行科学严密的分析
公司战略及营销战略	公司拥有短期和长期发展战略及对应不同时期的营销战略
团队能力和经营能力	对本公司的团队能力有清晰的认识，掌握并熟知本团队经营管理的特点，明确公司的经营和组织结构情况
企业经济财务状况	公司不同时期的经济财务状况清晰明了，经济财务报表要具有严密性
融资方案和回报	有完善且符合实际的融资方案，并进行企业资本回报率测算
关键风险及问题的分析	对企业在经营中可能遇到的关键风险和问题进行考虑和分析，并附有实质性对策

表 2-6　回答问题环节评定标准

正确理解评委的提问	对评委问题的要点有准确的理解，回答具有针对性而不是泛泛而谈
及时流畅地做出回答	能在评委提出问题后迅速做出回答，回答内容连贯、条理清楚
回答内容准确可信	回答的内容建立在准确的事实和可信的逻辑推理上
特定方面的充分阐述	对评委特别指出的方面能做出充分的说明和解释

表 2-7　答辩表现评定标准

整体答辩的逻辑性及清晰程度	陈述和回答提问的内容具有整体一致性，语言清晰明了
团队成员协作配合	团队成员在陈述时有较好的配合，能协调合作、彼此互补，对相关领域的内容能阐述清楚
在规定的时间内有效回答	在规定的时间内回答评委提问，无拖延时间行为

终审、展览、总结和表彰的形式及内容见图 2-3。

2.2.2　“挑战杯”大学生课外学术科技作品竞赛

大学生课外学术科技作品竞赛与大学生创业计划竞赛交叉轮流开展，每个项目每两年举办一届，因此在主要时间节点上选拔层次一致。

（1）参赛作品资质

凡在举办竞赛终审决赛的当年 7 月 1 日以前正式注册的全日制非成人教育的各类高等院校在校中国籍专科生、本科生、硕士研究生和博士研究生（均不含在职研究生）都可申报作品参赛。

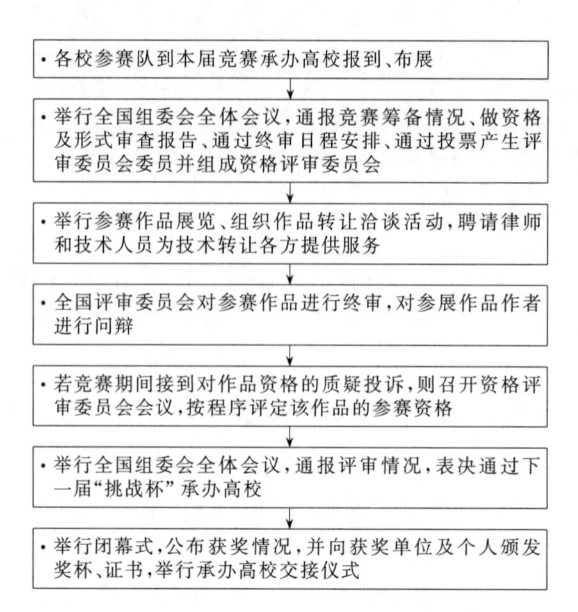

图 2-3　终审、展览、总结和表彰阶段

申报参赛的作品必须是距竞赛终审决赛当年 7 月 1 日前两年内完成的学生课外学术科技或社会实践活动成果，可分为个人作品和集体作品。申报个人作品的，申报者必须承担申报作品 60％以上的研究工作，作品鉴定证书、专利证书及发表的有关作品上的署名均应为第一作者，合作者必须是学生且不得超过两人；凡作者超过三人的项目或者不超过三人，但无法区分第一作者的项目，均需申报集体作品。集体作品的作者必须均为学生。凡有合作者的个人作品或集体作品，均按学历最高的作者划分至本专科生、硕士研究生或博士研究生类进行评审。

毕业设计和课程设计（论文）、学年论文和学位论文、国际竞赛中获奖的作品、获国家级奖励成果（含本竞赛主办单位参与举办的其它全国性竞赛的获奖作品）等均不在申报范围之列。

申报参赛的作品分为自然科学类学术论文、哲学社会科学类社会调查报告和学术论文、科技发明制作三大类。自然科学类学术论文作者限本专科生。哲学社会科学类社会调查报告和学术论文限定在哲学、经济、社会、法律、教育、管理六个学科内。科技发明制作类分为 a、b 两类：a 类指科技含量较高、制作投入较大的作品；b 类指投入较少，且为生产技术或社会生活带来便利的小发明、小制作等。

参赛作品涉及下列内容时，必须由申报者提供有关部门的证明材料，否则不予评审。

动植物新品种的发现或培育，必须由省级以上农科部门或科研院所开具证明；对国家保护动植物的研究，必须由省级以上林业部门开具证明，证明该项研究的过程中未产生对所研究的动植物繁衍、生长不利的影响；新药物的研究，必须有卫生行政部门授权机构的鉴定证明；医疗卫生研究须通过专家鉴定，并最好附有在公开发行的专业性杂志上发表过的文章；涉及燃气用具等与人民生命财产安全有关用具的研究，必须有国家相应行政部门授权机构的认定证明。

参赛作品必须由两名具有高级专业技术职称的指导教师（或教研组）推荐，经本校学籍管理、教务、科研管理部门审核确认。

每个学校选送参加竞赛的作品总数不得超过 6 件，每人每个团队限报一件，作品中研究生的作品不得超过作品总数的 1/2，其中博士研究生的作品不得超过 1 件。参赛作品须经过本省（区、市）组织协调委员会进行资格及形式审查和本省（区、市）评审委员会初步评定，方可上报全国组委会办公室。各省（区、市）选送全国竞赛的作品数额由主办单位统一确定。每所发起学校可直接报送 3 件作品（含在 6 件作品之中）参加全国竞赛。

（2）竞赛流程安排

大学生课外活动科技作品大赛一般包括四个阶段：组织发动阶段、省级初评和组织申报阶段、全国复赛和复赛准备阶段以及全国决赛和表彰阶段。下面以第十二届“挑战杯”大学生课外学术科技作品竞赛为例（2011 年举办），简述每个阶段具体工作和时间安排。

① 组织发动阶段（2010 年 11 月） 召开全国组委会第一次全体会议，讨论通过并下发《“挑战杯”大学生课外学术科技作品竞赛章程》、《“挑战杯”大学生课外学术科技作品竞赛评审规则》、《“挑战杯”大学生课外学术科技作品竞赛申请承办办法》、《第十二届“挑战杯”大学生课外学术科技作品竞赛组织实施计划》等，并将这些文件作为本届竞赛的指导性文件。

共青团中央、中国科协、教育部、全国学联和辽宁省人民政府于 2011 年 11 月下达《关于组织开展第十二届“挑战杯”全国大学生课外学术科技作品竞赛的通知》。

各省（区、市）于 2010 年 11 月成立由省级团委、科协、教育部门、学联及有关单位牵头的省级组织协调委员会。

各参赛高校在校党委等部门领导下，于 2011 年 11 月底前成立由校团委等有关部门及学生会、研究生会共同参加的参赛协调小组，并确定本校参赛组织实施计划，在学生中开展充分的宣传发动工作。

② 省级初评和组织申报阶段（2011 年 3 月～2011 年 6 月） 2011 年 4 月，各校按“挑战杯”章程有关规定举办本校的竞赛活动，并择优推出本校参赛作品。

2011 年 5 月底前，各省（区、市）组织协调委员一会完成对本地申报作品的初评。

2011 年 6 月 10 日前，发起高校需将本校 3 件直报作品报送第十二届“挑战杯”竞赛全国组委会，寄出截止日期以当地邮戳为准。直报作品需一式四份，直接报送的作品不计入各省、区、市报送作品限额内（寄送地点：主办大学团委，比如十二届是大连理工大学团委）。

2011 年 6 月 15 日前，各省（区、市）从各校申报的作品中每校至多选出 6 件作品（其中，发起高校至多 3 件作品，各省、区、市选定作品总数不得超过全国组委会规定的限额）报送第十二届“挑战杯”竞赛全国组委会，寄送作品一式四份及《目录表》，寄出截止日期以当地邮戳为准（寄送地点：主办大学团委，比如十二届是大连理工大学团委）；

同时，请各省级组织协调委员会组织本地参加终审决赛的学生在“挑战杯”竞赛官方网站（www. tiaozhanbei. net）上报送作品及申报书。

③ 全国复赛和参赛准备阶段（2011 年 7 月～2011 年 10 月） 全国评审委员会于 2011 年 6 月成立，并召开评审委员会主任办公会议，制定《评审实施细则》。

全国评审委员会于 2011 年 7 月对作品进行预审。

全国组委会于 2011 年 8 月向各地各有关高校下达终审参展通知及作品展览、演示等有关技术性规范要求。

各地各校按照组委会要求，于 2011 年 9 月上旬至 10 月做好参评参展的各项物资技术准备和组团组队准备。

④ 全国决赛和表彰阶段（2011 年 10 月） 各校参赛队到主办高校，比如十二届是大连理工大学报到、布展。

举行全国组委会第二次全体会议，通报竞赛筹备情况、作资格及形式审查报告、通过终审日程安排、抽签产生评审委员会委员并组成资格评审委员会。

举行参赛作品展览、组织作品转让洽谈活动，聘请律师和公证人员为技术转让各方提供服务。

全国评审委员会对参赛作品进行终审，对参展作品作者进行问辩。

若竞赛期间接到对作品资格的质疑投诉，则召开资格评审委员会会议，按程序评定该作品的参赛资格。

举行全国组委会第三次全体会议，通报评审情况，表决通过下一届“挑战杯”承办高校。

公布获奖情况，并向获奖单位及个人颁发奖杯、证书，举行承办高校交接仪式。

以上只能作为参考，每年的时间都会有所变动。

（3）竞赛答辩评审标准

在书面评审环节中，评委会综合考虑作品的科学性、先进性、现实意义等方面因素。评审工作分预审、终审两个阶段进行。预审要评选出省级组织协调委员会和发起高校报送作品的 80%左右的作品进入终审。终审要按自然科学类学术论文、哲学社会科学类社会调查报告和学术论文、科技发明制作分别按 3%、8%、24%、65%的比例评出特等奖、一等奖、二等奖、三等奖。科技发明制作类 A 类和 B 类作品分别按上述比例设奖。

① 自然科学类学术论文作品评审标准 如图 2-4 所示。现实意义（30%）包括应用价值（15%）及影响范围（15%）；先进性（30%）包括先进程度（10%）、创新程度（10%）以及难度（10%）；科学性（40%）包括科学意义（15%）、研究方法合理性（10%）以及结论重要性（15%）。

② 社会科学类社会调查报告、学术论文类作品评审标准 如图 2-5 所示。现实意义（40%）包括经济效益和社会效益（20%）及影响范围（20%）；先进性（30%）包括创新程度（10%）、难易程度（10%）以及学术水平（10%）；科学性（30%）包括理论基础和研究方法（15%）、论证严密性和可靠性（15%）以及论据准确性。

图 2-4 自然科学类学术论文作品评审标准

图 2-5 社会科学类社会调查报告、学术论文类作品评审标准

③ 科技制作类作品评审标准与社会科学类社会调查报告、学术论文类作品评审标准一致，只是评审的侧重方面不同。现实意义（40%）包括经济效益（15%）、推广价值（15%）以及成熟程度（10%）；先进性（30%）包括先进程度（10%）、创新程度（10%）以及难度（10%）；科学性（30%）包括技术意义（15%）及技术方案合理性（15%）。

2.3　参与者的基本要求

2.3.1　创业训练活动对参与人员的基本要求

大学生创业训练团队需要多方面、多层次、多学科搭配，因此，需鼓励不同专业、不同年级、不同背景的学生组成团队。团队人数一般在 5～8 人，且需明确每名成员在项目中的具体分工。团队中的技术人员需要对团队产品的技术、工艺、流程有非常深刻的理解，并能清楚认识团队产品相比市场上的同类产品其优点在哪，能弥补市场上产品哪些不足，从而更好地撰写创业计划书中的产品部分。团队中的营销人员要熟练掌握市场营销的理论，能准确地进行外部环境和内部环境分析，准确地对消费者进行细分、选择和产品定位，能制定出有针对性的切实可行的营销策略。团队中的财务人员要能准确分析出项目价值、投资与回报以及项目风险，做到数据可靠，假设合理。

以下是针对大学生创业训练项目（含“挑战杯”创业系列赛、专项创业赛等）团队组建及完善的参考性建议：a. 项目发起人（或创意人）有创业意向、市场思路、盈利主题、产品轮廓之后，宜先在辅导员、指导教师的帮助下，探讨项目类型、市场可行性和参加人员，避免知识结构、学院背景相似同学比例过大，不利于项目成长；b. 团队成员组成合理，基本涵盖产品（技术）表述、汇报演说、文本写作、财务管理、盈利分析等方面，考虑多种专业搭配，尤其应当明确约请专业成绩优良、时间充裕且有热情外院同学的途径；c. 团队在组建时，应明确成员的退出和增补机制；d. 为了完善项目，应当多方咨询有关教师，听取不同角度的建议和意见，但在正式确定指导教师前应经过院团委和指导教师本人明确意见后再署名。

2.3.2　创新实践活动对参与人员的基本要求

开展大学生学术科技活动就是要营造良好的创新意识培养氛围，并且为了保证活动的有效性和完整性，要不断培养后继人才，针对不同专业、不同年级开展不同形式的创新活动、安排不同方面的工作。一个人的创新能力不仅仅靠天赋，主要还是依赖后天的训练加以提升。大学一、二年级的学生，学到的专业知识尚浅，重点是通过学术座谈会、社团宣传等来增进对科技活动的理解，并且针对其课余时间充足的特点，可以让他们负责基础性的工作，如材料采购、模型组装等，从实践动手能力培养的过程中，真正培养其学习与创新的兴趣；大学三、四年级的学生，有了部分专业基础课程知识和能力，对于课题的理解也有独特的看法，主要承担一些技术含量比较高的工作，如文本制作、原理分析、模型设计等，其中有些课题还可以作为毕业设计课题，展开深入研究，经过系统地锻炼必定会使自身能力有显著提升。因此，提倡采用“以老带新”的模式，让大一的新生参与到大二、大三学生组成的团队中，使之在学习中创新；在专业搭配上，也可以“跨年级、跨专业”，相近专业可以促进相互学习交流，同时使作品更加系统化和完整化。在实践中创新，提前做好项目的前期准备工作，并产生更新的想法，为项目申报奠定基础。

① 队长是组织设计、制作创新作品的核心人物之一，负责谋划全局、细化任务、开展工作、沟通交流等关键环节。身为队长必须首先明确自身任务：在指导老师的指导下，深刻

领会创新作品的核心精神和任务，根据队员特长和创新规律把握进程和要求，确保科技作品质量水平和队员的学习效果。优秀的队长是科技作品取得竞赛良好成绩的重要前提，能促进创新团队成员的整体水平提高，帮助大家更迅速地适应今后的工作。

② 团队的组建应本着优势互补、善于学习的原则，选择在科技表述、汇报演说、文本写作、作品制作等方面有特长的队员，并适当考虑高低年级组合、相关专业搭配，尤其应当约请高年级专业成绩优良、时间充裕且有热情者积极参与。组建团队是顺利开展创新实践活动的基础，无论是方案确定、作品设计、模型制作、书写材料、制作视频、宣传展示、讲解答辩等，每个环节都有队员能起到关键作用，促进整体水平的提升和作品层次的突破。此外，团队在组建时，还应明确成员的退出和增补机制。

③ 为了扩大专业性较强的赛事活动参与范围，可分为专业组和业余组分别组队开展活动，鼓励外专业学生组队参与，团队成员应均为非本专业学生。

2.3.3 创新创业训练活动对导师的基本要求

(1) 对校内导师的要求

创新创业训练活动成效是检验大学生综合素质的有效手段，导师的参与在活动中的作用至关重要。根据教育部相关文件的有关要求：对参与此类活动的学生实行导师制。实行导师制能够让他们及早地熟悉科研环境、经历科研过程、培养科研兴趣，导师也会因人而异、因材施教，有利于学生专业化的培养。导师的重要作用在于：主要负责项目的监督和管理，指导学生进行研究性学习、明确研究选题和研究内容、确立研究重点和分析方法、设计实验方案和技术路线等。因此，从事或参与指导大学生创新创业训练项目的导师，应基本符合以下要求。

① 较强的专业指导能力　导师在所研究领域有创新性的研究成果，学术造诣高；应有相对稳定、明确的研究方向。

② 时间精力充沛　由于很多优秀的导师不仅在学校教学中担任一定角色，还负责一些相关专业的社会工作，例如为促进校企合作，不断进行社会服务或者其他的科研业务工作。所以，导师的时间具有很大的不确定性。为此，应鼓励他们抽出精力和时间参与指导创新创业训练活动。

③ 兴趣驱动　基于项目的持续时间长、流程复杂等因素的限制，导师一旦中途退出，将对学生的研究工作造成了很大的负面影响，包括情绪、专业指导等方面。因此，导师要确定对此类工作有兴趣、激情以及坚持下去的决心。

④ 经验丰富，流程清晰　导师应指导学生合理规划和管理项目的执行时间，合理制定项目经费的使用计划，确保项目经费预算和开支与项目进展程度相匹配。

⑤ 全面掌控，与学生紧密配合　导师应充分了解团队的内涵和重要性，根据学生的个性特点，引导学生学习与参与项目相关的基础理论，指导学生制定周密细致的研究计划，合理安排学生的学习和研究工作，使学生在项目的不同阶段均能实现与之相应的能力培养和创新训练。

(2) 对校外导师的要求

① 技能讲授　根据学生需求，导师选择针对性模块，传授专业相关的职业知识与实战

技能，强化理论知识与实践需求的有效融合，促进理论知识与实战需求的有效融合，提升就业竞争力。

② 经验分享　围绕学习方法、人生感悟、职场视角、创业心得等内容，通过专题研讨、互动对话等形式，让学生分享导师的成功足迹、感悟人生哲理，获取准确的职业定位，更具学习目标和价值导向。

③ 个人辅导　通过专业辅导建立学生了解社会的窗口，促进学生自我觉醒、发现潜力、持续改善，全面提升学生的综合能力素养，学会面对逆境和挑战，逐步发展和完善人格特质。

④ 社会实践　以培养管理人才为导向，有效指导学生的校内、校外实践活动，提升学生专业知识的同时，更注重提升学生的领导力与执行力，通过甄选参与社会实践、体验企业运营，培养学生全局化管理思维。

第3章 大学生创新创业训练项目实施

3.1 项目特点及选题

3.1.1 大学生创新创业项目特性分析

(1) 兴趣驱动

大学生创新创业训练项目作为一种探索性的实践过程，具有科技性、实践性和探索性的特点。探求未知世界是其首要任务，其最为突出的特征就是“创新”，而创新要以个人兴趣为基础，发挥主动学习、主动探索、主动实践的积极性，在自身兴趣的驱动和导师的有力指导下完成科技创新项目。

参加创新创业训练项目的大学生以个人的兴趣、爱好为基础，选择适合自己的项目，这种自主的、自发的科研活动，能充分发挥学生个人的潜能和调动积极性。并且学生的个人兴趣重在发现和培养。作为导师要积极鼓励、支持和帮助每一个参与活动的学生；参与活动课题研究的学生，各有所好，合理分工，在其所擅长领域不断发现问题、提出问题、并努力解决问题，这就促使被动地学习转变为主动地学习。

(2) 自主实践

自主性学习通俗地讲就是学生在学习过程中自己主动地学，能够把握自己的学习，对自己的学习行为负责，是学习由被动状态发展为主动状态的过程。大学生创新活动的本质是强调提高创造性，寻找解决问题的方法，形成探索研究的精神，为创新活动构建一个新的平台。在这个平台上学生不再是消极的知识接受者，而是主动地求知者、参与者、探索者。在创新活动中，学生需自主设计方案、自主开展研究、自主管理项目，这就要求学生投入较多的时间和精力，去分析问题的实质，查阅相关资料，探索解决问题的途径，设计解决问题的可行性方案，对设计的方案进行试验，对实验结果进行分析探究、调整和改进，最后完成研究报告。

(3) 重在过程

参与创新创业训练项目需注重项目的实施过程，着重强调实施过程中的体验和收获。例如在创新思维方面，要勇于突破传统的思维习惯和观念，但是要保障逻辑思维的严密性。提高思维能力，不仅要掌握带有创造性思维特点的思维形式，还要掌握基础性的思维形式。在创新方法方面，在传统方法应用的基础上，不能很好地解决问题，就需要根据具体问题提出改进措施，完善现有的方法体系。在与人交流沟通方面，增强管理沟通能够提高整合资源、团结合作的能力，学会分享成果，勇于并善于与人合作。

（4）大胆探索

大学生参加创新创业训练项目是一种典型的探索活动，在这个过程中，选择合适的项目或题目是一个十分关键的环节。爱因斯坦在谈到选题在科研中的重要性时曾指出：在科学面前“提出一个问题往往比解决一个问题更重要，因为解决问题也许仅仅是一个数学上或实验上的技能而已，而提出新的问题，新的可能性，从新的角度去看待旧的问题，却需要有创造性的想象力，而且标志着科学的真正进步”。由此可见，训练“探索研究问题的选材能力”在培养学生综合素质中具有重要的意义。选材就是要分析计划开展的活动有没有价值，所选择的项目要有科学性，所研究的问题应当是反映社会现实的问题，具体来讲，就是应满足社会的需要、满足政府的需要、满足解决实际问题的需要，只要能抓住这些，这项活动课题基本上就可以确定是有价值的。

3.1.2　选题原则

（1）创新性原则

科学研究活动具有探索性质，例如，提出一个还没有研究过的课题，将一种理论首次应用到实际中去，将已经在某一领域得到应用的理论、观点、方法、手段应用到新的领域中去，这些都是创新，概括一下就是理论创新、方法创新和应用上的创新。创新性也在一定程度上反映了项目的先进性，即反映其所处领域当今科学技术的发展水平，能代表该学科领域的发展方向或是在该学科领域中处于先进地位。目前，有关高校开展的大学生创新创业训练项目，评价的关键指标之一就是课题是否具有创造性。

简言之，科学研究中提出的新概念、新方法，建立的新理论，对引起某些特定自然过程新机制的发现，在研究开发过程中发明的新技术、新工艺等，都属于创新的范畴。并且，这种创新也有程度的高低之分。是否有原创性工作，则是衡量科学研究成果水平高低的决定性因素。值得一提的是，大学生创新创业训练项目选题创新不能一味地追求“新”而大做文章，应符合大学生的思维方式和逻辑起点，开辟一条特色鲜明的创新之路。

（2）可行性原则

可行性原则是大学生创新创业训练项目选题最主要的原则，应充分考虑完成研究目标和范围的主客观条件，在客观因素相同的情况下，要选择主观因素占优势的目标。一般来说，要完成一项具体的科研课题，需要三种最基本的条件，即研究基础、实验设备和研究技能。要难易适度，可控性要大；大小适中，便于深入，甚至宁可“小题大做”，也不要“贪大求全”。对于初次参与项目的学生来说，要尽量选小题目，因为题目太大，往往不易写得深刻，流于空泛，或耗时过多，因而可以先确定研究的大方向，再逐步把选题范围缩小化、问题具体化。

如何把握大学生创新创业训练项目的可行性原则？可以从各个方面进行斟酌，如选择该课题是否具备足够的理论基础、实验设备，是否具备课题所要求的硬件和软件条件（如实验场地、协作环境、信息来源与有效处理等），是否具备比较完善的检测技术与分析方法；课题组成员的结构及能力状况是否胜任该课题的持续研究等。

（3）需求性原则

大学生创新创业训练项目的价值如何，首先看它有无现实意义，恰当的选题，其目的应十分明确，应充分考虑社会的需要，特别是生产的需要。只有这样，才能获得社会的支持，才会有强大的推动力。学生应该选择有探索性的课题，既要紧跟形势，抓住时代的脉搏，又要解决新矛盾，回答新问题，使项目的应用价值体现出学科发展的前沿性和发展趋势。

（4）优势性原则

优势性原则是指在大学生创新创业训练项目选题时，要充分发掘周边的资源，如本学校及本专业的优势资源，充分发挥已有优势，扬长避短。例如，在校学生应时刻关注本校或本专业老师现有的科研项目，通过专业老师的指导，从中选择前沿课题或社会经济发展密切相关的课题。一般可以从以下几点去把握大学生创新创业训练项目选题优势：项目指导教师所在课题组的研究基础是否具有优势；所申请的项目是否具有深入拓展的潜力；研究成果是否具有较好的推广价值。

3.1.3　选题程序

（1）摆明问题

摆明问题是整个创新创业训练过程的起点，也是高质量完成项目的基础。摆明问题包括发现问题、确定问题、分析产生问题三个方面：发现问题，即通过现象表述找出问题所在；确定问题，即通过对现象的深刻解剖确定问题的实质；分析问题，即对问题产生的原因加以明确并提出改进方案。

（2）确定选题

选题是进行大学生创新创业训练项目的目标，整个项目都是围绕它而开展的。大学生创新创业训练项目的所有环节，其中包括订方案、订计划、准备工作、观测试验、收集材料、理论分析和撰写报告和论文等，都要按其规定的内容和要求来进行。自然科学类学术论文的选题，应偏重研究进展的追踪，特别要能提出新理论、新方法，不一定要大，但一定要新。社会调查报告和社会科学学术论文的选题，则要瞄准社会热点问题，要能取得研究数据，提出新的观点或新的对策。选题的途径也有多种：a. 可以从社会发展需要或当前社会热点的角度来选题，捕捉直接影响生产发展和生活质量的关键问题或热点问题进行研究，具有更大的科学价值和现实意义；b. 从专业应用实践的角度来选题，理论知识的应用在实际中仍存在一定的局限，很多理论都无法在实践中充分验证；c. 从总结和预测学科发展角度来选题，科学研究中有许多失败或失误案例，对这些案例进行个案分析或综合总结，以探索其失败或失误的原因，并预测该领域的发展方向；d. 从不同学科交接点的角度来选题，科学在不断发展，一门学科内各分支学科的交叉，各门学科的交叉与互相渗透，有可能产生交叉处的空白区，将目光投注到那些尚未被人开垦的领域，往往能形成有价值的研究课题。

（3）构建方案

问题一经提出，应当进行小范围内的现场调查或实验室研究。获得第一手资料后，应再次查阅文献并进行对比分析及核对。要特别关注别人是如何建立研究方案、确立技术路线、设计新的实验以及根据实验结果修正或推翻原有结论的。据此，则可进一步提出和完善新的理论及实验解释。方案的构成应按照“思路新、起点高、意义大”的要求进行。

（4）课题挖掘

方案构建出来之后，为使选题更加科学、全面，通常需要导师的指导和团队成员的讨论来完善选题报告。通过参与选题集体报告会，研究者可以综合不同的学术观点和思路，丰富选题论据与方法，修改和补充选题时的不足，有助于克服思考问题的片面性，启发学生从新的角度考虑问题。选题报告一般包括如下内容：课题的意义、立题依据、国内外有关研究现状与进展、完成课题的技术路线与关键技术、方法及指标选择、预期成果、计划与进度、经费预算以及存在的问题与解决对策等。

（5）选题计划的制定

选题必须有选题计划，用开题报告的形式，报请上级有关部门，并作为确定和安排工作的依据。选题计划的内容，一般包括下列几个方面：a. 项目名称（如果一个大的课题里包括几个小题，应加入小题名称，若本题属于某一大题中的子题也应注明）；b. 选题根据、目的和意义；c. 课题来源；d. 有关本课题的国内外研究现状、已有成就和存在的问题；e. 要解决问题的大体内容、指标要求及预期结果；f. 预定开始和完成的时间以及各个工作阶段的时间和进度；g. 主要措施；h. 经费来源和预算。

（6）科技查新

在确定选题之后，为了确保该项目的新颖性以及先进性，就要进行科技查新。所谓科技查新，就是查新机构根据查新项目的查新点与所查数据库等范围内的文献信息进行比较分析，对查新点做出新颖性判别，以书面形式撰写客观、科学的查新报告。科技查新报告的目的是为科研立项、成果评价、新产品鉴定、奖励申报、专利申请等提供客观的文献依据。

查新报告应集中反映项目的主题，简明扼要说明项目概况、背景技术、要解决的技术问题、所采用的技术路线和方法、所要达到的目的、主要技术特征、技术指标、产品参数等。

不同目的的查新，从写法上要有所注重。

① 立项查新报告　应概述项目的国内外背景，拟研究的主要科学技术内容，要研究解决哪些问题，达到的具体目标（指标）和水平。

② 项目鉴定类查新　应简略说明项目的研究背景，介绍项目的主要科学技术特征，已完成项目与现有同类研究、技术、工艺相比所具有的新颖性，主要创新点，体现项目科学技术水平的数据和量化指标。

③ 科学研究类项目　应简要地说明项目所在领域的背景、发展趋势，阐明研究的意义、学术水平、主要创新和优点。

④ 专利申报项目　应阐明项目的主要技术特征或权项范围，与现有（专利）技术的比较，突出项目的创新内容。

⑤ 开发类项目（产品、技术）　应简述其用途、功能、介绍能反映其技术水平的主要工艺（技术组合）、成分、性能指标等数据，与国内外同类产品的参数对比，项目已达到的规模（小试、中试、工业化生产）等效益。

（7）经费来源

大学生创新创业训练项目已经得到政府、社会和高校的高度重视。各类机构拨出的专项经费可用于保证项目的顺利开展。上述经费主要用于支持学生项目研究，奖励优秀科技创新成果，推动有前景的成果转让与开发。可靠的资金来源为大学生创新创业活动的持续开展奠定了坚实的后盾。

3.2 项目过程控制

3.2.1 项目准备与申报

（1）项目申报的前期准备工作

项目申报是指项目申报人提出项目申请并将项目申请文件报送相关主管部门的过程。由学生处、教务处、科技处、校团委共同或独立管理的大学生创新创业训练项目的申报时间、程序和要求均不尽相同。

在申报之前，参与者应该熟悉和掌握项目指南的内涵，项目申报指南是项目主管部门集中了众多专家、学者意见，经过反复修改、论证而定的，具有明确的导向性和践行性。申请者应严格遵守申报指南中的规定，否则很容易在申报后初审就被淘汰。

申请者要根据自己的特长和专业优势实事求是地评判自己的研究能力，确立自己的研究方向，分析并找出申报指南中的亮点，扬长避短，充分发挥自己的优势和特色。指导教师应本着严谨的科学态度，积极引导学生开展申报工作，避免学生申报随意或教师代劳的现象，从而导致后续工作无法正常进行，甚至导致申报项目虎头蛇尾，不了了之。

（2）项目申报、评选的流程

大学生进行项目申报，大多都是由相关学院或专业组织学生申报，在经过提交申请书、部门签署意见和审核等步骤后，最终立项。其一般申报过程如下：a. 学校相关职能部门发布消息，如团委、学生处、科技处等（必要时召开会议具体布置）；b. 学校、班级组织学生申报；c. 院学术委员会或主管领导评审；d. 有关部门拨款；e. 团委或科研处通知各学院及项目负责人；f. 有关财务部门办理账、卡手续。

3.2.2 项目立项工作

立项是申报项目经过评审、筛选最终纳入该年度项目的过程，主要考察的是项目的立项依据、团队组成、项目可行性、预期成果、经费预算合理性等方面。

（1）立项依据及意义

主要是考察立项项目对团队成员的训练程度和项目的创新程度。团队成员的训练程度是指可以参与此项目的团队成员所具备的自身的素质；项目的创新程度主要是在技术或理论方面具备的创新性和先进性；通过项目申报书来反映项目内容、目标的清晰性、预期成果表述的明确性。

（2）团队组成

团队成员组成要合理，可以跨年级、跨专业、跨学科组队，根据特点，明确分工，优化组合；团队成员的配合程度、对项目内容表述的清晰程度、每位成员对项目任务的熟悉程度、项目导师的资格、能力、水平和责任心等都是立项时的重点考察内容。

（3）项目可行性

主要突出项目的难易程度、技术路线和时间规划。项目需在学生能力范围内，并且实施技术路线清晰，具备较强的可操作性；在不影响参与者学习的前提下，项目执行时间的规划要充分合理；具备固定的训练活动基地，为学生提供一个良好的创新环境。

（4）经费计划合理性

项目经费是否切实用于项目，经费使用计划进度是否符合项目进度，需要项目负责人列出相应费用估算清单，指导老师根据费用策划是否合理初步判断项目的可行性。

项目经费的保管可以由导师和学生协商，如果是导师负责保管，学生在购买项目相关物品时要开证明，保留发票或收据，作为垫付的凭证，老师对于每笔资金的支出，要详细记录，并由负责物品购置的学生代表签字，做好经费管理的透明与公开；如果是学生负责保管，项目负责人就要委托本团队中办事认真、细心的队员负责管理，做好物品购买与资金花费的详细记录，每隔一定的时间段向指导教师汇报经费的使用情况，并由指导教师和学生根据下一阶段的工作计划，共同规划下一阶段资金的使用，做到资金的合理利用，避免资金的浪费。

3.2.3　项目中期检查

为了进一步加强对项目的过程管理，切实提高项目的实施质量以及科研经费使用的绩效，充分了解项目面临的问题并及时给予措施解决，中期检查这一环节必不可少。可以从项目的进展情况、问题及解决措施、经费使用情况三个方面来考察是否满足项目的进度安排。

通过全体项目组成员大会、项目负责人会议、项目调度会、项目组讨论会、项目汇报会、模型演示、产品说明等多种形式在约定的时间段，以项目组为单位，检查实验或创业调研原始数据、实验报告、实验或企业运行过程记录、文献综述以及经费使用情况，并出具中期检查报告。

中期检查报告，是根据已完成的工作与任务书计划进度对比、项目所获得的初步成果以及项目成员自身能力素质的提高程度来体现项目的进展情况；正确分析进展过程中遇到的问题，及时采取调整措施；整理统计已使用经费并判断其合理性，是否符合经费预算使用计划，不符合时给出下阶段调整方案。

3.2.4　项目延期申请

大学生创新创业训练项目应严格按照项目计划进度来实施，但实际操作起来却常常不尽如人意。项目负责人变更、成员调整、研究内容有重大调整、资金不到位等都是引起项目延期结题的可能因素。在延期申请书中主要阐明该项目延期的主要原因、项目延期时间、经费支出情况、已做的主要工作以及研究工作中尚需深入研究的问题和建议。并且还需要院系评审，评审通过之后，项目成员签字确认。

3.2.5　项目结题验收

项目完成后，由项目负责人提交项目申请书、项目合同书、项目总结报告、中期检查报告、项目日志以及论文、设计、专利、样机、模型、应用证明或创业计划书等相关支撑材料，提出结题验收申请。结题检查是加强项目管理、提高科研质量的重要环节。其内容主要包括以下几个方面的内容。

(1) 处理资料，提炼观点

在项目研究实施过程中，获得了很多资料、实验数据和研究结果，将这些繁杂的资料进行归纳整理才能用于分析问题、提炼观点。

(2) 总结研究成果，撰写结题报告

研究成果可以是论文发表、专利申请或者实物模型等，结题报告就是研究成果的书面表达形式，其类型多种多样，常见的有调查报告、实验报告、项目总结、经验总结以及论文等，无论是哪种类型的结题报告都要阐明研究成果观点。

(3) 项目成果开放交流

项目成果在本校乃至各高校之间的展示与交流，一方面体现课题的研究价值；另一方面促进学术之间的交流，为学生提供一个作品交流的平台。目前，国内很多高校或主管部门都开展过学术作品成果展示会，很多教授专家、企业公司、高端的技术人员都比较倾向于参加此类展览会，同时也为作品创造一个更广阔的市场前景。

(4) 结题答辩

结题答辩是专家、导师和学生对项目成果的一次总的检验，也是项目承担者向别人展示自己的研究成果、锻炼自己的表述能力和提高心理素质的机会。

(5) 成果评价

成果评价是为了让学生清楚自己取得的成绩和研究价值，从而反思自己的研究过程和研究行为，有利于发现研究中存在的问题或产生新问题，为更深入研究指明方向或内容。

3.2.6 项目研究经费管理

为了保障经费使用的科学性和有据可查，要严格遵守报账流程和审核方式。学校批准立项的项目经费，由各项目根据研究计划在限额内专用，主要用于与项目有关的资料费、调研费、实验耗材等必要开支；且发票必须符合财务规定和报销范围。各项目在购买材料时，应预先列个计划，在导师的指导下，合理分配活动经费。物品购置清单可借鉴表 3-1。

表 3-1 需要添置物品及费用估算清单

序号	项目	数量	估算合价/元	备注(用途等)
……				
合计				

项目经费报销工作应严格遵守学校财务制度，报销的总金额不得超过资助总额。

3.3 结题材料的撰写

3.3.1 结题材料的准备

结题材料是项目结题的一个必要组成部分，材料准备的好坏也直接影响结题的质量。根据材料的收集时间，结题材料可以分为前期材料、中期材料和后期材料等。由于材料的种类繁多，又可以从材料所表述的内容来划分，将其分为项目材料、研究材料和成果材料。

（1）项目材料

主要是项目申请书、批准文件、项目计划书（合同）和年度计划总结等。

（2）研究材料

指对项目研究过程的记录和证明材料，主要包括研究过程中的观察记录、问卷调查、研究中的原始数据、表格、图片、参考文献、研讨活动记录、实验表征和检测记录等。

（3）成果材料

指项目研究所取得成果的有关论述和证明材料，主要包括结题报告、验收报告和科研成果（论文、研究报告、著作、实物、专利、获奖、应用证明等）。如果研究成果已经应用，还应增加成果效益的相关证明资料。

结题材料的准备工作考察的是团队成员对研究所取得资料的整理总结能力，这个环节主要是对整个研究过程进行细节回顾，从而提出自己的观点，为项目的后续工作提供借鉴。

3.3.2　结题报告的常用形式

（1）调查报告

调查报告是对课题研究对象进行调查后，经过整理分析后的记录，是一种反映调查结果的文字材料。调查报告中明确调查要素，如时间、对象、范围、内容和方法等，注重调查方法的科学性、范围的覆盖性和对象的代表性以及表现结果的准确性。调查报告的结构包括题目、调查组负责人及组内成员、概述、事实描述、事实分析、结论以及处理意见或建议等。

（2）学术论文

在专业期刊上发表论文也是结题报告的一种形式，期刊的档次越高，代表论文的水平也越高。论文最重要的是要有鲜明的观点和理论体系，通过研究所取得的大量的事实论据和理论论据来论证自己的结论和观点。论文的结构包括题目、摘要、关键词、引言、正文、结论、附录和参考文献等。

（3）实验报告

实验报告适用于以科学实验的方法进行研究的课题，其着重点体现在原理的科学性、过程的完整性和周密性、数据测量的准确性以及结论的严谨性。实验报告的结构包括题目、实验背景、实验方法、实验措施、无关因素的控制、实验结果、分析与讨论、结论以及参考文献等。

（4）设计报告

设计报告主要是针对设计类的课题，主要考察的是设计的创造性，此类课题大多研究的是新产品，因此其报告要向读者介绍产品的科学性、合理性和适用性。设计报告的结构包括题目、摘要、关键词、正文、结论以及参考文献，正文主要针对方案的论证与比较、产品的理论分析与参数设计、测试方法与数据、结果分析等。

（5）专业书籍

专业书籍是对某一学科或某一专题进行全面系统论述的作品，一般篇幅比较长，内容结构完整、层次分明，并且观点比较成熟、可以借鉴。一部好的著作对于某一研究领域也具有很大的参考价值。

3.3.3 结题报告的撰写格式

结题报告旨在反映课题的研究过程和结果，通过结题报告，取得上级部门的认可、支持和理解；通过结题报告在学生之间进行交流；在学术期刊上揭晓自己的研究成果以扩大影响；只要是有利于表述，格式上是可以变通的。但是不得抄袭、拷贝、移植他人成果，引用的参考资料需在报告中注明出处。

结题报告由题目、摘要、正文、结果和讨论、参考文献以及附录等部分组成。

（1）题目

题目是研究内容的高度概括，一般采用“项目名称＋结题报告”的格式。

（2）摘要

主要阐明项目的主要内容和观点，简要说明研究的问题、研究方法、产生的结果和主要结论。摘要虽然放在报告的前面，但往往是最后写成的。

（3）正文

正文，占结题报告的绝大部分篇幅，它是表达研究成果的主要部分，主要描述取得成果所用的研究方法或论证手段，并突出项目的特色，对于容易让人误解的地方，必须明确加以解释。

（4）结果与讨论

结果是总结课题研究的数据及有关的统计分析和调查推论，在文中可以恰当使用图表，从而简捷明了地表述研究的主要结果。讨论则是在肯定自己课题研究成果的基础上，积极发现问题并针对目前研究成果进行可行性分析前景预测。

（5）参考文献

一般列于结题报告的末尾，应该列出报告中所直接提到或引用的资料来源，包括资料的时间、内容、作者、发表的刊物名称及页码或网站的网址等。

（6）附录

对于一些不便列入正文的原始材料可以列为附录的内容。如调查问卷、统计数据、典型案例、照片等材料。

第4章　大学生创业训练项目写作

大学生创业训练项目的成果主要通过创业计划书表现，因此，本章主要围绕创业计划书的内容及撰写要求展开描述。

创业训练项目要求参与者组成优势互补的活动小组，提出一个具有市场前景的产品或者服务，围绕这一产品或者服务，完成一份完整、具体、深入的创业计划书，以描述公司的创业机会，阐述创立公司的目标，把握这一机会的进程，说明所需要的资源，揭示风险和预期回报，并提出具体行动建议。创业计划书聚焦于特定的策略、目标、计划和行动，对于一个非技术背景的、有兴趣的投资者应该是清晰、易懂、易读的。创业计划书可能的读者包括：希望吸纳进入团队的对象，可能的投资人、合作伙伴、供应商、顾客及政策机构。本章重点介绍创业计划书的基本组成部分、制定创业计划书的细节问题、创业计划书作为融资工具如何通过参加竞赛获得融资，并结合创业理财综合案例分析，解释创业计划书作为融资工具的写作技巧，旨在帮助创业者将创业理念、新的产品、新的服务项目等通过创业计划书这一融资工具，实现创业融资的目的。

4.1　创业计划书主要框架及内容

创业计划书，是指创业者在创业初期所编写的一份书面创业计划。

(1) 编制创业计划书的重要性

① 它能使得投资人迅速明确地决定是否存在一个根本性的商业机会。

② 它有助找到那些能够为项目带来最深入的观察、更多的知识和关系资源、经验和合同的投资人。

③ 它的存在对参与者未来的就业和职业发展无疑是一种潜在的巨大帮助。

(2) 对编制创业计划书的总体要求

① 创业计划竞赛要求参赛者组成优势互补的竞赛团队，提出一个具有市场前景的产品或服务，围绕这一项产品或服务，完成一份完整、具体、深入，可行性、操作性俱佳的创业计划。

② 创业计划书面文本应基于该项具体的产品或服务，着眼于特定的市场、竞争、营销、运作、管理、财务等策略方案，描述公司的创业机会，阐述把握这一机会创立公司的过程并说明所需资源。

（3）创业计划书基本框架及内容

① 执行总结　概述商业计划书的基本内容。

② 产品与服务　产品或服务是什么？独特之处在哪儿？

③ 市场分析　我们的市场是谁？它有多大？投资者为什么要相信？

④ 竞争分析　谁是市场上最主要的竞争对手？竞争对手的市场地位如何？

⑤ 公司战略　公司未来的蓝图是怎样的？

⑥ 营销策略　我们怎样才能找到客户？如何说服他们并向他们进行推销，如何保持并提高市场占有率？

⑦ 生产与运营计划　需要投入什么才能生产出产品，把它卖给消费者并赚到钱？

⑧ 公司管理　具有使风险企业走向成功的技能和素质。

⑨ 投资分析与融资方案　你想从投资人那里得到什么？

⑩ 财务预测与分析　经营活动和所预期结果的财务效果。

⑪ 风险分析及对策　哪里会出错？出错时如何处理？

⑫ 附录。

（4）创业计划书的注意事项

① 敢于竞争　在创业计划书中，创业者应细致分析竞争对手的情况。竞争对手是谁，他们的产品是如何工作的，竞争对手的产品与本企业产品相比，有哪些相同点和不同点，竞争对手所采用的营销策略是什么。要明确每个竞争者的销售额、毛利润、收入以及市场份额，然后再讨论本企业相对于每个竞争者所具有的优势，要向投资者展示。顾客偏爱本企业的原因是：本企业的产品质量好、送货迅速、定位适中、价格合适等，创业计划书要使它的读者相信，本企业是行业中的有力竞争者。在创业计划书中，还应阐明竞争者给本企业带来的风险以及本企业所采取的对策。

② 了解市场　创业计划书要给投资者提供企业对目标市场的深入分析和理解。要细致分析经济、地理、职业及心理等因素对消费者选择购买本企业产品这一行为的影响，以及各个因素所起的作用。创业计划书中还应包括一个主要的营销计划，计划中应列出本企业打算开展广告、促销以及公共关系活动的地区，明确每一项活动的预算和收益。创业计划书中还应简述一下企业的销售战略：企业是使用外部的销售代表还是内部职员；企业是使用专卖商、分销商还是特许商；企业将提供何种类型的销售培训。此外，创业计划书还应关注销售的细节问题。

③ 表明行动的方针　企业的行动计划应该是无懈可击的。创业计划中应该明确下列问题：企业如何把产品推向市场，如何设计生产线，如何组装产品，企业生产需要哪些原料，企业拥有哪些生产资源，还需要哪些生产资源，生产和设备的成品是多少，企业是买设备还是租设备，解释与产品的组装、储存以及发送有关的固定成本和变动成本的情况。

④ 合理展示管理队伍　把一个思想转化为一个成功的风险企业，其关键因素就是要有一支强有力的管理团队。这支队伍中的成员必须有较高的专业技术知识、管理才能和多年的工作经验。管理者的职能就是计划、组织、控制和指导公司实现目标的行动。在创业计划书中，应首先描述一下整个管理队伍及其职责，然后再分别介绍每位管理人员的特殊才能、特点和造诣，细致描述每个管理者对公司所做的贡献。创业计划书中还应明确管理目标以及组织机构图。

4.2　创业计划书的撰写

创业计划书，即商业计划书，是企业或项目单位为了达到企业发展目标和融资目的，在经过前期对项目的调研、分析、搜集与整理有关资料的基础上，根据一定的格式和要求撰写的一份全方位描述企业发展的书面材料，创业计划书的作用在于宣传创业企业，并为融资提供良好的条件基础，使创业者整体把握创业思路，明确经营理念，帮助创业者有效管理企业，同时向投资者或其他有关人员全面展示项目的优势、企业目前的状况、未来的发展潜力。因此，创业计划书的写作是创业的基础性工作。

4.2.1　创业计划书的一般格式

创业计划书编写顺序和格式如下。

① 封面　包括企业名称、地址、联系方式等。

② 目录　是创业计划书核心内容的导读和检索的目次。

③ 内容　分为执行总结、企业简介、产品或服务描述、市场分析、战略与营销策划、投资与财务分析、组织管理、风险分析及对策、融资方案和退出、附录等部分。

4.2.2　创业计划书的具体内容

（1）执行总结

它是整个创业计划书的浓缩和精华，涵盖了计划书的要点，反映了创业计划书的全貌，描述要简洁、清晰、客观、逻辑性强，使人一目了然。摘要篇幅一般控制在 2000 字左右，主要内容包括：a. 公司及提供的产品、技术、概念产品或服务的概述；b. 面临的市场机会和目标市场定位与预测；c. 市场环境和竞争优势；d. 经济状况和盈利能力预测；e. 团队概述；f. 所需资源，提供的利益等。

常用的方法与技巧如开门见山式，语言言简意赅，不要重复叙述、段落复杂，只要思路清晰把主要的内容表达出来即可。

（2）企业的基本状况

这部分内容是为了让风险投资者对作为可能投资对象的公司有一个初步的了解，可以从公司概述、业务情况、对公司未来发展的预测、公司类别与隶属关系、公共关系、保险情况、纳税情况等方面进行介绍。并充分阐述企业宗旨、经营理念、企业发展战略规划等目标管理。

① 产品技术类项目　该项目一般从以下角度加以论述：a. 创业计划的产业背景和市场竞争环境；b. 产品的概念、性能及特性；c. 主要产品介绍；d. 产品的市场竞争力；e. 产品的研究和开发过程；f. 产品的市场调查和前景预测；g. 目标市场的定位与分析；h. 市场容量估算和趋势预测；i. 竞争分析和竞争优势；j. 估计的市场份额和销售额；k. 市场发展的趋势等；l. 产品的品牌和专利技术。

需要注意的是对于产品类的项目以专利产品为佳，相关的专利证书、项目鉴定证书、专家评价意见、投资意向书等最好齐全。

② 文化创意与服务咨询类项目　此类项目从 4 个方面阐述：a. 对公司的服务性质、对象、特点、领域进行介绍；b. 提供的服务满足了客户的什么需求，为被服务者创造了什么价值；c. 该服务具有什么独特性、创新性、市场竞争力和核心竞争优势，服务目标的市场前景；d. 涉及知识产权的，如商标权、软件著作权等要清晰。

在介绍产品/服务的过程中，想抓住消费者的眼球，发掘潜在的目标客户，就是尽力满足客户需求，重点介绍消费者主要想了解的、解决现实问题的核心技术。因为专业性术语太强会给大部分消费者带来“不会用、用不好”的惯性思维，因此叙述要通俗易懂，借用图文、成功案例等科学、翔实地把产品呈现给消费者。

（3）公司战略

对于一个刚刚起步的创业公司，如何在市场上占有一席之地，并且保持长久的发展，就需要对公司的发展做一个详细的规划。主要内容如下。

① 公司定位　商业模式，盈利模式，经营理念（即企业文化或宗旨，也叫经营哲学）。

② 公司战略　总体进度安排、分阶段制定公司的发展计划与市场目标，公司的研发方向和产品扩张策略，主要的合作伙伴与竞争对手等。

③ 中长期目标　制定一个可行的战略对于企业长久的发展至关重要，战略的制定不代表一成不变，而是在市场的驱动下不断进行调整，就像大学生职业规划，在大学期间设立短期和长期目标，为了既定的目标不断前进，在短时间内实现什么样的目标，在大学四年结束时达到一个怎样的水平。大学生涯中，伴随着成长，思想在不断地变化，所以企业的中长期目标也是不断改进的，但是无论怎样调整，都必须适合自身的发展条件，切记人云亦云，盲目跟风。

④ 市场分析　主要介绍项目（产品/服务）的市场情况，包括行业市场的现状与发展趋势，企业在行业中的地位，目标市场的需求量，与同类型企业进行竞争的情况，企业的核心竞争优势。

⑤ 行业分析　是对行业的市场现状及发展趋势进行分析，具体应解决以下问题：a. 创业项目所处的行业；b. 行业发展环境分析，行业发展环境，环境对行业的影响，特别是经济、政策法规、社会等环境对行业的影响；c. 行业市场需求规模分析和行业发展预测，行业市场需求规模和预测一般要用过去和今后 5 年全行业销售收入或销售量情况来说明；d. 行业市场结构，品牌结构及排名情况；e. 企业在行业中的地位；f. 哪些行业的变化对项目利润率影响较大，什么因素决定项目的发展；g. 行业规则有哪些，进入行业的壁垒是什么，如何克服。

⑥ 目标市场需求分析　应解决以下问题：目标市场总需求多大，企业所占市场份额有多大，目标市场需求层次怎样，各类地区市场需求量多大（根据各市场特点、行政区划、人口分布、目标市场消费群体经济收入、消费方式、畅销品牌等因素，确定不同地区、不同消费者的需求数量）；创业项目在目标市场如何定位，如何满足关键客户的需求；目标市场需求的大小能否给企业带来利润，企业今后 3 年或 5 年生产计划、收入和利润是多少；目标市场未来的发展前景；影响目标市场需求的主要因素；如果目标市场属于新开发的，如何证明你的预测是正确的。

⑦ 竞争分析　应解决以下问题：市场主要竞争对手有哪几家企业，竞争对手所占的市场份额、在实力和产品的种类、价格、特点、成本、质量、营销等方面的优势和劣势是什

么，企业所占有的市场份额和优势以及面临的挑战是什么；本企业的进入对竞争格局带来了何种变化，你能否承受竞争带来的压力，企业应对竞争的策略和具体措施有哪些；是否存在有利于企业发展的市场空间，可能出现什么样的新发展。

（4）营销策略

营销策略是企业经营中最富挑战性的环节，制定有效的营销策略，确保产品顺利进入市场，并保持和提高市场占有率，在创业计划书中，营销策略应包括以下内容。

① 市场机构和营销渠道（包括分销渠道、储存设施、运输设施、存货控制，它代表企业为使其产品进入和实现目标市场所组织、实施的各种活动，包括途径、环节、场所、仓储和运输等）的选择。

② 营销队伍建设和管理。

③ 促销策略（主要是指企业如何通过人员推销、广告、公共关系和营业推广等各种促销方式，向消费者或用户传递产品信息）需本着能有效地与目标受众沟通和有利于市场竞争的目的来选取。

④ 价格决策（定价的组合，主要包括基本价格、折扣价格、付款时间、付款方式、借贷条件等，它是指企业出售产品所追求的经济回报）。

⑤ 生产经营计划　主要包括新产品的生产经营计划；公司现有的生产技术能力；品质控制和质量改进能力；现有的生产设备或者将要购置的生产设备；改进或者购置生产设备的成本；现有的生产工艺流程。另外，还应介绍关于生产产品的原料如何采购、供应商的有关情况、劳动力和雇员的有关情况、生产资金的安排计划、相应的厂房土地等如何规划安排等等。在介绍生产情况时，主要是对产品生产全过程及影响生产的主要因素进行介绍。重点是生产成本的分析与介绍。此外还要对与生产密切相关的设备、厂房和生产设施、相关基础设施情况进行描述。

（5）财务分析与预测

风险投资机构希望从财务分析与预测这部分来判断创业项目的盈利能力和未来经营的收益状况，进而判断能否确保自己的投资获得预期的回报。财务分析与预测包括以下内容。

① 完成财务分析　财务分析说明是指企业关于会计报表和财务分析的说明，包括主要会计方法说明、报表分析说明和财务情况说明，参见表 4-1。

② 过去 3 年或 5 年的历史数据　提供过去 3 年或 5 年的资产负债表、利润表、现金流量表、年度财务总结报告以及主要财务指标。

表 4-1　常用财务评价指标计算表

类型		序号	财务指标	公式	评价标准
盈利能力指标	静态指标	1	投资利润率	(年净利润/项目投资额)×100%	若大于(或等于)标准投资利润率或平均投资利润率,则认为项目可行,否则不可行
		2	静态投资回收期	年净收益相同:P_t=项目投资额/年净利润 年净收益不相同:P_t=累计净现金流量开始出现正值的年份数－1＋上一年累计净现金流量的绝对值/出现正值年份的净现金流量	若静态投资回收期小于(或等于)基准投资回收期,表明项目投资能在规定的时间内收回,方案可以接受;否则不可行
		3	销售利润率	(年净利润/年销售收入)×100%	表示每元销售收入所带来的净利润。指标越高,销售收入的盈利能力越强
		4	营业利润率	(EBIT/销售收入)×100%	息税前利润占销售收入的比重,表示每元销售收入所带来的利息、所得税和净利润。指标越高,销售收入的盈利能力越强

续表

类型		序号	财务指标	公式	评价标准
盈利能力指标	动态指标	5	财务净现值	指把项目计算期内各年的财务净现金流量，按照一定给定的标准折现率（基准收益率）折算到建设期初（项目计算期第一年年初）的现值之和	是评价项目盈利能力的绝对指标。当其大于（或等于）零时，说明该方案能够满足基准收益率要求的盈利水平，在财务上是可行的；否则不可行
		6	财务内部收益率	指项目在整个计算期内各年财务净现金流量的现值之和等于零时的折现率，也就是使项目的财务净现值等于零时的折现率	若其大于（或等于）基准内部收益率时，说明该方案可行；否则不可行
		7	动态投资回收期	P_t'＝累计净现金流量出现正值的年数－1＋上一年累计净现金流量现值的绝对值/出现正值年份净现金流量的现值	若动态投资回收期小于（或等于）基准投资回收期，说明方案能在要求的时间内收回投资，是可行的；否则不可行
偿债能力指标		8	资产负债率	（负债总额/资产总额）×100％	反映总资产中通过借债筹资的比率，衡量公司利用债权人资金进行经营活动能力的指标
		9	流动比率	流动资产合计/流动负债合计	一方面反映企业流动负债的清偿能力；另一方面反映企业流动资产的流动性或变现能力
		10	速动比率	（流动资产合计－存货）/流动负债合计	一方面反映企业流动负债的清偿能力；另一方面反映企业除存货外流动资产的变现能力

③ 今后3年或5年的发展预测　主要根据企业的经营计划、市场计划的各项分析和预测，在全面评估市场信息和公司财务环境系统的情况下，提供未来3年或5年的预计资产负债表、损益表以及现金流量表。进行财务分析预测，主要包括盈利能力分析、偿债能力分析和不确定性分析。

④ 盈利能力分析　通过盈利能力分析，可以进行投资收益预测，判断创业项目是否投资利润率高、回收期短，是否回报好、获利能力强。分析时，计算出的财务评价指标分别与相应的基准参数，如财务基准收益率、行业平均投资利润率、平均投资回收期、投资利税率等相比较得出预测结果。

⑤ 偿债能力分析　是企业偿还到期债务（包括本息）的能力，包括短期偿债能力分析和长期偿债能力分析。短期偿债能力分析是企业流动资产对流动负债及时足额偿还的保证程度，是衡量企业当前财务能力，特别是流动资产变现能力的重要标志。衡量指标主要有流动比率、速动比率和现金流动负债率；长期偿债能力分析是企业偿还长期负债的能力。它的大小是反映企业财务状况稳定与否及安全程度高低的重要标志。其分析指标主要有4项：资产负债率、产权比率、负债与有形资产比率、利息保障倍数。

⑥ 不确定性分析　在对项目进行投资评价时，所采用的各种数据多数来自预测和估计。由于资料和信息来源的有限性，将来的实际情况可能与此有较大的出入，即评价结果具有不确定性，这对项目的投资决策会带来风险。为了避免或尽可能减少这种风险，要分析不确定性因素对项目主要财务评价指标的影响，以确定项目在经济上的可靠性。这项工作称为不确定性分析。不确定性分析可分为盈亏平衡分析、敏感性分析。

1）盈亏平衡分析是通过盈亏平衡点分析项目成本与收益的平衡关系的一种方法。各种不确定因素（如投资、成本、销售量、产品价格、项目寿命期等）的变化会影响投资方案的经济效果，当这些因素的变化达到某一临界值时，就会影响方案的取舍。盈亏平衡分析的目的就是找出这种临界值，即盈亏平衡点，以此判断投资方案对不确定因素变化的承受能力，为决策提供依据。

2）敏感性分析是指从定量分析的角度，从众多不确定性因素中找出对投资项目经济效益指标有重要影响的敏感性因素，并分析、预测其发生某种变化对项目某一个或一组关键经济效益指标的影响程度，进而判断项目承受风险能力的一种不确定性分析方法。敏感性分析分为单因素敏感性分析和多因素敏感性分析。

（6）市场预测

当企业要开发一种新产品或向新的市场扩展时，首先要进行市场预测。如果预测的结果并不乐观，或者预测的可信度让人怀疑，那么投资者就要承担更大的风险，这对多数风险投资家来说都是不可接受的。在创业计划书中，市场预测应包括以下内容：市场现状综述；市场需求预测；竞争厂商概览；目标顾客和目标市场；本企业产品的市场定位。

创业者对市场的预测应建立在严密、科学的市场调查基础上。企业面对的市场本来就有变幻不定、难以捉摸的特点，因此，创业者应尽量扩大收集信息的范围，重视对环境的预测并且采用科学的预测手段和方法。

投资与融资分析如下。

① 投资分析　投资分析包含注册资本、股权结构与规模、投资总额、资金来源与运用及投资假设等。

② 融资分析

1）筹划融资方式。按资金性质可将资金划分为两类：一类是不必偿还的股权资金；另一类是必须连本带息偿还的债权资金。因此，按资金性质划分，融资方式只有两种，即股权融资和债权融资。要说明采取哪种融资方式，如果两者都采用，说明股权资本（普通股、优先股、股价等）、债权资金和两者之间的比例。

2）风险分析与控制。风险分析主要说明项目实施过程中可能遇到的风险，包括宏观环境风险、行业风险以及企业内部风险。具体细分如表 4-2 所列。

表 4-2　风险类型

宏观环境风险	自然环境风险、国家政策风险、经济环境风险
行业风险	技术风险（技术先进性风险、专利产权风险）、成本风险、销售风险（市场预测风险、市场竞争力风险）
企业内部风险	生产风险、管理风险、财务风险（融资风险、债务风险、资金回收风险）

③ 风险资本退出机制　资本退出方式主要有以下 4 种。

1）公开上市发行（Initial Public Offering，IPO）。即第一次向一般公众发行一家风险企业的证券，通常是普通股票。IPO 是风险资本最理想的退出渠道，其投资收益也较其他方式高。目前，我国企业上市有直接上市和买壳上市两种途径，另外，还可以使用创业板市场和柜台交易市场的方式。

2）兼并与收购。兼并收购分两种，即一般收购和第二期收购。一般收购主要指公司的收购与兼并；第二期收购指由另一家风险投资公司收购。这里最重要的是一般收购。

3）风险企业买进。当风险企业走向成熟时，风险企业可以个人资信作担保，也可以即将收购的公司资产作担保，向银行或其他金融机构借入资金，将股份买回；风险投资家则成功撤出，将资金投入更有前途的项目。

4）破产清理。对于风险投资者来说，一旦确认风险企业失去了发展的可能或成长太慢，不能给予预期的高回报，就要果断地退出，将收回的资金用于下一个投资循环。

（7）人员及组织结构

在创业计划书中，必须对主要管理人员加以阐明，介绍他们所具有的能力，他们在本企业中的职务和责任，他们过去的详细经历及背景。此外，此部分内容还应对公司的结构进行介绍，具体包括：公司的组织结构；各部门的功能与责任；各部门的负责人及主要成员；公司的报酬体系；公司的股东名单，包括认股权、比例和特权；公司的董事会成员；各位董事的背景资料等。

（8）附录

创业团队可以通过附录补充展示项目，突出自己项目的亮点。附件资料如下：营业执照；公司章程；验资审计报告；资信证明；法人代码证书；税务登记证；专利证书/生产许可证/鉴定证书等；注册商标；企业形象设计/宣传资料（包括设计、说明书、出版物、包装说明等）；相关的调查问卷、问卷分析；主要设备清单；场地租用证明；工艺流程图。

第5章 论文报告类创新实践项目写作

5.1 自然科学类学术论文写作

由于给排水科学与工程专业为典型的工科专业，人才培养方向为工程应用型技术人员，与哲学社会科学类的研究关联较少，为此，论文类创新项目写作仅围绕自然科学类科技论文写作方法加以分析。

自然科学学术论文写作的内容包括标题、摘要、关键词、引言（或前言、绪论等）、正文、结论、附录以及引用文献等，重点是正文部分和结论部分，并且在撰写过程中充分体现作品的科学性、先进性和实用性。

（1）标题

标题是论文思想内容最集中、最鲜明、最精炼、最高度的概括，它对于突出论文的主旨、表达思想内容和主要的学术信息有着十分重要的作用。应采用最恰当、最简明的词语反映论文中最重要的特定内容的逻辑组合，标题一般不宜超过15个字，若语意未尽，可用副标题补充说明；论文标题应避免使用不常用的缩略词、首字母缩写字、字符、代号和公式等。

标题的层次。所谓标题是指除文章题名以外的大小标题。各层次一般用阿拉伯数字连续编号；不同层次的数字之间用下圆点“.”相隔，最末数字后面不加标点。如：“1”“2.1”“3.1.1”需要注意的是文内标题层次一般不超过3个。

（2）摘要

摘要是对论文的内容不加注释和评论的简短陈述，是指将文献内容经过归纳整理、概括成忠于论文中心思想的短文。内容包括研究内容（问题）、研究意义、研究方法、研究结论等。摘要的要求有以下几点：a. 主题突出，展现全文，简明扼要，层次清楚，吸引读者；b. 不能加入论文中没有的内容，也不能把它写成评论性的短评；c. 摘要的字数一般为200～300字，外文摘要不宜超过250个实词；d. 写作人称以第三人称或无人称为佳；e. 摘要中不宜使用图、表、化学结构式、非公知公用的符号和术语；f. 摘要中若采用非标准的术语、缩写词和符号等，均应在第一次出现时以标注形式予以说明。

对于英文摘要，要符合英语语法，语句通顺、文字流畅，英文摘要应与中文摘要保持内容一致。英文和汉语拼音应为“Times New Roman”字体，字号与中文摘要相同。

（3）关键词

关键词是为了文献标引工作而从论文中选取出来用以表示全文主题内容信息款目的单词或

术语。关键词应尽量采用词表中的规范词（参照相应的技术术语标准）；个数一般为 3～8 个；顺序按词条的外延层次排列（外延大的排在前面）；以显著的字符另起一行，排在摘要的下方，两个关键词之间用分号隔开。为了便于国际交流还应标注与中文对应的英文关键词。

（4）引言（或前言、绪论等）

引言（或前言、绪论等）简要说明研究工作的目的、问题，前人在相关领域的工作和知识空白，以及研究设想、研究方法、预期结果和研究意义等。需要注意的是，文字不可冗长，不要与摘要雷同，不要成为摘要的注释；一般正文中表述的内容，在引言中不必赘述。

引言应开门见山，言简意赅，突出重点；尊重科学，实事求是；不夸大、缩小前人的工作和自己的工作，明确提出本文要研究的科学问题。

（5）正文

所谓正文亦即本论，是指从提出论点到用论据来论证，以及由此得出结果的全过程所述及的内容。不同性质的论文，其格式、内容不完全相同，一般应遵循内容决定形式的基本原则。一般来说，自然科学类论文的正文应包含的内容主要有：a. 研究对象及其性质；b. 理论分析或基本原理；c. 实验研究所用的材料、资料和仪器设备；d. 研究经过与方法；e. 实验结果分析与比较；f. 结果讨论。

正文的写法。论文的正文通常由多个章节组成，不同的章节有不完全相同的写法。可以按研究工作进程的时间顺序或认识的逻辑层次来写；也可以按照论点的主次或类别性质的逻辑顺序来写等。撰写者要从论文字句、内容安排、逻辑结构、观点陈述、论说举证等方面进行整体的斟酌。并从以下几个方面对论文进行推敲扩展：a. 论点、论据的恰当性、关联性及其推理的逻辑性；b. 文章标题、结构、布局和篇幅长短的合理性；c. 术语、概念的准确性及其定义方法的可靠性；d. 中心语句和字词使用的贴切性；e. 标点符号使用的准确性；f. 数学模型的精确性和可靠性；g. 结果的可靠性和结论的正确性。

（6）结论

论文结论部分的内容：a. 本文或本研究的结论、发现和特点；b. 存在的问题、改进意见或改进方向及其适度的述评；c. 致谢，包括对被引文的作者与译者、给本文提过修改意见或建议的专家学者、专业老师以及曾经给予过本文支持的亲朋好友与同行。

一篇优秀的论文或报告，不但需要完美的结论来强化和支持研究内容，而且结论部分更是全文画龙点睛的一笔。结论撰写得如何，结论的准确与否，既看得出撰写者的写作功力，也体现出撰写者对事物综合分析的能力与洞察事物的程度。

（7）附录

附录是论文主体的补充项目，并非每篇必备，一般说来，附录部分常有这些内容：a. 完成学术论文所获得的基金资助，标出项目名称及项目编号；b. 调查或实验研究中得到的原始数据、调查记录、问卷和实验观察记录等；c. 一般读者不必阅读、不易读懂或不感兴趣，但对同行有参考价值的材料；d. 与正文内容密切相关但由于论文的整体性或篇幅所限，未能放入正文中的其他重要材料。

（8）引用文献

参考文献是指在研究过程中所参考引用的主要文献资料。参考文献引用正确并符合标准，已成为考核论文质量的一项指标。

① 参考文献类型标识方法　根据《文献类型与文献载体代码》(GB 3469—83) 的规定，各种参考文献类型以单字母方式标识：专著 [M]，期刊文章 [J]，论文集 [C]，标准 [S]，报纸文章 [N]，学位论文 [D]，报告 [R]，专利 [P]。

电子参考文献类型：数据库 (DB)、计算机程序 (CP)、电子公告 (EB)。

文献载体类型的参考文献类型标识：联机网上数据库 [DB/OL]、磁带数据库 [DB/MT]、光盘图书 [M/CD]、磁盘软件 [CP/DK]、网上期刊 [J/OL]、网上电子公告 [EB/OL]。

② 参考文献条目的书写格式

1) 期刊文献的编排格式

标引项顺序：[序号] 主要责任者. 文献题名 [J]. 刊名，年，卷 (期)：起止页码. 如：

[1] 傅荣昭，邵鹏柱，高文远，等. DNA 分子标记技术及其在药用植物研究上的应用前景 [J]. 生物工程进展，1998，18 (4)：14-17.

2) 专著、论文集、学位 (毕业) 论文、报告的著录格式

标引项顺序：[序号] 主要责任者. 文献题名 [文献类型标识]. 出版地：出版者，出版年. 起止页码. 如：

[3] 刘国钧，陈绍业，王凤翥. 图书馆目录 [M]. 北京：高等教育出版社，1957：15-18.

[4] 张筑生. 微分半动力系统的不变集 [D]. 北京：北京大学数学系数学研究所，1983.

[5] 冯西桥. 核反应堆压力管道与压力容器的 LBB 分析 [R]. 北京：清华大学核能技术设计研究院，1997.

3) 论文集中的析出文献著录格式

标引项顺序：[序号] 析出文献主要责任者. 析出文献题名 [A] //原文献主要责任者 (任选). 原文献题名 [C]. 出版地：出版者，出版年：析出文献起止页码.

[6] 钟文发. 非线性规划在可燃毒物配置中的应用 [A] //赵玮. 运筹学的理论与应用——中国运筹学会第五届大会论文集 [C]. 西安：西安电子科技大学出版社，1996：468-471.

4) 专利的著录格式

标引项顺序：[序号] 专利所有者. 专利题名 [P]. 专利国别：专利号. 出版日期.

[7] 姜锡洲. 一种温热外敷药制备方案 [P]. 中国专利：881056073. 1989-07-26.

5) 报纸文章

标引项顺序：[序号] 主要责任者. 文献题名 [N]. 报纸名，出版日期 (版次).

[8] 河北省水资源危机和对策 [N]. 河北日报，1997-03-19 (5).

6) 电子文献

标引项顺序：[序号] 主要责任者. 电子文献题名 [电子文献及载体类型标识]. 电子文献的出处或可获得地址，发表或更新日期/引用日期 (任选).

[9] 王明亮. 关于中国学术期刊标准化数据库系统工程的进展 [EB/OL]. http://www.cajcd.edu.cn/pb/wmL.txt/9808102.htmL，1998-08-16/1998-10-04.

7) 国际、国家标准

标引项顺序：[序号] 标准编号，标准名称 [S].

[10] GB/T 16159—1996，汉语拼音正词法基本规则.

5.2 社会调查报告写作

调查报告是根据一定的目的，对某一情况、问题、经验进行系统周密的调查，经过认真细致的分析研究后，所写成的反映社会调查成果的书面报告，也可以将调查报告的写作理解为对整个调查工作过程的陈述和调研结果的评述与总结。撰写调查报告，实质上就是围绕调查主题，将调查过程和分析结果完整、系统地呈现给读者的过程，只要出色地完成上述工作，调查报告的撰写就会事半功倍。

5.2.1 社会调查报告的类型

调查报告种类较多，从调查的内容、目的、要求上分，大致可以归纳为两种类型：一类是综合性调查报告，即围绕一个问题，进行多方面的普遍调查，经过分析综合，提出自己的观点和意见；另一类是专题性调查报告，包括重点调查、典型调查、抽样调查等，都是从某一个侧面调查，而不涉及到全面情况。

5.2.2 社会调查报告的写作程序

(1) 确定主题

主题的确定要做到正确、集中、深刻、创新。正确指主题符合党和国家的基本政策方针，符合社会的主流思想；集中指主题的中心点突出，主题的大小合适；深刻指能够深入揭示事物的本质；创新指主题要新颖，包含新思想、新观点、新思路。确定调查报告的主题可以依据以下几点。

① 从事实出发确定主题　掌握了多少事实资料，就确定多大的主题，要保证提出的观点有足够的事实依据作为支撑。

② 抓住事物的本质确定主题　要从客观事物中挖掘出最有意义的东西，努力抓住事物的主要矛盾，从事物的本质出发确定主题。

③ 确定体现创新性的主题　主题不仅要反映时代要求，体现时代精神，同时要有新思想和新观点。主题的创新性，一是在前人的研究基础上有新发现、新发展；二是选择好论述的角度。

④ 根据调查目的确定主题　社会调查研究的目的是解决现实问题。随着调查的实施，可能会发现更多的问题。在确定主题的时候，要充分考虑最初的或主要的调查目的，不可喧宾夺主。

(2) 选择材料

一项调查所获取的资料繁多并且散碎，所以在写报告前，必须对所获得的材料进行筛选取舍。取舍材料时应注意以下几点：a. 根据材料的权威性、丰富性和完整性筛选材料；b. 紧扣主题筛选材料；c. 所筛选的材料之间相互关联、相互印证。在选择材料时要尽量配合使用多种类型的资料，要重视定量分析材料，用数字说明作品的真实性及可靠性，既要求相互印证，又要求能从不同的角度围绕主题展开。

(3) 拟定提纲

拟定提纲的任务在于设计出调查报告的总体结构，帮助作者分清层次，理清思路，明确调查报告的主要内容。同时，推敲逻辑，避免逻辑上的判断失误，可以依据“提出问题—分析问题—解决问题”的思路来安排材料。一般来说，拟定提纲的内容主要包括四个方面：一是调查报告的总题目；二是报告结构和各层次内容的安排；三是各个部分的标题及内容概述；四是说明各级标题的材料安排。

(4) 撰写报告

撰写报告应该注意的问题很多，这里侧重指出 4 个方面的问题。

① 关于文体问题　从总体上来说，调查报告属于应用文体，具有实用性的特点，但调查报告是一种叙事与分析、实践与理论、客观与主观相统一的应用文体，又不同于一般应用文体。它的任务在于以真实而生动的事实、准确而鲜明的观点，总结调查研究的结果。

② 关于语言问题　调查报告是一种叙议结合、以叙事多于议论地说明问题。调查报告的语言要求简洁朴实、准确、生动，并且通俗易懂，另外语言要客观、中立，不掺杂感情色彩。在从事实得到结论时，态度要鲜明，不可含糊。

③ 关于数表、图表的使用问题　数表、图表所包含的信息量大，可以帮助读者理解报告的内容。但是数表、图表数目不宜太多，并且将相关的内容反映在一个图表上，便于阅览。同时，在有图表的地方，需要配合文字，说明要点。另外，在调查报告中，汉字的使用与阿拉伯数字应统一。

④ 关于篇幅　调查报告的长短，主要取决于需要和目的。一般情况下，作品字数会超过规定要求。建议撰写者以作品的完整性为重，不要拘泥于字数限制，而使内容空洞泛泛。

(5) 修改报告

通过拟定提纲的大致思路，将选取的材料整理、分析并且整合就基本完成调查报告，但是整体阅读就会发现其中存在连接性差、相互关联性小等问题，因此，还需要反复推敲修改，使每一句子、每一段落都能做到精准、有所依据。在团队成员修改的基础上，可以请有领域背景和方法经验的人员提出修改意见。修改报告看似简单，其实不然，它考察的是撰写者整体思路的完整性和逻辑性，从中发现问题，并提出修改意见更能锻炼撰写者的辨析能力，培养把握全局的大体观。

5.2.3　社会调查报告的结构

一般来说，调查报告的内容大体有标题、调研背景、调研目的、调研意义、文献综述、调查思路、调查方法、调查内容、调查设计、调查分析、结论或对策、建议以及参考文献和附录等，并由此形成了调查报告的结构，包括标题、摘要、正文、参考文献、附录。

(1) 标题

标题要做到准确、简明、新颖，能够概括地将主题凸显出来。如果标题太长，可以选择正副结合式标题。

（2）摘要

摘要是对调查报告的内容不加诠释和评论的简短陈述，一般在报告完成之后提炼而得，是对整篇调查报告的概括。它主要包括：调研背景情况——研究缘由、目的、意义、承办单位、参加人员、所要探讨或解决的问题；调研过程中的基本情况——研究时间、地点、对象界定、调研运行主要过程、处理分析的方式方法。它是一篇完整的小短文，要让读者在看完摘要后，即使不阅读报告的全文，也能够了解报告的概况。

（3）正文

正文是调查报告的主体，它是对调查得来的事实和有关材料进行叙述，对所做出的分析进行综合议论，对调查研究的结果和结论进行说明。正文应该包含以下主要内容：调研背景（包括理论背景及现实背景）、调研目的、调研意义（包括理论意义及现实意义）、文献综述（包括国内文献综述和国外文献综述）、研究思路、研究方法、调查设计、调查实施、调查分析、调查结果、对策、建议、启示、结论、研究的局限及展望等。如此，可将调查报告的正文大致分为五部分：第一部分为绪论或引言；第二部分为调查设计及实施；第三部分为调查结果及分析；第四部分为对策、建议或调查启示；第五部分为结论。

① 绪论或引言　这部分主要内容为调研背景、调研目的、调研意义、文献综述、研究思路、研究方法及其他重要信息。调研背景包括理论背景及现实背景，说明为何调研即可，避免非必要性历史因素的冗长陈述。

② 调查设计及实施　调查设计是围绕调查目的而制作的具体行动方案。具体内容包括调查类型（调查方法、分析方法等）、问卷设计、抽样设计（调查范围、分析单位、问卷设计、抽样方法、样本量的确定、抽样单位、调查对象、调查地点、调查方式）等内容。

③ 调查结果及分析　调查结果包括样本特征、问卷信度、问卷效度等内容。进行该部分写作时，重点突出样本的代表性和问卷可靠程度。进行样本特征写作时，可进行描述统计和方差分析，体现样本的代表性。问卷的效度和信度则用于说明问卷的可靠性。在样本具有广泛代表性的前提下，问卷又十分可靠，则能够在一定程度上表明调查结果的可靠性。

分析方法先进与否、难易程度、适用程度，可体现作品的学术水平；分析结果的可靠性、科学性直接影响论据的严密性与可靠性。调查分析工作需要服务于调查目的，为调查结论及建议提供论据。

④ 对策、建议或调查启示　社会调查的目的是揭示所调查的社会现象内在的本质的必然联系，进而提出解决问题的途径和方法。该部分内容是调查者对问题的看法和建议或调查后得到的启示，是分析调查结果、解决现实问题的必然结果。

⑤ 结论　结论是调查报告主体部分的归纳，是对全文的总结。结论部分应重点说明以下内容：调研结果说明了什么问题，发现了什么规律，解决了什么问题（体现了作品的研究价值）；对前人或他人报道做了哪些检验，与将要做的研究进行对比结果如何（体现作品的先进性）；对前人的理论、研究与实践做了哪些修改、补充、发展、证实或否定（体现作品的创新性）；自身研究的不足及对未来研究的展望。总之，结论部分要根据调研目的、调查内容的需要，采取适当的表述方式，做到言简意赅。

（4）参考文献

将参考文献按照国外著作、期刊或其他文献，国内著作、期刊或其他文献进行分类后按照格式罗列即可。

（5）附录

一些重要而不适合在正文中体现的内容放置在附录中。附录的内容也要为作品的丰富性服务，主要包含以下内容：a. 团队成员及分工；b. 调研实施过程的图片（体现作品的真实性）；c. 统计报表、具体分析过程；d. 获奖证明（体现作品的价值）；e. 发表论文证明（体现作品学术价值）；f. 如有必要还可以增加致谢的内容。

5.2.4 常用社会调查方式

（1）问卷调查法

调查问卷是最常用的调查工具，问卷设计应该遵循一定的程序，这样才能最大限度地保证问卷的科学性。

首先，编制问卷前，要清楚调查的目的是什么，调查对象是谁，调查要收集哪些信息，等。其次，要确定问题的形式，问卷问题的形式主要有三种类型，即开放式问题、封闭式问题以及二者相结合的形式。开放式问题不提供选择答案，由被调查者根据自己的理解来回答问题；封闭式问题则要被调查者只能从提供的备选答案中选择；还有一类是被调查者既可以选择，也可以在选择的答案之外自由回答。另外，针对问题的表述也很重要，因为问题表述直接影响被调查者的理解，进而影响信息获取的质量。因此，在确定问题表述时，一定要考虑被调查对象的文化水平、职业、年龄等特征。表述要准确，避免隐晦、多义和歧义。最后，确定问题的顺序，遵循以下原则：a. 按问题所能提供的信息及被调查者能感觉到的逻辑性排列问题；b. 从熟悉到生疏、从易到难、从浅到深、由表及里、层层深入；c. 复杂、敏感、容易引起反感或厌恶的问题放在最后。

调查问卷的版面在实践中常常被忽视，调查也会因问卷版式安排不合理而受到影响。问卷版式安排的常见问题如下：a. 版面要清晰，问题之间、问题与答案之间、开放式问题的回答部分要留足空间；b. 重要的部分要加以强调（通过调整字体、字号等方式）；c. 话题转换自然，并加以强调。为了使话题转换一目了然，最好使用标记标明，比如下划线、黑体等；d. 问题与选择项放在同一页；e. 纸张质量及印刷清晰都是值得注意的。

（2）访问调查法

访问调查法是访问者通过口头交谈等方式直接向被访问者了解社会情况或探讨社会问题的调查方法。进行访问调查，首先应做好访问前的准备工作，如访问提纲的编写、访谈对象的选取以及合适的访谈时间、地点和场合的确定。其次应注重访谈过程中良好的人际关系，特别是初次和访谈者接触，要表明来意，消除他们内心的疑虑；提出问题时要态度谦逊、以礼待人；发表想法时要保持中立，避免鲜明极端的看法；在倾听过程中要及时做好记录，体现诚恳的态度，以有助于访问的顺利进行。作为访问者要善于观察和把握被访谈者的内心想法，一旦出现反感、不稳定情绪，要采取适当的措施或及时结束访问，以免发生不必要的冲突和矛盾。最后访谈结束后，及时整理访谈记录，回顾和研究记录内容，对于事实类和数据类资料，要查证并做必要的补充调查。

常用的调查方法还有实地观察法、文献调查法等，调查者根据调查目的要采取适当的调查方式，无论采取哪种方式，一定要体现此次调查的科学性和代表性。为了增强调研的真实性，可以采用各种调查工具来作为物质手段，如录音机、摄像机、照相机、计算机等。问卷调查法中，新兴媒体与互联网的方式应当引入，其与传统纸质问卷相比有独特的优势，特别是在互联网发达地区更加明显。

5.2.5　社会调查报告中图表的应用

当调查和分析工作结束之后，应将这些调查成果展示出来，通常情况下是采取图表来表达数据的涵义，图表也是最行之有效的表现手法。在实际操作中，柱状图表、条形图表、饼形图表、线性图表等最常用，上述图表特点如表 5-1 所列。

表 5-1　常用统计图表的类型及特点

图表类型	特点
条形统计图	比较各个数据的大小
扇形统计图	反映部分与部分、部分与整体之间的数量关系
折线统计图	显示数据的变化趋势，反映事物的变化情况
直方图	判断生产过程是否稳定，预测生产过程的质量，确定质量改进工作的方向
统计表	根据实际需要，将所得到的相互关联的数据，按照一定的要求进行整理、归类，并按照一定的顺序把数据排列起来。便于掌握数据的整体情况，进而用于分析问题和研究问题

一份合格的调查报告不仅仅是简单的看图说话，还应该结合调查目的及调查所处的大环境对数据表现出来的现象进行一定的分析和判断，在数据分析过程中，要注意使用一些自由的限定词，如总的来说、大多数情况、绝大多数、少数情况等，这是因为选择的图表并不绝对精准。根据不同资料的内容，对图表的形式、风格加以调整，使调查报告内涵更丰富。图表在使用时应注意以下问题。

（1）图

1）图要精选，具有自明性，切忌与文字和表重复同一项内容。

2）应有以阿拉伯数字连续编号的图序（如仅有一个图可编为附图）和简明的图题。图题应为中英文对照。

3）图题及图注居中写于留有相应空白的下方。

4）图要精心设计与绘制，图大小要适中；线条均匀，粗细与文字相称，主辅线分明。图中文字与符号写于适当位置。

5）图在文中的位置要合理，一般先见文字后见图。

6）坐标图中的量和单位符号应齐全，并分别于纵、横坐标轴的外侧；横坐标自左而右，纵坐标自下而上。曲线图右侧的纵坐标，标注方法同左侧。

7）属矢量图者，应在坐标末以箭头示明方向，如图中标注已表明方向时可省略箭头。轴的交点（原点）以外文字母“O”表示，不宜用数字“0”表示。

8）图中的文字、数字、符号、单位应同文字描述所用的一致。

（2）表

1）表要有以阿拉伯数字连续编号的表序（如仅有一个表可编为附表）和简明的表题，居中排于表格上方。表题要求采用中英文对照。

2）表应精心设计，具有自明性。数据应按一定的规律顺序编排。

3）表的结构应简洁。表头不应有斜线，宜使用横向三线表。必要时可加分项辅助短横线，标明大项目中所含的小项目数。

4）表中的参数都应标注法定计量单位的符号。若所有项的单位都相同，可合并标注。

5）表中的量、单位、符号和文字等应同文字描述相同。表中上下行的数字应以个位为准对齐，有效数字位数不够者应补“0”，相邻或上下栏的数字或内容相同者，应一一标明，不能用“同左”“同右”“同上”代替。

6）表内空白代表未测或无此项，“—”代表未发现或阴性，“0”代表实测结果为零。

7）表中需说明的事项，可用简明的文字附注于表底线下方。

8）表应放在适当位置，先见文字后见表。

9）表不宜过大，侧排表应是顶左底右。

10）内容不应与文字或图重复。

第6章 发明制作类创新实践项目写作

6.1 发明的定义与分类

6.1.1 发明的定义

《中华人民共和国专利法》第一章 第二条 第二款对“发明”做了如下定义：发明，是指对产品、方法或其改进所提出的新的技术方案。发明不同于科学发现，主要区别如表6-1所列。

表6-1 发明与科学发现的区别

名称	发明	科学发现
内涵不同	人类运用自然规则创造出某种人工事物，而这种人工事物在没有发明以前是不存在的	首先揭示出客观固有的事实与内在规律
本质不同	发明的成果是提供前所未有的人工自然物模型或加工制作的新工艺、新方法	探索自然固有的未知的实践活动
特征不同	人工人造性、规范性、变革性、可操作性、层次性	客观真理性、逻辑完备性、解释性和预见性、指导性
组成不同	由经验、知识和理论、智能组成的主体要素；由材料、能源和信息组成的客体要素；由工具、机械、设备、装置的手段要素	由基本概念、基本原理、基本推论组成的逻辑系统和抽象模型工具、概念语言工具、数学符号工具组成的方法论体系
任务不同	改造、变革和控制人工自然	认识和揭示自然界的本质、结构、性能、规律

发明是新颖的技术成果，不是单纯仿制已有的器物或重复前人已提出的方案和措施。一项技术成果，如果在已有技术体系中能找到在原理、结构和功能上同样的技术或方案，则不能称之为发明。

发明不仅要提供前所未有的东西，而且要提供比以往技术更为先进的东西，即在原理、结构特别是功能效益上优于现有技术。发明总是既有继承又有创造，在一般情况下大都有先进性。

发明必须是有应用价值的创新，它有明确的目的性，有新颖的和先进的实用性。发明方案既要反映外部事物的属性、结构和规律，又要体现自身的需要。发明者创造出新产品、新工艺前，已在观念中按功能要求预构所设计的对象，并在发明过程中不断地按优化的功能目标来完善其方案。

6.1.2　发明的分类

对发明创造成果，从发明创造的成果形态分，有产品发明和方法发明两大类。

（1）产品发明

产品发明又可以分为物品发明、设备发明以及配置或线路发明。物品发明如合金、玻璃、水泥、油墨、染料、涂料、农药、食品、饮料、调味品、药物、纸、焊料等，设备发明如各种机器、仪器、器械、装置等，配置或线路发明（指由空间和时间起作用的工作手段）如电压调节器、放大器，带有分支和闸门的管道系统等。

（2）方法发明

方法发明可以分为产品制造方法发明和非产品制造方法发明两类。产品制造方法发明包括产品的机械制造方法、化学制造方法、生物制造方法等；非产品制造方法发明包括通信方法、分析测试计量方法、修理方法、消毒方法等。

6.2　发明作品设计与写作

6.2.1　发明作品的设计

发明制作类作品，要着重考虑市场需求和新技术运用，特别是交叉学科知识与技术的应用。选择发明创造课题，应考虑先进性、实用性和可行性。

（1）先进性

该作品能反映当今科学技术的发展水平，能代表某一个学科领域的发展方向或是在某一学科领域中处于先进地位。先进性还反映在作品具有先进生产力发展方向的特征。在某一个领域，别人还未去研究，或是在研究过程中还没有成果出现，而发明创造恰好能反映先进技术在这一领域中的应用，这就说明作品具有先进性。

（2）实用性

该作品能为人们的生产或生活服务，解决人们生产或生活中的某一个问题或给人们生活的某一方面带来好处。实用性还表现在：人们生活中急需解决某一个难题，而又没有这样的产品。而发明创造却能应运而生，急人们之所急。要选择一个具有实用价值的发明课题，就需要细心地观察生活，体验生活，了解人们生活中所急需解决的问题，然后从实际出发，设计产品，解决问题。

（3）可行性

作品不光在理论上是先进的，而且在实际中也行得通。当设计一件作品时，只在理论上进行考虑，而忽略了在实际中各种情况的变化和各种因素的限制，就有可能在制造技术方面或现实需求方面遇到障碍。因此，在选择发明课题时，要综合考虑实际中各方面的因素，各种情况的变化以及各种制约因素的限制，既保证作品在理论上可靠，又使其在设计制作和使用方面可行。

发明制作类创新实践项目的本质是提出新技术方案，因此方案设计工作十分重要，它是将设想变成现实的关键技术阶段，是对设计者创新能力的挑战。样品制作，是完成发明作品的重要环节，技术方案确定之后，应考虑样品制作的工艺方法。动手制作之前，要将总体构思理顺，对整个系统有一个粗略认识。要令参与者明白需要做哪些工作，第一步做什么，第二步做什么。一次性就完成整个样品的制作是可能性较小的，在样品的制作过程中会不断发现问题，在不断地改进中完善作品。

6.2.2 作品说明书写作

参加创新训练活动，在团队成员和指导老师的配合下，对已有技术和实物不断进行改造更新，就会产生创新型的成果。其中，申请专利就成为提升活动质量的重要体现，专利申请是获得专利权的必需程序。专利权的获得，要由申请人向国家专利机关提出申请，经国家专利机关批准并颁发证书。申请人在向国家专利机关提出专利申请时，还应提交一系列的申请文件，如请求书、说明书、摘要和权力要求书等。在专利的申请方面，世界各国专利法的规定基本一致。

（1）专利的类型

我国专利法规定的专利类型有发明专利、实用新型专利和外观设计专利 3 种。具体内容如表 6-2 所列。

表 6-2 专利类型划分

专利类型	适用方案	获得授权时间	保护年限	审批程序
发明专利	针对产品、方法或者产品、方法的改进所提出的新的技术方案	3 年左右	自申请日起算维持 20 年	受理、初审、公布、实审、授权
实用新型专利	针对产品的形状、构造或者其结合所提出的适于实用的新的技术方案	6～10 个月	自申请日起算维持 10 年	受理、初审、授权
外观设计专利	针对产品的形状、图案或者其结合以及色彩、形状、图案的结合所做出的富有美感并适于工业应用的新设计	6～10 个月	自申请日起算维持 10 年	受理、初审、授权

（2）专利说明书的写作

在大学生科技学术作品中不乏创新特色的小发明、小创造，作为大学生，应增强个人的专利意识，及时申报以避免技术泄露。专利申请人在申请专利前要注意保密，不必召开技术交流会、技术或产品鉴定会，不要参加展览会和展销会，更不要在出版物上发表或出售发明创造的产品，以避免过早公开技术内容，丧失新颖性。项目参与者或核心技术拥有人可以依据是否符合“三性”，即新颖性、创造性和实用性来判断作品是否具备申请专利的条件。为了便于参与人能较为深入地了解发明创造的内容，建议按照格式和要求，撰写专利说明书。

① 发明创造的名称　包括：a. 采用所属领域通用的技术术语，如一种×××方法/系统/装置等；b. 清楚、简要、全面地反映要求保护的主题和类型；c. 不得使用人名、单位名称、地名、商标、型号、代号、商品名称、商业性宣传用语，如针对贵州新发现氟源的降氟组合燃料。

② 技术领域　技术领域应当是要求保护的技术方案所属或者直接应用的具体技术领域，

格式如下：本发明涉及……技术领域，具体（尤其）涉及……如本发明涉及一种雨水截流井，尤其涉及一种新型浮力式自动雨水截流井。

③ 背景技术　根据对发明创造的理解，检索、审查有用的技术，并且尽可能印证反映这些背景技术的文件。注明其出处，通常采用印证有关技术文件；客观指出存在的主要问题，指出本发明能解决的问题；切忌采用诽谤性语言。

④ 发明内容　发明内容主要包括以下 3 点。

1）发明能解决的技术问题。通过对传统方式的分析指出不足之处，说明采用本发明的技术方案可以解决现有技术中存在的哪些问题。

2）技术方案。通过阅读技术方案，可以从总体上了解发明为解决其要解决的技术问题所采取的技术手段，了解发明的核心。

3）有效成果。客观地写明发明与现有技术相比具有的有效成果。例如：产率、质量、精度和效率的提高；能耗、原材料、工序的节省；加工、操作、控制、使用的便捷；环境污染的治理与根治。

⑤ 附图说明　为了更清楚地说明本发明针对于现有技术的改造创新，需要配几张附图，并且注明各附图的图名，对图示的内容做简要说明，如果零部件较多，可以采用列表的方式对附图中具体零部件名称进行列表说明。

⑥ 具体实施方式　结合发明的附图，对发明的技术方案进行清楚、完整地描述。

第7章 作品展示与答辩技巧

7.1 作品展示方案

7.1.1 展示内容

由于评委评判的作品数量很多，对于论述完整的作品申报书也是系统地把握，因此评委对研究课题的深入了解往往从参赛选手的陈述开始。要吸引评委的注意力，在短短的5～10min将厚厚的作品申报书阐述清楚，就要参赛者既要全面又要有针对性地介绍其展示的内容。展示的内容如图7-1所示。

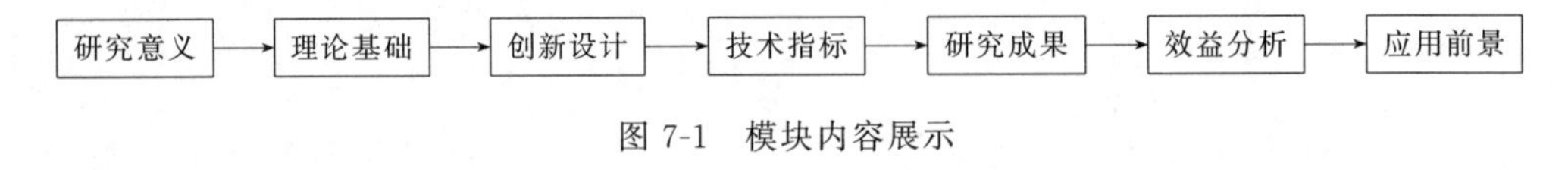

图7-1 模块内容展示

(1) 作品的研究意义

通过实际存在的问题切入主题，抓住问题的关键并强调解决问题的紧迫性及研究意义，提炼语句，使其尽可能简短精准。但必须突出其存在价值，含金量越高，就越会受到评委的重视。

(2) 理论基础

通过对理论基础的认识，可以判断作品的先进性和代表性。综合国内外相关文献以及前人的研究成果，更能说明作品所具有的研发价值。

(3) 设计思路及创新点

设计思路体现了作品的逻辑性以及论证的可靠性，先研究什么，后研究什么，可以使评委清楚地了解其脉络，从而加深对作品的理解。创新点最为关键，它是引起评委注意的重要元素。将创新点分条罗列，突出其新颖性以及市场需求性。如果能填补市场某个方面空白，更能吸引评委的注意力。

(4) 技术指标

作品的技术指标是通过模拟实验、模型分析、数理统计等方法得到的关于作品成果的科学性、先进性的数学描述。根据模拟实验获得的数据进行可行性分析，说明其适用性；用数字说话，更具有说服力。

（5）研究成果

研究成果可以是实物展示，通过生产性试验增强其应用价值；还可以是专利证书，更易证明作品的创新性和突破性；除此之外也可以是发表过的高水平文章，知名期刊发挥的影响力，能够给作品提高公信度。

（6）效益分析

促进科技成果向现实生产力转化是市场的需求，作品的应用价值可以从“三效益”来分析：经济效益——是否促进了经济可持续发展，带来可观的收益；社会效益——是否带动了社会的进步，推进和谐社会的构建；生态效益——是否改善了环境质量，提高了资源的利用率等。值得强调说明的是数据应用，如能够节能多少、增产多少，往往评委更容易被这些内容所吸引。

（7）应用前景

评委诚如作品的投资者，让评委看到广阔的市场前景，才能获得评委的更高评价。清晰透彻地向评委介绍作品，如果一项技术能够对一个产业的发展做出贡献，其市场发展则是非常可观的。

7.1.2　展示媒介

仅靠演讲来进行作品展示并不能使评委全面地了解作品，即使演讲得再激情澎湃，也会让评委出现疲劳，从而极大地影响评委对后面作品的评审。为了让评委能够更好地熟悉展示内容，除了依靠陈述，还要结合多种展示手段，多渠道、全方位展示作品。通常在展示过程中能用到的展示媒介有幻灯片（PPT）、视频、展板、模型、宣传册等。

（1）幻灯片

幻灯片是展示环节最关键的部分，活动场地一般都会提供展示设备。参赛者在制作幻灯片时，包括两方面的设计：PPT 风格和 PPT 内容。

PPT 风格要符合整个展示的主题，背景颜色、图案要充分展示作品的内容思想，例如绿色能体现环保，蓝色能体现专业，红色能展现激情等。但是，为了避免让人眼花缭乱，整体颜色的搭配要柔和、简单、大方，这样才不会让人产生喧宾夺主的感觉。

PPT 内容要考虑到 PPT 的排版和布局，使用怎样的字体、字号、颜色，怎样调整图片和表格的格式，都要有一定的规范。PPT 布局应简洁鲜明，文字宜少，内容精炼，其他内容通过口头陈述介绍给评委。其中，参赛者在编辑图片时，可以剪辑一些新闻报道、人物访谈来强化作品的现实意义、应用前景等。而且 PPT 的动画不求多，不要每一页、每幅图、每段文字都搞成动画，这样也可以有效节省时间。

需要注意的是，PPT 的作用是增进参赛者和评委的交流，切忌花哨。与评委的面对面交流尤为重要，参赛者在讲解过程中不要总盯着屏幕“唱独角戏”，要善于用眼神、恰当的动作来与评委进行互动，这样评委自然会主动地与参赛者探讨并提供完善的意见和建议。

（2）视频

在现代传播日益精进的大环境下，视频为作品的展示更增添了一抹亮色，由于比赛场地狭小、设备不全等限制因素，不能很全面地向评委展示作品成果，这时提前进行模拟全过程视频录制就显得很必要了，这样不仅可以节省时间，更能提高信息传递效率，增强视觉信息的传递效果。视频在开场、展示环节、结尾都可以使用，很多活动都选择在开场时通过视频来渲染现场气氛，从而吸引大众眼球，缓解开场时紧张、压抑的气氛；中场环节进行产品细节的展示，有助于评委将参赛者口头描述与实体操作相结合，从而验证本作品的可行性和实用性；结尾视频可以是团队成员或有关专家对本作品的总体评价，更能起到画龙点睛的作用。背景音乐对于烘托氛围、营造气氛也有一定的作用，选取的音乐类型也要和整个视频的格调相一致，同时参赛者的解说词也要配合背景音乐的节奏和旋律。

总之，视频演示在比赛中具有举足轻重的作用，参赛者不可轻视，视频的设计要新颖丰富，突出亮点，画面、音质等细节问题更要反复调试，不能因小失大。一份好的视频，录制过程中的场地、背景、角度以及配音的选择也是至关重要的。其实，展示视频就像一个简短的纪录片，通过配音人员通俗易懂的话语将作品更直观形象地介绍给观众。

（3）展板

评委来到展示现场，如同来到博物馆，会首先浏览展板上的内容。因此，展板的设计非常关键，不仅要做到展览信息的传达，更要保证观众对于审美上的要求，内容包括展板上的字体设计、色彩设计、材料形状、图片布局等。

展板文字的排版包括字体、字号、颜色等，整体效果要满足大众的阅读心理，否则很容易产生排斥心理或造成错误的印象而导致信息的错误传达；图片常具有比文字更高的吸引力，运用图片与文字的结合可以加强评委对作品的理解。在这个组合中，图片有解说、加强、加工、综合、比较和装饰的功能，解说的文字要精简，语言图文要准确到位、布局得当。

（4）模型

科技作品可以做出实物模型，创业作品也可以把核心技术、产品模型或样品加以展示，通过实物展示具有较强的说服力和吸引力。实物展示主要有两类：一是产品功能效果的展示；二是技术原理的说明。实物展示有利有弊，优点在于增强了真实性，提高了作品的可信度，让评委能够更好地了解产品；缺点在于产品实物若存在问题，则会起到反作用，如产品实际功能与宣传不符、产品外观不美观等。此外，实物展品的使用还要考虑到现场展示的可行性，如作品体积、重量是否方便运输、搬运等。

（5）宣传册

在作品展示现场，作品展示并进行实体演示，是评委初次对作品的接触和了解。由于现场空间局限，再加上作品繁多，评委的实地评审时间很短，所以需要借助宣传品一类的辅助手段。制作宣传册是最常见的。把能打动评委的要点集中在小册子上，能够让评委在实地评审结束后利用时间仔细阅读研究参赛作品，需要注意的是精简是小册子的重要属性，并且小册子设计风格要与展板的设计相统一，让评委一看到小册子就能回想到作品的展示现场，从而加深评委对作品的印象。

宣传册还有一个重要的作用，就是便于作品之间的交流。参加大学生创新创业训练活动，获得优异成果是一方面，但是最重要的还是学习的过程。要多看看、多了解其他作品特点、长处，从中发现值得借鉴之处，尤其是作品的创新之处，更要学会主动学习，取长补短，这样，积累的经验多了，对于大学生创新能力和综合素质的提高都会有所帮助。因此，在展示现场利用闲暇时间要多走动，学习参观其他作品，增进交流。

7.2　陈述与答辩技巧

7.2.1　评委定位

创新创业训练活动的评委，通常从以下几个方面遴选：a. 熟悉所评审专业，学术上有一定造诣；b. 具有相应的技术职称，熟悉本领域发展动态；c. 热心此项活动的评审工作，能胜任繁重的评审工作。由上述条件可以看出，担任评委的不但有来自高校的，还有来自研究机构、政府部门、企业等的相关人员。

创业计划竞赛的评委由高校、科研机构、企业中在学术上有较深造诣、在社会上有广泛影响的教授、企业家、风险投资家担任（图7-2）。

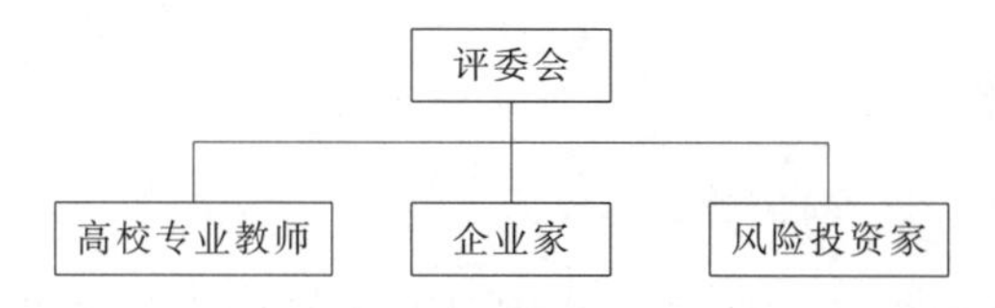

图7-2　评委团的构成

不同身份的评委，他们的关注点也不同。答辩者要找准突破点，从容应答，化繁为简。对于来自于高校的专家，他们常常会从技术的原理层面来关注作品的创新性和可操作性，这时就需要团队中专业知识比较扎实的技术人员来应对；对于实战经验丰富的企业家，他们会从项目所具有的商业机会、市场价值，公司的运作模式、推广营销手段等层面来进行综合考察；对于风险投资家，他们最关注的一方面是创业团队的人员构成，创业团队的领导者是否有独到的眼光、是否有出色的团队协作能力，团队成员是否技能互补，在技术、市场上是否分工合理；另一方面便是创业企业的财务计划，在财务计划中，风险企业家对创业企业的股本结构非常重视，因此，答辩者要针对股本结构做详尽的介绍。关于创业计划书各部分的内容评审，有不同方面的侧重点，见表7-1。

表7-1　创业计划书评审重点

环节划分	评审考察方面
执行总结	概述是否简明、扼要，具有鲜明的特色。重点包括对公司及产品/服务的介绍、市场概貌、营销策略、生产销售管理计划、财务预测；指出新理念的形成过程和对企业发展目标的展望；介绍创业团队的特殊性和优势等
产品/服务	如何满足关键用户需要；进入策略和市场开发策略；说明其专利权、著作权、政府批文、鉴定材料等；指出产品/服务目前的技术水平是否处于领先地位，是否适应市场的需求，能否实现产业化
市场分析	市场容量与趋势、市场竞争状况、市场变化趋势及潜力，细分目标市场及客户描述，估计市场份额和销售额。市场调查和分析应当严密科学
竞争分析	公司的商业目的、市场定位、全盘战略及各阶段的目标等，同时要有对现有和潜在的竞争者的分析，替代品竞争，行业内原有竞争的分析。总结本公司的竞争优势并研究战胜对手的方案，并对主要的竞争对手和市场驱动力进行适当分析
市场营销	如何保持并提高市场占有率，把握企业的总体进度，对收入、盈亏平衡点、现金流量、市场份额、产品开发、主要合作伙伴和融资等重要事件有所安排，构建一条通畅的营销渠道和与之相适应的新颖而富有吸引力的促销方式

续表

环节划分	评审考察方面
经营管理	原材料的供应情况，工艺设备的运行安排，人力资源安排等。这部分要求以产品或服务为依据，以生产工艺为主线，力求描述准确、合理、可操作性强
组织管理	管理团队各成员有关的教育和工作背景、经验、能力、专长。组建营销、财务、行政、生产、技术团队。明确各成员的管理分工和互补情况，公司组织结构情况，领导层成员，创业顾问及主要投资人的持股情况。指出企业股份比例的划分
财务分析	包含营业收入和费用、现金流量、盈利能力和持久性、固定和变动成本；前两年财务月报，后三年财务年报。数据应基于对经营状况和未来发展的正确估计，并能有效反映出公司的财务绩效

科技学术作品竞赛的评委大都是来自高校的专业教师。这类评委的思维活跃，在学术上有较深造诣，对国际的最新前沿科技保持着高度的关注，又不保守，很乐于对一些有特色的作品进行了解，并提出个人意见，对于答辩者来说，就要配合评委的提问，尽量能够把科研最新的成果引申到作品上，这样必定会给评委带来超前的意识感触，从而为作品增色。

7.2.2 答辩准备工作

(1) 撰写答辩提纲

答辩者必须对作品的内容了如指掌，特别是对作品的主体部分和结论部分进行反复推敲、仔细审查。“挑战杯”全国大学生课外学术科技作品竞赛评审标准对答辩提纲提出了明确的要求，包括以下内容：a. 突出选题的重要性和意义；b. 介绍作品的主要观点和结构安排；c. 强调论文的新意及贡献；d. 说明做了哪些必要工作。

(2) 熟记讲稿，灵活表现

答辩者应熟悉项目内容，并且反复进行模拟练习。因为到了比赛现场，各种外来因素可能会影响发挥，这样可能会大大削弱答辩效果。在进行模拟练习时，可以预先准备一份口语化的答辩讲稿，避免在答辩时因一时想不起合适的词而出现过多的停顿现象，以便应对答辩现场不可预知的情况。

(3) 做提问准备

“挑战杯”系列竞赛已经举办过多届，每一届都会有很多资料留存。虽然个别评委的问题会出乎意料，但是提问的范围是大致相同的。如在创业计划竞赛中，评委都是从以下几个方面进行提问的：商业模式、市场价值、股本结构、融资方式等。又如在课外科技学术作品竞赛中，评委会围绕作品的技术指标、工作原理等方面发问。因此，在答辩前，团队成员要综合设计过程中遇到的问题，把与课题相关的各个方面的问题都罗列出来，并制定合适的回答方案，使提问准备更具成效。

(4) 进行模拟答辩

进行模拟答辩就像彩排，但是决不能应付了事。通过反复练习，肯定会有所收获。把台下的观众当成评委，由他们提出建议，也可采取录音回放的方式，找出问题所在。同时还要有效控制各部分内容的陈述时间，随时调整语速和叙述内容，以免出现时间截止时关键内容还没有介绍完整。

模拟答辩过程需要重点关注以下几个方面：a. 参赛者的陈述是否准确到位、重点突出、逻辑严密；b. 参赛者的外在形象、肢体语言是否妥当；c. 其他展示形式是否配合流畅，是否和谐统一；d. 参赛者回答问题是否随机应变；e. 参赛者的学术用语、礼貌用语等是否得当。

（5）心态调整

良好的心态是成功的关键要素，参加答辩对于很多参赛者来说都是陌生的，所以表现紧张也是很正常的。在准备过程中，保持乐观积极的心态至关重要，在事先观摩其他作品后，可能会发现自我作品的不足之处，但是也要看到自己作品的亮点，决不可妄自菲薄；只有自己相信自己，才能说服他人相信自己；另外，应调整心态，学会体验过程的快乐，在过程中不断丰富经验，开阔眼界，提高动手能力和处理问题的能力，从而突破自我，获得成长。

7.2.3　陈述及答辩技巧

要在短暂的时间内为作品做一个精彩的陈述是有难度的，如何突出重点就需要陈述者借助各种手段，如可以尝试使用恰当的表情和语言，包括手势、眼神等，从而吸引评委的注意力。

当陈述结束后，就进入了答辩阶段。所谓答辩，就是有“问”有“答”，也可以“辩”。答辩的过程，实际上就是与评委沟通的过程。当遇上评委提出的问题不会回答的情况，答辩者要诚实应对，切不可强词夺理，同时要保持平心静气；当评委的理解出现偏差时，要态度谦和地向评委解释，避免出现急躁反感的情绪；并且尽量避免出现以下语言上的不当：犹豫的神态（嗯、啊、唔）、模棱两可的回答（有点、我认为、我感觉、我想）、反义疑问句的使用（不是吗、不好吗、不对吗）、寻找理由（借口或者辩解）。

答辩最能考察一个人的思维和逻辑能力，回答评委的问题要做到结构清晰、反应敏捷。通常用一些表示层次结构的短语，如“第一”“第二”“第三”或“首先”“其次”“再次”等来回答。回答的完善程度能从侧面反映一个人的知识面广度、思维层次的深度以及理论水平的高度。

7.3　答辩台风

大学生创新创业训练项目答辩评审标准对参赛者的形象提出了具体的要求：服饰整洁统一，面部表情生动，肢体语言得体。因此，参赛者的台风也是不可忽视的因素。

（1）着装

一般代表本校去参加比赛的个人或团队，参赛学校都会对服装做统一的安排，这也反映了学校的整体风貌。统一服装并不是说整个团队全部穿正装，服装的设计可以综合参赛学校所处地域的风土人情、办学理念、校园文化等因素，凸显团队的特色。另外，也可以考虑男女之间的差异，将男生独特的气魄和女生特有的魅力充分展现出来。由于大学生创新创业竞赛是一个正式的交流活动，因此，团队整体形象要与此特点相融洽，切不可为了吸引评委而太过花哨。

（2）举止

在比赛现场，在众多评委的注视下，如何将整个团队的形象更上一个档次，就需要从细节抓起。例如，面对评委要目光友善，微笑真诚、亲切，但是要表情自然，不可流露夸张的表情；当评委提出问题时，要有效、耐心地倾听，抓住问题的重点，回答时眼睛要礼貌正视评委，不可左顾右盼、心不在焉；在为评委介绍作品时，切不可用一个手指为评委指示方向，应拇指弯曲，紧贴食指，另四指并拢伸直，指尖朝向所指的方向；在递送宣传册等资料时要双手送上，字体正对评委，便于评委及时阅读浏览。

在比赛现场，大多都是参赛团队站在赛场讲台的前方，从参赛队员进场到退场其行走姿态和站立姿势都会给人留下深刻的印象。参赛者在行走时，上身要保持正直，身体重心略向前倾，头部端正，双目平视前方，肩部放松，挺胸收腹，两臂自然前后摆；注意步伐均匀，不宜过快，女生在穿裙装、旗袍或高跟鞋时，步幅要小一些，凸显其端庄的魅力。在站立时，身体立直，抬头挺胸、收腹、下颌微收，双目平视，男子站立时，双脚可张开，但不能超过肩宽，双手自然下垂或交叉于身后；女生站立时，两脚成丁字步，左脚在前，左脚脚后跟靠于右脚脚弓部位，双手自然放下或交叉。

（3）仪表形象

① 发式　发式决定一个人的精神面貌，男生头发应前不盖眉、侧不掩耳、后不及领；女生则应将头发盘起来或将头发披肩梳理整齐。

② 面容　面部应保持清洁，如需戴眼镜，应保持镜片的清洁。男生忌留胡须，做到修面剃须，保持卫生；女生可以淡妆修饰，以淡雅、自然为宜。

其他细节如保持手部清洁，指甲干净，不留长指甲及涂有色指甲油等都需要参赛者注意，因为这些细节代表团体的整体风貌，更反映出对评委的尊重。

下　篇

案例篇

第8章 产品类创业计划书——以尚质蛋白回收设备有限责任公司[1]为例

8.1 执行总结

8.1.1 公司简介

尚质蛋白回收设备有限责任公司，是专业从事废水蛋白回收设备生产销售、安装调试、技术开发、产品推广的创新型企业。

公司目前主要产品为蛋白回收设备，同时逐渐研发其他废水处理与资源回收设备。本产品以“蛋白废水处理与回收装置”发明专利（专利号：ZL 2009 1 0158131.1）为技术依托，开发了不同规格蛋白回收设备，公司初期产品主要销售对象为淀粉及淀粉深加工企业，中后期研发的其他产品适用于各类废水处理工艺。

8.1.2 产品介绍及优势

公司生产蛋白回收设备，主要应用于食品生产加工企业，其功能是将生产淀粉企业产生的高浓度有机废水在二级处理之前进行高效率预处理，高效回收蛋白，同时降低二级处理进水浓度。客户通过使用我公司生产的蛋白回收设备，可以增加经济效益40%～70%。

公司产品极大提高了蛋白回收率的同时提高了废水预处理效率，保证了废水处理效果，降低了废水处理费用，提高了企业经济效益；并且将原有的废水预处理设施设备化，减小了占地面积，安装、维修、更换更为便利，并且符合国家节能减排的政策。最重要的是，在国内蛋白回收方面几乎属于技术空白，因此我公司产品为市场所急需。

8.1.3 市场概况和营销策略

8.1.3.1 市场概况

经过认真的市场调研，我国食品制造企业27310余家，其他农副食品加工企业5960

[1] 《尚质蛋白回收设备有限责任公司》获得2012年度第八届“挑战杯”中国大学生创业计划竞赛铜奖。获奖人员：王猛猛、乔杨、黑胜蓝、陈聪、陈焕、潘云龙、姜旭、常莎莎。

余家，而 85%的企业所排放的废水中含有较多的蛋白，这类行业用水量大，废水排放量也高，尤其以淀粉工业废水的排放量占首位。并且，这类企业生产淀粉本身无多少利润，甚至有的亏本经营，因此将废水中的蛋白高效回收成为企业利润的关键。目前在我们国家传统的蛋白回收方法是自然沉淀，效率极低，蛋白回收效率仅为 10%左右；还有一部分企业通过蒸汽煮沸法回收蛋白，回收效率也仅仅约为 30%。而我公司拥有发明专利技术，生产的蛋白回收设备，能将蛋白回收率提高到 70%～90%。因此，我公司市场前景广阔。

8.1.3.2　营销策略

尚质蛋白回收设备有限责任公司针对全国目标市场采取因地制宜的营销推广和市场监测。公司以产品策略、价格策略为核心，以营销策略、渠道策略、促销策略、品牌策略、公共关系策略为辅助营销策略。根据市场供给和需求弹性以及价值规律等客观规律科学地分析目标市场并依此进行市场定价，在不同时期针对不同的目标市场制定定价方案。使公司有足够的资金改良河北省市场和开拓全国市场，与此同时稳固企业的信誉度和企业的品牌文化，为开拓河北省和全国市场提供良好的基础条件。

8.1.4　市场目标和财务目标

8.1.4.1　市场目标

在公司创业阶段，目标市场为“以保定为中心的河北省地区”，公司市场主要打开北方玉米、大豆、薯类生产与加工区。进入快速成长阶段后，公司主要市场拓展到黄淮流域玉米、大豆生产与加工区。最终打开西南玉米、薯类、大豆生产与加工区，南方玉米、薯类生产与加工区，力求开发多领域废水处理与资源回收设备。

8.1.4.2　财务目标

公司盈亏平衡点销售额为 2288929 元，实际销售中超出盈亏平衡点销售额的部分就是公司的利润；公司初期投资 800 万元，根据公司对市场的合理预期和严谨的财务预测，计划在 3 年左右时间能够收回所有投资；风险资金退出时间计划为第 4 年，此时公司基本上占领了一定的市场份额，能够产生充足的资金流，进入成熟时期。

8.1.5　公司优势

随着“建设资源节约型、环境友好型社会”国策的提出，很多企业开始关心资源回收与环境保护问题。我公司生产的处理设备，经济效益与环境效益俱佳。较传统工艺优势显著，实现经济与环境的双赢，顺应时代主题，弥补了现有蛋白废水处理技术存在的蛋白回收率低、占地面积大、处理流程长、运行管理费用高、处理时间长、经济效益不显著等问题。

产品应用后，既可以对蛋白废水进行有效处置，降低水环境污染的隐患，又能高效回收蛋白充分利用了资源，符合“十二五”规划提出的建设资源节约型、环境友好型社会，循环经济、绿色发展，低碳生活、节能减排的发展要求。

8.1.6 资金需求

公司注册资本800万元。股本结构和规模为河北农业大学技术入股180万元、自筹资金入股120万元和风险投资500万元。所筹集资金主要用于租赁厂房、购进设备、购买原材料、支付工人工资等。见图8-1。

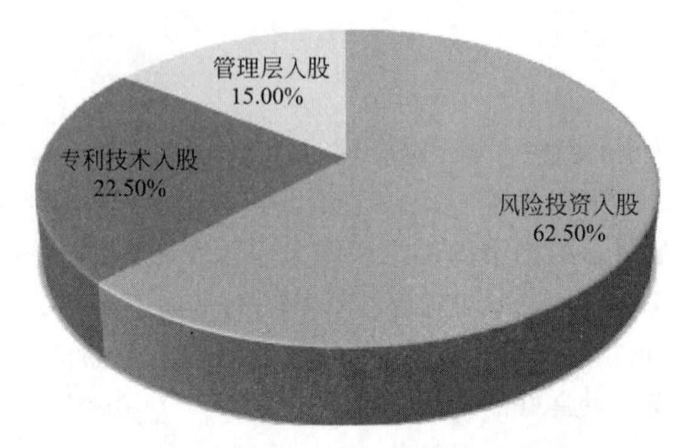

图8-1 资金需求

投资回收期约为3年，时间较短，能够有效降低公司风险。

8.2 公司与产品介绍

8.2.1 公司介绍

尚质蛋白回收设备有限责任公司，目前拥有国家发明专利——“蛋白废水处理与回收装置”（专利号：ZL 2009 1 0158131.1），主要生产蛋白回收设备。

8.2.2 产品背景

淀粉工业是以玉米、马铃薯、小麦、大米、大豆等农产品为原料生产淀粉或淀粉深加工产品（淀粉糖、葡萄糖、淀粉衍生物等）的工业。如以重量计算，则大致有60%的成为商品淀粉，30%的成为副产品，其余的部分进入生产废水。废水中主要含有溶解性淀粉、蛋白质、有机酸及油脂等，易腐败发酵、处理难度大、处理流程长、处理费用高。

玉米蛋白粉蛋白质营养成分丰富，并具有特殊的味道和色泽，可用作饲料，与饲料工业常用的鱼粉等比较，资源优势明显，饲用价值高，不含有毒有害物质，不需进行再处理，可直接用作蛋白原料，有很广阔的生产前景。

目前，在国内绝大多数淀粉加工企业采用的蛋白废水处理工艺为：沉淀池—气浮分离—絮凝沉淀—水解酸化—接触氧化—过滤系统。由于蛋白废水中有机物浓度太高，且回收技术水平相对落后，因此废水只经过自然沉淀或者蒸汽煮沸法进行简单的预处理。这样蛋白回收率极低，仅为10%～30%，并且需要相当长的沉淀时间，又占用大量的土地，废水处理流程长，后续废水处理耗电量大。通过沉淀池析出的蛋白经过烘干、晾晒等处理工艺加工成纯度较高的蛋白粉，作为淀粉厂的副产品进行销售。因而实现废水中蛋白粉高效回收，有效解决有机物浓度高这一问题，迫在眉睫。

8.2.3　产品介绍

我公司生产高浓度蛋白回收设备（见图 8-2）。公司产品可将蛋白的回收率提高到70%～90%，并且实现了将废水中的玉米胚与玉米蛋白同时、分别回收。同时，由于去除了废水中的大部分有机物，所以经处理后的废水一部分可回用作玉米浸泡水，另一部分只需经过简单的生化处理就可达标排放。

公司产品通过将沉淀过程与气浮过程相结合，具备了设备数量少，占地面积少，设备投资、运行及管理成本低等优势。解决了废水处理时，蛋白回收效率低，水力停留时间长，二级处理负荷大，出水浓度不稳定等问题，从而极大地减少运行费用，提高企业效益，降低污染物排放。

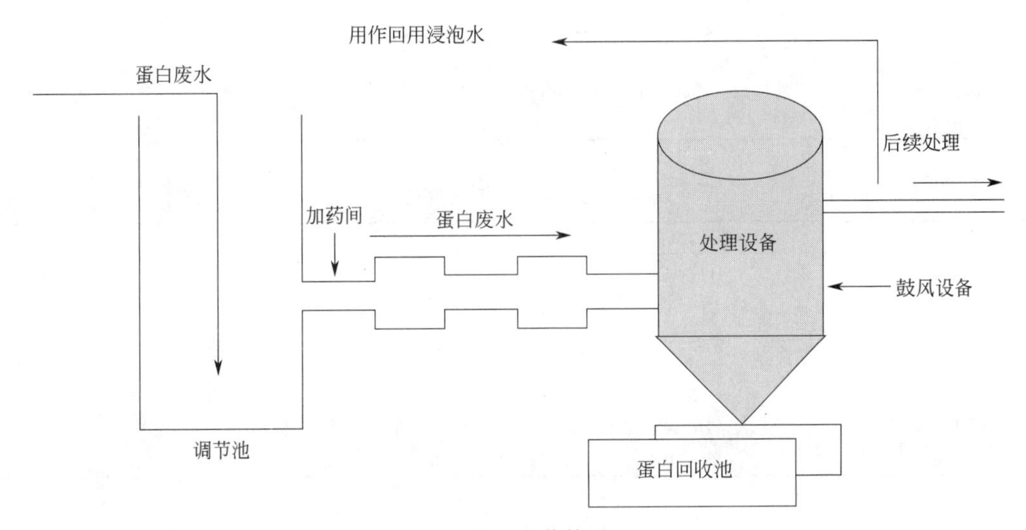

图 8-2　安装简图

8.2.4　产品性能优势

以日处理量 1500m^3，年利润约 1000 万元的中型淀粉厂为例，进行产品性能优势论述，设备与其他处理方法运行成本及效果比较见表 8-1～表 8-4，图 8-3～图 8-6。

表 8-1　自然沉淀运行成本和效果

项目	数量	单价	金额/(万元/年)
资费	4 人	2000 元/月	8.60
药剂费		300 元/天	10.80
维修费			1.00
后续处理费			80.00
蛋白产值	303.75t/年	3500 元/t	106.31
经济效益			5.91

表 8-2　蒸汽煮沸运行成本和效果

项目	数量	单价	金额/(万元/年)
工资费	6 人	2000 元/月	12.90
电费	30×10^4kW·h	0.8223 元/(kW·h)	25.21
药剂费		500 元/天	18.00
加热费用			100.00
维修费			2.50
后续处理费			60.00
蛋白产值	911.25t/年	3500 元/t	318.94
经济效益			100.33

表 8-3　处理设备运行成本和效果

项目	数量	单价	金额/(万元/年)
工资费	2 人	2000 元/月	2.30
电费	30×10^4kW·h	0.8223 元/(kW·h)	25.21
药剂费		500 元/天	18.00
其他费		700 元/天	25.20
维修费	总投资×2%		2.60
后续处理费			32.00
蛋白产值	2430.00t/年	3500 元/t	850.50
经济效益			745.19

表 8-4　处理效果与效益对比

项目	自然沉淀	蒸汽煮沸	处理设备
占地面积/m^2	1000	200	80
投资/万元	200	280	130
处理前 COD/(mg/L)		8300～12000	
处理后 COD/(mg/L)	≥8000	≥4600	≥1500
运行管理费/万元	80	60	32
蛋白回收率/%	10.54	30.64	80.60
综合效益/万元	5.91	100.33	745.19

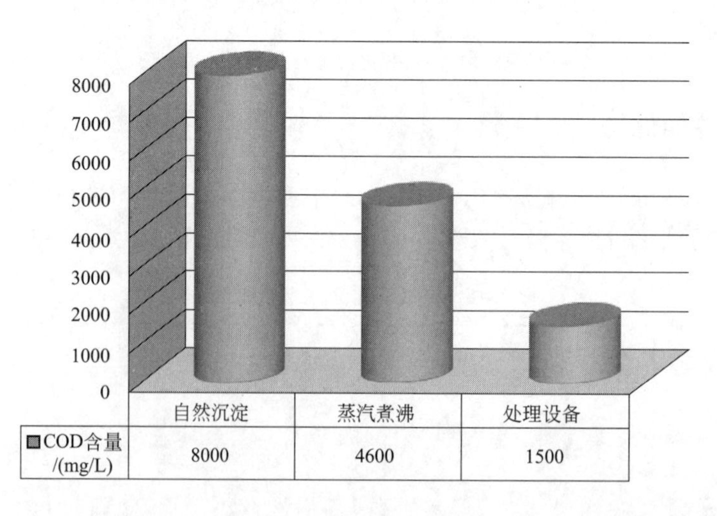

图 8-3　出水中 COD 含量

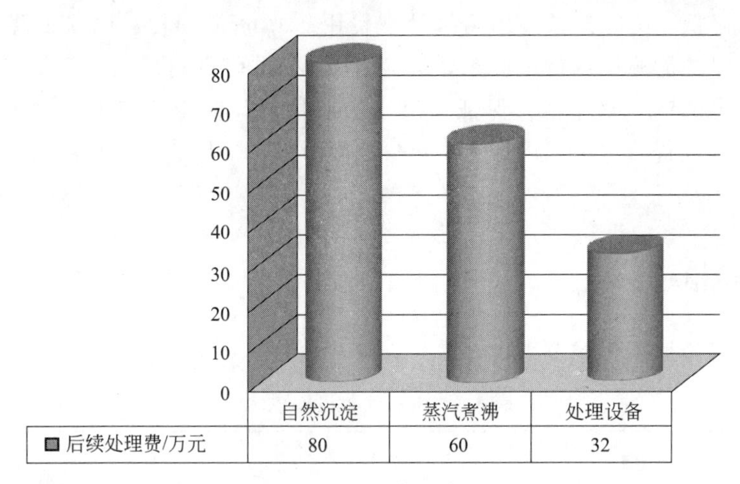

图 8-4　运行管理费用

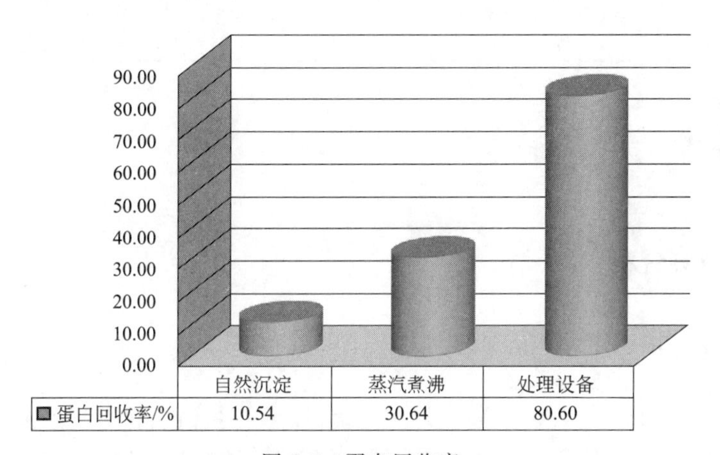

图 8-5　蛋白回收率

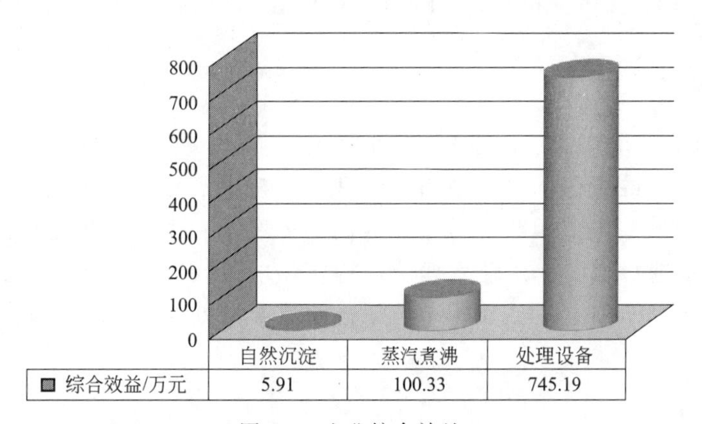

图 8-6　企业综合效益

由以上各表及对比图可以看出，我公司蛋白废水预处理设备具有以下几方面明显优势：a. 蛋白回收率明显提高，较自然沉淀、蒸汽煮沸分别提高了 70%、50%，为客户增加了经济效益 40%～70%；b. 基建费投入明显降低，占地面积明显减少，从而明显减少了基建费用，为客户减少了建设初期的投资；c. 废水处理费明显减少，经过处理设备的蛋白废水中有机物浓度显著降低，为客户减少了后续处理费用；d. 资源消耗量明显下降，由于蒸汽煮沸法需要消耗大量的能源加热蛋白废水，为企业减少了资金的投入；e. 将废水处理工艺设备化，代替了传统的钢筋水泥池，保证了出水水质稳定，便于客户废水处理维护管理；f. 蛋白废水经过处理设备后水中有机物明显减少，部分出水可以作为回用浸泡玉米水，减少了企业的成本投入。

8.2.5　产品价格

我公司生产设备成本与参考售价见表 8-5。

表 8-5　蛋白回收设备成本　　单位：元

成本项目 处理罐型号	原料成本	附属材料	车间生产工人、管理工人工资及福利	安装调试	固定资产折旧及无形资产摊销	厂房租金	其他	总计	参考售价
钢板 7t/h	8160	1240	2133	2000	1523	2467	500	18023	30000
钢板 10t/h	12338	1815	2966	2000	2033	2996	500	24648	45000

8.3　市场分析

8.3.1　宏观经济分析

8.3.1.1　竞争者分析

我国虽然经营蛋白回收设备的企业较多，如北京六一蛋白回收槽有限公司、北京天恩泽蛋白回收盒有限公司、河南华泰粮油机械有限公司等等。但是，这些企业所生产的蛋白回收设备只是应用单一的自然沉淀技术，蛋白回收率极低，且成本较高。

8.3.1.2　技术分析

尚质公司拥有“蛋白废水处理与回收装置”国家专利（专利号：ZL 2009 1 0158131.1），其生产的蛋白回收设备占地面积小，安装、维修、更换极为便利，蛋白回收率高达 70%～90%。同时，将淀粉企业的高浓度废水在二级处理之前进行高效率预处理，降低二级处理进水浓度，减轻后续处理构筑物的处理难度与污染负荷。在处理废水过程中降低了 CO_2 的排放，符合国家节能减排的政策，可以为客户增加 40%～70%的经济效益。

8.3.1.3　效益分析

(1) 经济效益分析

目前淀粉生产企业产生的蛋白废水浓度高，有机物含量浓度高，将我公司产品应用于废水的预处理具有显著的经济效益。以保定雄县玉米淀粉厂为例，该淀粉厂年利润约 1000 万元，属于一个中型淀粉厂，每天产生 1500t 蛋白废水。我们的处理设备可以从每吨废水中提取大约 4.5kg 蛋白粉，以市场价格每吨 3500 元计算，这样每天可以增加的产值就是 23625 元，一年增加的产值就是 850.50 万元。而蛋白回收设备仅需要 9 台，每台 4.5 万元，共 40.5 万元，再减去每年的人工费用及设备折旧费用每年 30 万元，这样每年增加的经济收入大约是 750 万元，增加效益约 70%。可见，使用我们的产品可以为客户带来巨大的经济效益。

（2）环境效益分析

蛋白废水经处理设备预处理后 COD、BOD_5、SS、NH_4^+-N 含量都极大降低，出水水质稳定，再经后续废水处理系统处理后，出水水质可达到国家《污水综合排放标准》（GB 8978—1996）中的一级 B 的排放标准。COD、BOD_5、SS、NH_4^+-N 的出水值均低于 80mg/L、20mg/L、20mg/L、15mg/L。处理设备使用后，年产淀粉 1.0×10^5t 的淀粉企业，每年 COD 可减排约 3000t，具有巨大环境效益。

（3）社会效益分析

我公司产品以资源高效循环利用为核心，属于创新型企业。客户使用我公司处理设备以后，淘汰了相对落后的蛋白废水处理工艺，加快了产业结构的调整，进一步体现了节约发展、清洁生产的经济发展模式，响应了建设资源节约型环境友好型社会、大力发展循环经济的号召，符合国家建设和谐社会，科学发展观的要求。我公司产品大大提高了蛋白粉的回收效率，为企业的可持续发展打下了坚实的基础，增强了企业产品在市场上的竞争力。高浓度生产废水经后续处理后能够保证达标排放，对保护企业周边土壤、水系、生态环境具有重要意义，利在当代、功在千秋，因此我公司产品具有显著的社会效益。

综上所述，应用尚质公司的核心专利技术生产的蛋白回收设备是对蛋白废水处理与蛋白回收的一次革命，将对区域经济产生较大的影响，是真正意义上的科学发展观、节约型社会、绿色环保、循环经济、可持续发展的伟大实践。

8.3.1.4　行业政策

食品行业作为国民经济的一个支柱产业已经引起了人们的高度重视，这为我公司提供了良好的发展机遇。各省、自治区、直辖市、计划单列市财政厅（局）、国家税务局，财政部驻各省、自治区、直辖市、计划单列市财政监察专员办事处，新疆生产建设兵团财务局，为深入贯彻节约资源和保护环境基本国策，大力发展循环经济，加快资源节约型环境友好型社会建设，经国务院批准，决定对农林剩余物资源综合利用产品增值税政策进行调整完善，并增加部分资源综合利用产品及劳务适用增值税优惠政策。

8.3.2　蛋白行业微观经济分析

目前蛋白质资源分配不均，发达国家的蛋白质资源相对比较丰富，而一些发展中国家，特别是经济发展水平落后的国家蛋白质资源匮乏，蛋白资源远远不能满足需求。在我国，每年都要进口数量可观的蛋白质资源。以玉米、马铃薯、小麦、大米、大豆等农产品为原料生产淀粉或淀粉深加工产品（淀粉糖、葡萄糖、淀粉衍生物等）的企业提取淀粉，其中的 60%作为商品淀粉，其余部分当作“三废”处理和排放，不仅极大地浪费了资源，经济效益低，而且严重污染了环境。饲料工业是连接种植业、养殖业、农副产品加工业等农业产业链条中极其重要的一个关键环节，随着饲料工业的迅速发展和生产的高度集约化，对优质蛋白原料的需求日益增大，蛋白质饲料的不足将成为全球性的问题。

全球蛋白饲料每年消耗 2.0×10^8t 以上，其中蛋白精饲料仅能够提供（3.0～4.0）$\times10^6$t。蛋白质饲料主要来源于大豆、花生等高蛋白质含量的原料。因此，尚质公司的蛋白回收设备能够有效解决蛋白饲料供给量不足、增加维持需要、蛋白能量不平衡、饲料蛋白利用率低等蛋白行业存在的问题，对我国开源节流具有重要生产意义和现实意义。

8.3.3 市场预测

一方面，在国内，每生产 1t 淀粉就要产生 7～15t 废水，有的甚至更多。以粮食和农副产品为主要原料的加工工业（尤其是淀粉制造业）所排废水中含有玉米蛋白，其中，蛋白质营养成分丰富，并具有特殊的味道和色泽，可用作饲料，与饲料工业常用的鱼粉、豆饼比较，资源优势明显，饲用价值高，不含有毒有害物质，不需进行再处理，可直接用作蛋白原料。玉米蛋白粉、大豆蛋白粉等作为饲料可开发的优势还在于工业化规模产量在扩大，产品的抗营养因子含量少，潜在的开发性大，饲料的安全性能好，并且我国大部分生产企业对蛋白的回收不重视，回收率不高，不仅会造成所排废水中污染物质浓度高，治理难度大，而且产生巨大浪费。因此，尚质公司的蛋白回收设备具有广阔的销售空间。

另一方面，本公司设备还可应用于食品加工制造业的废水处理中，尚质公司的蛋白回收设备将高浓度废水在二级处理之前加以高效率的蛋白回收和对蛋白废水进行有效处置以达到国家标准，以解决大部分企业对废水的后续二级处理的进水浓度大，处理的负荷大，无法保证出水的达标及稳定排放等一系列问题。废水处理不但可一次达到国家标准，而且降低了投资与管理成本。

公司项目实施后，既充分利用了资源又可以提高废水净化率，符合“十二五”规划提出的建设资源节约型环境友好型社会的要求。综上所述，本公司设备的市场前景广阔。

8.3.4 市场细分

基于以上市场需求分析，尚质公司产品的消费者定位如下。

① 玉米淀粉加工工业　该类型企业在我国主要环玉米种植区分布。按玉米生长的地理因素，将市场定位分为北方春播玉米区、黄淮海夏播玉米区、西南山地玉米区和南方丘陵玉米区这四大市场。

② 薯类淀粉加工工业　北方一作区、中原二作区、南方二作区、西南单双季混作区。

③ 大豆淀粉加工工业　北方一年一熟春大豆区：该区包括东北各省，内蒙古，陕西、山西、河北三省的北部，甘肃大部，青海东北和新疆部分地区。黄淮流域夏大豆区：该区包括山东、河南、河北南部，江苏北部，安徽北部，关中平原，甘肃南部和山西南部，北临春大豆区，南以秦岭、淮河为界。长江流域大豆区：该区包括河南南部，汉中南部，江苏、安徽南部，浙江西北部，江西北部，湖南，湖北。

根据以上细分，我公司的目标市场主要为北方玉米、大豆、薯类区；黄淮流域玉米、大豆区；西南玉米、薯类、大豆区；南方玉米、薯类区。

8.4　公司战略

8.4.1　市场发展战略

(1) 初级目标市场

公司总体战略的第一阶段为创业积累阶段，时间为公司发展的 1～2 年，这一阶段战略实施的具体目标是公司的蛋白回收设备顺利进入初级目标市场——以保定为中心的河北地区（见图 8-7）。

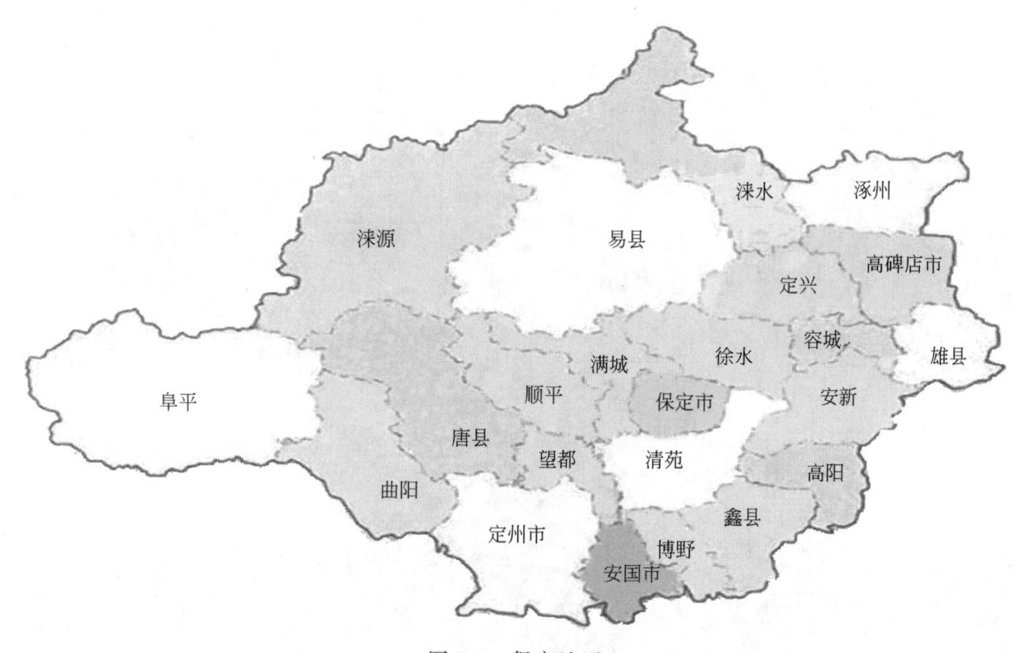

图 8-7　保定地区

① 淀粉厂　公司首选以保定某麦芽糖食品有限公司作为示范性工程，并以此为中心，逐步向望都、满城等县级地区的淀粉厂销售蛋白回收处理设备。保定某麦芽糖食品有限公司采用了尚质公司的核心技术“气浮分离-絮凝沉淀”作为处理工艺处理玉米淀粉废水，因此该公司可以从每吨废水中提取大约 4.5kg 蛋白粉，以市场价格每吨 3500 元计算，这样每天可以增加的产值就是 23625 元，一年增加的产值就是 850.50 万元，为公司提升了 70%的经济效益。根据此示范性工程的实践，尚质公司确定了混凝沉淀法所提取蛋白量的数据，以及利用蛋白可以为客户创造的价值。因此，我们首选保定雄县为重点开发对象，向周围地区辐射，以迅速占领河北省市场。

② 粉丝厂　望都县雄鹰粉丝厂、河北省顺平县京华粉丝厂、河北省望都县恒达福利粉丝厂、河北省望都县盛丰粉丝厂、望都县亚龙粉丝厂等。

③ 豆制品加工厂　河北高碑店豆豆食品（集团）有限公司、安国市国槐食品厂、徐州维维乳业有限公司等。

公司可在上述生产基地推广蛋白回收设备，进而以点带面，渗透到整个初级目标市场。

此外，据调查，保定市目前尚无专门生产蛋白回收设备的企业，这为公司产品进入该市场提供了相对宽松的竞争环境。

(2) 发展级目标市场

公司总体战略的第二阶段为快速成长阶段，时间为公司发展的3～5年，这一阶段战略实施的具体目标是在实现公司快速发展、树立公司产品优秀品牌形象的同时，主要打开黄淮海种植区市场，其中重点打开山东、河南两省市场（见图8-8），并开始在省内进行广泛的品牌推广活动，为下一步拓广业务至扩展级目标市场黄淮海种植区、西南山地种植区、南方丘陵种植区、西北灌溉种植区、青藏高原种植区做充分准备。

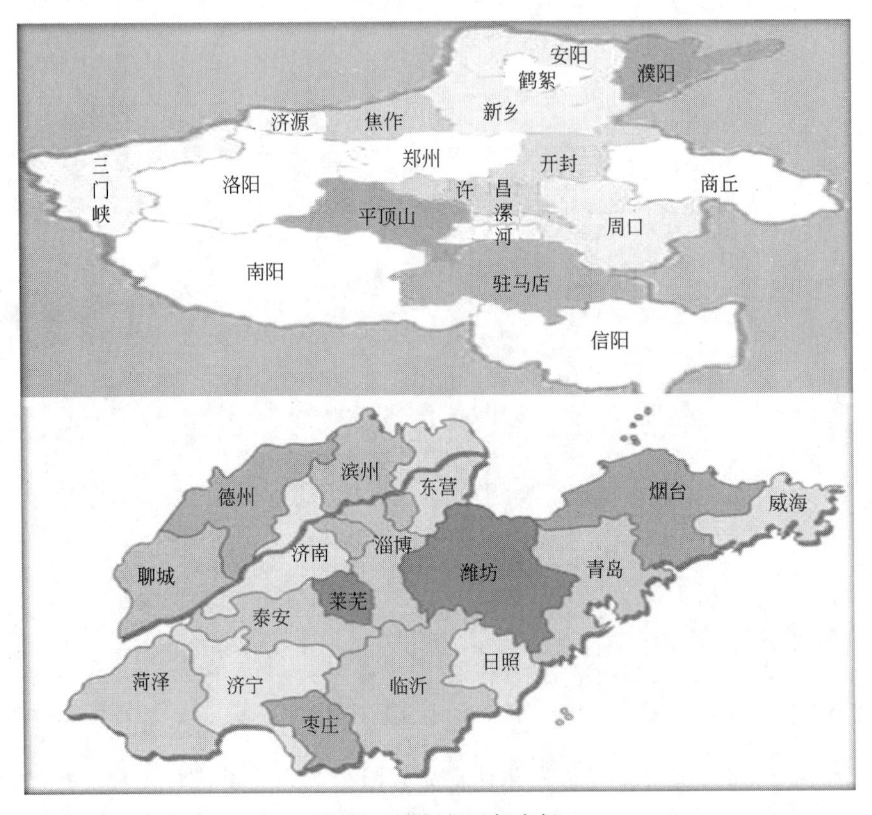

图8-8　发展级目标市场

黄淮海玉米种植区占比34%，为我国主要玉米产区，环绕其分布的淀粉制造企业数量较多。其中以山东省为典型市场，山东省的淀粉厂废水排放量大，蛋白可回收量大，具有很强的推广性。

公司正是认准这一发展方向，在这一阶段将迅速提升产品质量、科技水平及价格竞争力，实现快速发展，在北方玉米黄淮海种植区内进行广泛的品牌推广活动，树立公司产品优秀品牌形象，逐步面向整个北方地区进行产品推广，实现销售目标，巩固省内市场占有率，准备进行扩展地域的推广活动。

(3) 扩展级目标市场

公司发展战略的第三阶段为成熟扩展阶段，时间为公司发展的6～10年，这一阶段战略实施的具体目标是在发展级和扩展级目标市场巩固公司产品的品牌地位并完善技术服务。在坚实基础的同时面对更广阔的市场需求跟进研发，扩充产品种类，继续扩展目标，走向更广阔市场。扩展级目标市场为：黄淮海种植区、西南山地种植区、南方丘陵种植区、西北灌溉种植区、青藏高原种植区。

8.4.2 职能战略

（1）公司初期拟采取直线职能制

创业初级阶段，公司产销量较小，采用此制度，可突出业务重点，领导风格偏于集权管理方式，可降低成本，提高核心竞争能力。

（2）公司中期拟采取直线职能与专门化相结合的制度

快速发展阶段，公司产销批量增加，采取此制度，以客户为导向，针对不同客户量身定制产品规格及安装方法，及时进行回访，有利于建立稳定的客户关系，保证企业长期竞争力。

（3）公司长期，拟采取模拟分权制

成熟扩展阶段，公司已有较大规模，此时过分集权会阻碍企业发展，因此模拟分权可以调动各生产单位的积极性，对市场做出较快的反应，同时加大技术研发投入，有利于公司自主研发产品，形成流程化生产和一体化服务。

8.5 营销策略

8.5.1 产品策略

尚质公司以“蛋白废水处理与回收装置”国家发明专利为核心技术，生产的蛋白回收设备具有显著的技术优势，在同类产品中具有较高的性价比，因此，我公司决定采取产品策略，利用消费者最关心的投资回报这一消费心理，顺利开拓市场。功能与效益比较见表 8-6。

表 8-6　功能与效益比较

功能优势	效益
蛋白回收率高	变废为宝，获得企业效益
设备数量少，占地面积小	降低投资与管理成本，提高经济效益
废水处理效率高	降低水环境污染的隐患，确保环境效益

8.5.2 价格策略

蛋白回收设备的市场定价是根据市场供给和需求弹性分析制定的。因此，即使潜在客户众多，我们仍需要有针对性地选择我们在不同阶段的目标市场作为我们的服务对象，力求实现成本风险最小化和利润最大化。根据其目标，将市场大致分为两大类、四小种。

在市场经济的环境下，公司在不同的产品时期进行不同定价：引入期主要以目标定价为主，兼顾成本加成定价。成长期按照不同的目标市场进行需求导向定价，成熟期时公司可以凭借一定的市场占有率根据竞争导向定价以巩固本公司的市场份额。在综合分析的基础上，确保公司的现金流量和利润收入。但在特殊的情况下可以由公司对部分产品价格进行适当的调整。

假定蛋白回收设备的成本价格为 24648 元且在较长的时期里无较大的波动，公司根据市场经济的实际运营可在不同时期针对不同的目标市场制定定价方案。如表 8-7、表 8-8 所列。

表 8-7　价格策略与定价

产品时期	商业性企业			事业性单位
	小型	中型	大型	
引入期	推广让价 35000 元	推广让价 40000 元	渗透让价 45000 元	渗透让价 40000 元
成长期	声望定价 40000 元	声望定价 45000 元	渗透定价 50000 元	渗透定价 45000 元
成熟期	取脂定价 45000 元	取脂定价 50000 元	满意定价 55000 元	满意定价 50000 元

表 8-8　两种规格处理设备的成本　　单位：元

成本项目 设备型号	原料成本	附属材料	车间生产工人、管理工人工资及福利	安装调试	固定资产折旧及无形资产摊销	厂房租金	其他	总计	参考售价
钢板 7t/h	8160	1240	2133	2000	1523	2467	500	18023	30000
钢板 10t/h	12338	1815	2966	2000	2033	2996	500	24648	45000

8.5.3　渠道策略

尚质公司在发展初期为拓宽销售市场，将采取不同于经销普遍利用的营销模式，我公司将采取低重心营销的模式，不仅针对经销商开展营销废水处理与回收设备，还直接面向淀粉类制造加工企业进行直接营销。如图 8-9 所示。

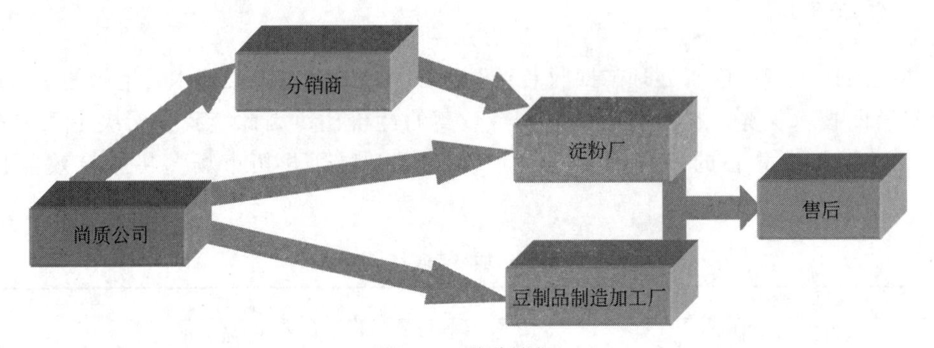

图 8-9　渠道销售

（1）直接销售

尚质公司在产品引入期主要是通过有声媒体、海报及一些针对性促销等活动，引起大中型淀粉类食品制造加工企业的主意，同时，公司会给予一定的优惠政策并提供全面的售后服务从而提高直接消费群体购买我公司产品的积极性，使得公司能够快速占领河北省的蛋白回收市场，为我公司打下坚实的消费者的群体基础。

（2）间接销售

尚质公司决定联合数家营业性的商家有针对性地开展营销活动，并给予分销商一定优惠政策，对代理销售体系进行整合规划，以通过经销商进一步拓宽产品市场，为进军全国市场做好前提准备。

8.5.4 促销策略

为确保尚质公司在较短的时间内以价格和技术优势迅速占领部分市场进而顺利开拓全国市场，我公司决定采取促销策略（见表 8-9），在不同发展时期采取合适的促销策略，节约时间成本，为公司创造更大的收益。

表 8-9　促销策略

产品时期	促销目的	主要促销方式	预期目标	预期费用
引入期	开拓蛋白处理市场，以强烈的产品呈现形式引起消费群体的兴趣并转变其消费观念	主要采取人员针对性推销的方式，例如：对有需求的企业上门宣传，同时兼用平面广告及海报形式宣传。着重宣传产品的功能及效益	能够得到消费者的 30% 认知度及绝大多数企事业单位的注意	13 万元
成长期	树立公司形象，提高认知度和知名度	适当减少海报张贴，利用电视广告、网络广告等方式进行宣传。着重企业文化宣传，同时为企业进行周期性的产品检测与维修	消费群体购买产品的增长率明显增加且有广泛的公众认知。具有一定的公共关系基础	20 万元
成熟期	肯定企事业单位的购买行为，巩固消费群体的使用信心，强化企业文化	主要通过有声媒体、公共关系的非人员推销的方式，着重强调蛋白处理设备的经济效益和环境效益	使蛋白处理设备得到公众的一致好评，公共关系得到明显的丰富和加强	25 万元

有效的广告策略有助于我公司快速占领河北省的蛋白回收市场。

（1）代理商

公司与代理商签订合同，由公司委托人与代理人签订代理协议，授权代理人代表尚质公司向第三者进行商品买卖或处理有关事务（如签订合同及其他与交易有关的事务等）。代理商在代理业务中，代表我公司招揽客户，招揽订单，签订合同，处理货物，收受货款等并从中赚取佣金。

（2）中间商

尚质公司在北方玉米、大豆、薯类区，黄淮流域玉米、大豆区，西南玉米、薯类、大豆区，南方玉米、薯类区发展几个大分销商，然后通过分销商对下级批发商以及零售商进行管理。分销商与尚质公司签订合同，双方明确权利、义务和责任，并进行合理分工。

（3）网络营销（直接面对消费者）

公司结合互联网系统，充分利用网络平台开展网络营销，在 http：//www.shangzhi.com 等综合型工业产品网站上发布信息。与此同时本公司将聘请专业人才制作网页、网站，主要从事品牌的传播、推广蛋白处理设备以及为广大的分销商提供广告。公司定期为分销商免费提供商业广告，其他时间的广告费用定为市场价格的 80%。秉承“客户所想即为我所想，客户所需即为我所长”的服务理念，为淀粉生产等相关企业提供方便、经济、安全的现代化的消费模式。从而提高消费者对蛋白处理设备的认识度，稳定与分销商的合作关系，为公司营造良好的公共关系。见图 8-10。

8.5.5 品牌战略

尚质蛋白回收设备有限责任公司的标志是以白色为基底，用一双手托起蛋白粉，配以汉

图 8-10 网络营销产品图

字而构成（见图 8-11）。

白色代表着经处理后回收的洁净的水，双手是字母“SZ”的演化。公司起名尚质，即崇尚环保理念，引领品质科技，代表了公司所秉承的宗旨：上善若水，厚德载物，浊来清去，造福人类。“SZ”是“尚质”的首字母，同时又是一双手从水中捧出蛋白粉的形象；“SZ”字形还和世界水日的 LOGO 形状相似，表达了尚质公司保护环境的意愿，呼吁公众的节能环保，从而使食品加工业的发展更加环保可持续，国家经济发展与环境保护和谐共进。

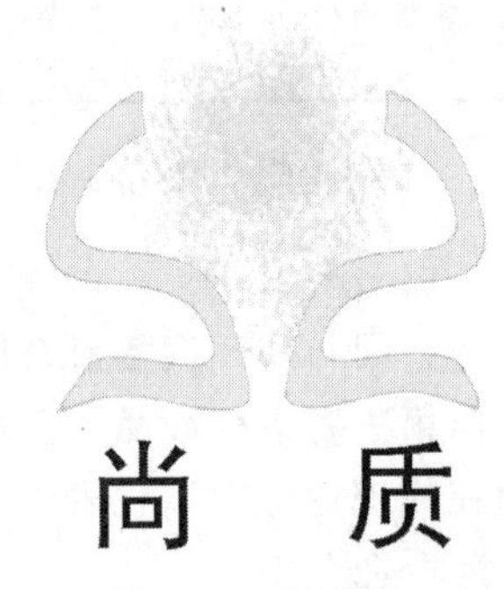

图 8-11 公司标志

8.5.6 公共关系策略

企业的长远发展必须依靠长期建立起来的公共关系网络，公共关系在企业的发展中起着不可代替的作用。在人员销售和技术服务推广的基础上，公司自有公共关系网络的建立可以在业务处理中极大地节省费用并加快速度。公司公共关系策略的主要内容如下。

① 处理好与顾客的关系 “顾客就是上帝”要及时掌握淀粉制造加工企业各方面的需求，为消费者提供高效的服务。

② 处理好与中间商、经销商的关系 公司将通过共同制定经营目标，建立企业与中间商的互利互惠关系，并建立健全的信息交流制度，及时反馈有效信息。并保证为中间商提供便利的技术服务、融资服务、营销服务和管理服务。

③ 处理好与媒体的关系 媒体的正面报道是对企业形象的有力提升，反之则极不利于公司在淀粉厂心目中树立良好的品牌形象。

④ 处理好与政府部门的关系 作为地方企业，与政府部门的关系对企业的发展同样十分重要。

8.6　公司管理

8.6.1　企业文化

尚质公司从创建之初就立志打造强势的企业文化和品牌文化，以“珍惜资源，协同合作，尊重人才，提升技术，创造最佳的产品和服务”作为公司总体的企业文化，将“环境治理与资源回用”作为企业目标，最终达到经济利益与环境保护的双赢。

企业宗旨：上善若水，厚德载物，浊来清去，造福人类。

服务理念：客户所想即为我所想，客户所需即为我所长。

经营理念：崇尚环保理念，引领品质科技。

管理理念：以人为本，构建和谐尚质；
科学管理，打造诚信团队；
守法经营，满足客户要求；
持续创新，追求卓越业绩；
保护环境，履行社会义务。

8.6.2　公司结构

（1）创业初级阶段

公司初期拟采取直线职能制，如图 8-12 所示。

创业初级阶段，公司产销量较小，采用此制度，可突出业务重点，领导风格偏于集权管理方式，可降低成本，提高核心竞争能力。

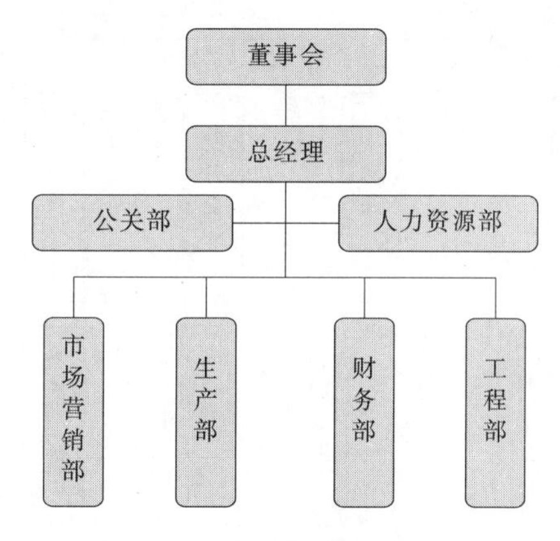

图 8-12　公司初期组织结构

（2）快速发展阶段

公司中期拟采取直线职能与专门化相结合的制度。如图 8-13 所示。

快速发展阶段，公司产销批量增加，采取此制度，以客户为导向，针对不同客户量身定制产品规格及安装方法，及时进行回访，有利于建立稳定的客户关系，保证企业长期竞争力。

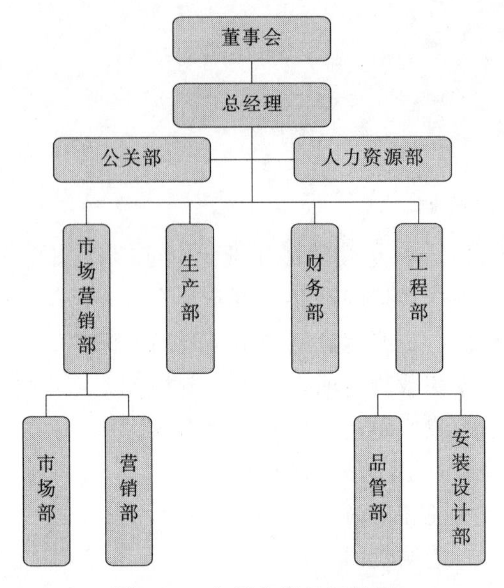

图 8-13　公司中期组织结构

(3) 成熟扩展阶段

公司长期拟采取模拟分权制，如图 8-14 所示。

成熟扩展阶段，公司已有较大规模，此时过分集权会阻碍企业发展，因此模拟分权可以调动各生产单位的积极性，对市场做出较快的反应，同时加大技术研发投入，有利于公司自主研发产品，形成流程化生产和一体化服务。

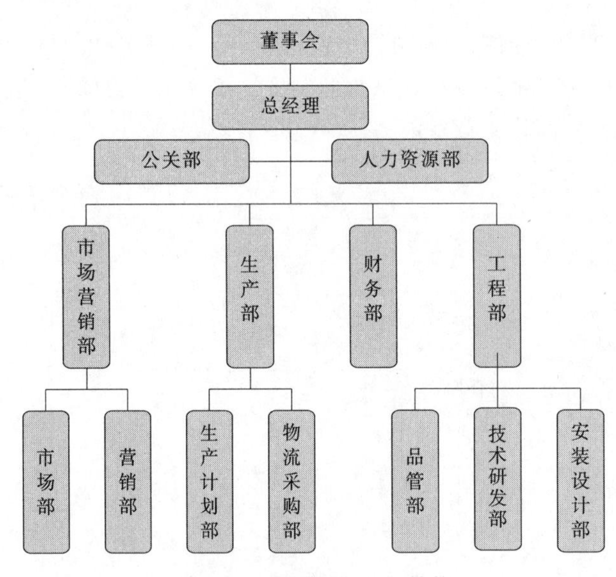

图 8-14　公司长期组织结构

8.6.3　部门职责

(1) 公司初期

① 总经理　公司首席执行官，负责确定公司的经营方针，建立公司的经营管理体系和长期发展战略，并组织实施和改进；代表公司对外处理业务开展公关活动，倡导企业文化和

经营理念，塑造企业形象。

② 市场营销部　负责进行市场调查、分析和预测，并开展销售和售后服务工作，加强营销人员的考核、业务素质的提高。

③ 工程部　负责产品的上门安装调试及客户回访。

④ 财务部　负责配合营销部起草公司年度经营计划，组织编制公司年度财务预算和财务报告，执行国家的财务会计政策、税收政策和法规，进行公司的会计核算、会计监督、融资成本核算，从而降低经营风险和财务风险。

⑤ 生产部　根据销售部订货计划，车间生产能力及总经理意见，负责编制公司生产计划，负责车间机械设备的维护，严格按生产计划保质保量完成任务。

⑥ 人力资源部　根据公司发展战略，提出人员招聘及配置、培训与开发等意见，负责薪酬、劳动关系、劳动安全卫生、绩效管理，处理行政事务，提供后勤保障、信息网络保障，为公司正常运营提供综合服务。

⑦ 公关部　代表企业接受顾客的投诉，建立企业和顾客间的相互了解、信任和支持的关系，树立良好的企业形象。加强信息传播工作，主动收集顾客的意见和反应，及时向管理部门通报各种信息，帮助管理部门制订经营决策，监督各业务部门的工作情况以及不断督促他们提高管理水平和服务质量。组织开办有特色的服务项目和活动，积极联络社会各界公众，主动承办各类宣传活动，打造良好的商业环境。

（2）公司中期

① 市场部　制定年度营销目标计划，建立和完善营销信息收集、处理、交流及保密系统，负责对消费者购买心理和行为的调查以及对竞争品牌产品的性能、价格、促销手段等的收集、整理和分析，对竞争品牌广告策略、竞争手段的分析，做出销售预测，提出未来市场的分析、发展方向和规划，制定产品企划策略和产品价格，对新产品进行上市规划，制定通路计划及各阶段实施目标和促销活动的策划及组织，合理进行广告媒体和广告代理商的挑选及管理，制定及实施市场广告推广活动和公关活动，实施品牌规划和品牌的形象建设，负责产销的协调工作。

② 营销部　负责市场调查、市场企划、品牌建设、编制和组织实施年度营销计划、营销收入和销售费用的管理，以及具体销售合同用（订单）的评审与组织实施，参与科研项目的立项及评审工作，负责向技术中心提供产品的市场需求意向及价格定位报告，参与集团公司年度新产品研发计划，负责向技术中心提供新产品研发市场信息。

③ 品管部　负责对成品的质量、数量等进行严格检验。

④ 安装设计部　针对客户企业选址的实际情况设计安装设备的具体方案，并负责安装调试工作。

（3）公司长期

① 技术研发部　负责组织、完成对产品的改进以及新产品的研发以满足客户要求。

② 生产设计部　依据客户订单、行业竞争情况等科学进行生产计划。

③ 采购物流部　负责甄选、评估、考核生产商和供应商，组织实施采购和物流配送。

8.6.4　人员招聘与培训

（1）生产人员招聘

在公司初期，资金有限，对于在生产环节中简单重复的组装工作的用人要求不高，此类岗位应本着充分利用社会人力资源，同时降低成本的原则进行员工招聘。招聘人员包括：a. 五零六零下岗人员；b. 有一定行为能力的“四残”人员；c. 学历不高且年轻的外来务工人员；d. 假期期间各高校兼职大学生。

我公司积极贯彻国家政策，为有一定行为能力且持有残疾证的“四残”人员安排相关工作，力求安置人数在10人以上。同时，公司招收四零五零人员以及下岗、失业人员，并对其进行培训。

（2）核心人员招聘

在公司中长期，需要进行技术研发及设计整体安装方案，因此需要具备较高专业技能的人员来提高公司竞争实力。核心人员获取模式：a. 培训已有优秀员工进行内部晋升、工作调岗；b. 猎头公司；c. 网上、报纸等媒介招聘；d. 参加招聘会。

8.6.5 员工薪资、福利方案

企业薪酬设计按人力资源的不同类别，实行分类管理，着重体现岗位（或职位）价值和个人贡献。鼓励员工长期为企业服务，共同致力于企业的不断成长和可持续发展，同时共享企业发展所带来的成果。

（1）公司正式员工

a. 公司高层薪酬构成＝基本年薪＋年终效益奖＋股权激励＋福利。

b. 员工薪酬构成＝岗位工资＋绩效工资＋工龄工资＋各种福利＋津贴或补贴＋奖金。

（2）试用期员工

公司一般员工试用期为1～6个月不等，具体时间长短根据所在岗位而定。

员工试用期工资为转正后工资的70％～80％，试用期内不享受正式员工所发放的各类补贴。

（3）高管薪酬标准

① 基本年薪　高层管理人员的一个稳定的收入来源，由个人资历和职位决定。该部分薪酬占高层管理人员全部薪酬的30％～40％。

② 年终效益奖　对高层管理人员经营业绩的一种短期激励，一般以货币的形式于年底支付，该部分应占高层管理人员全部薪酬的15％～25％。

③ 股权激励　通过让公司员工持有本公司部分股权而使其获得激励的一种长期绩效奖励。员工持股会代表持股员工进入董事会参与表决和分红。奠定了公司民主管理的基础，扩大资金来源，增加员工收入，并能调动员工的工作积极性，留住人才，为员工提供安全保障。

（4）一般员工薪酬标准

① 岗位工资　主要根据该岗位在本公司中的重要程度来确定工资标准。公司实行岗位等级工资制，根据各岗位所承担工作的特性及对员工能力要求的不同，将岗位划分为不同的级别。

② 绩效工资　根据企业经营效益和员工个人工作绩效计发。企业将员工绩效考核结果分为4个等级，其标准如表8-10所列。

表 8-10　企业员工绩效考核结果

等级	A	B	C	D
说明	优秀	良好	合格	差

③ 月度绩效工资　员工的月度绩效工资同岗位工资一起按月发放，月度绩效工资发放额度依据员工绩效考核结果确定。

④ 年度绩效奖金　公司根据年度经营情况和员工一年的绩效考核成绩，决定员工的年度奖金的发放额度。

⑤ 工龄工资　对员工长期为公司服务所给予的一种补偿。其计算方法为从员工正式进入公司之日起计算，工作每满一年可得工龄工资 10 元/月；工龄工资实行累进计算，满 10 年不再增加，按月发放。

⑥ 津贴或补贴　住房补贴是公司为员工提供宿舍，因公司原因而未能享受公司宿舍的员工。津贴包括学历津贴和加班津贴。

⑦ 奖金　对做出重大贡献或优异成绩的集体或个人给予的奖励。

8.6.6 劳动关系管理

公司在遵守《劳动法》的前提下，科学合理地与劳动者签订或解除劳动合同。并且公司坚持以人为本，关心每一位员工的生活与工作，真正让员工融入到公司这个大家庭中，使其感受到温暖。

① 工作时间　公司取消上班打卡制度，给员工一个更宽松的工作时间，但要求每位员工按时高效完成自己的本职工作。

② 休假时间　公司除严格执行法定休假外，对有突出表现的员工给予一定的带薪休假奖励。

8.6.7 公司选址及设施

公司的生产设备及厂房主要集中于保定市南二环。公司厂房及附属设施占地 24 亩（1 亩＝666.7m^2，下同），厂房年租金 80 万元。

8.7 投资分析

8.7.1 资本构成及来源

（1）股本结构与规模

公司注册资本 800 万元。股本结构和规模见表 8-11、图 8-1。

表 8-11　公司股本结构及规模

股本来源 / 股本规模	风险投资入股	管理层资金入股	专利技术入股
金　额	500 万元	120 万元	180 万元
比　例	62.50%	15.00%	22.50%

股本结构中，管理层资金入股占15.00%，专利技术入股占22.50%，其余62.50%的风险投资部分引进1～3家公司参股，从而有利于筹资和化解风险。

（2）资金来源与使用

资金主要用于购建生产性固定资产，以及生产中所需的直接原材料、直接人工、制造费用及其他各类期间费用。期初第一年的现金预算见表8-12。

表8-12 期初第一年的现金预算

（略）

8.7.2 投资收益分析

（1）投资项目现金流量预测

预计投资现金流量见表8-13。

表8-13 预计投资现金流量 单位：万元

（略）

（2）投资可行性分析

① 投资净现值 根据表8-13计算投资净现值：

$$\mathrm{NPV}=\sum_{t=1}^{n}\frac{\mathrm{NCF}_t}{(1+k)^t}-C \tag{8-1}$$

考虑到目前资金成本较低及资金的机会成本和投资风险等因素，k 取10%。

计算可得：NPV＝1418.84万元。由于投资净现值远远大于0，该投资方案盈利能力比较强，前景较好，可以接受。

② 内含报酬率 根据表8-13计算内含报酬率：

$$\sum_{t=1}^{n}\frac{\mathrm{NCF}_t}{(1+\mathrm{IRR})^t}-C=0 \tag{8-2}$$

计算可得：IRR＝42.56%。由于内含报酬率远大于资金成本率10%，所以投资方案可行。

③ 投资回收期 根据表8-13计算投资回收期：

$$\sum_{t=1}^{n}\frac{\mathrm{NCF}_t}{(1+k)^t}=C \tag{8-3}$$

计算可得：t＝2.93年。由于投资回收期约为3年，时间相对较短，能够减少风险，所以投资方案可行。

④ 平均会计报酬率 根据表8-13计算平均会计报酬率：

AAR＝平均净利润/平均账面价值

计算可得：AAR＝24.00%。这表明公司平均一元的净资产便可得到0.24元的利润，报酬率较高，所以投资方案可行。

（3）盈亏平衡点分析

采用加权平均法对两种型号蛋白回收设备进行盈亏平衡分析，主要依据如下。

盈亏平衡点销售额＝固定成本/加权平均贡献毛益率

加权平均贡献毛益率＝Σ各种产品的贡献毛益率×该产品的销售额比重

某产品的销售额比重＝该产品的销售单价×销售比例系数/(Σ各种产品的销售单价×销售比例系数)

各产品的盈亏临界点销售额＝盈亏平衡点销售额×该产品的销售额比重

各产品的盈亏临界点销售量＝各产品的盈亏临界点销售额/各产品的销售单价

盈亏平衡点分析见表 8-14。

表 8-14　盈亏平衡点分析表

（略）

所以说，公司每年达到 2288929 元的销售额便实现盈亏平衡，此时全部产品的贡献毛益正好补偿企业全部固定成本，其中钢板 7t/h 最低销售量为 38 台，钢板 10t/h 最低销售量为 25 台，实际销售中超出盈亏平衡点销售额的部分便为公司的利润。

（4）敏感性分析

$$P = V_1 \times (SP_1 - VC_1) + V_2 \times (SP_2 - VC_2) - FC \quad (8\text{-}4)$$

式中各指标基点数据为：$P = 500000$(元)；$V_1 = 54$(台)；$V_2 = 36$(台)；$SP_1 = 30000$(元)；$SP_2 = 45000$(元)；$VC_1 = 15350$(元)；$VC_2 = 20853$(元)；$FC = 1173000$(元)。

由于是两种规格综合进行敏感性分析，所以假定销量、价格、变动成本变动时均为两种型号的处理罐整体同比例变动，以此计算出销量、价格、变动成本变化对利润的影响强弱程度（见表 8-15）。

表 8-15　不确定性分析表

A B 项　目	敏感系数	−20%	−10%	0%	+10%	+20%
销量	3.20	−64.00%	−32.00%	0.00	32.00%	64.00%
单价	6.35	−127.00%	−63.50%	0.00	63.50%	127.00%
变动成本	−3.05	61.00%	30.50%	0.00	−30.50%	−61.00%
固定成本	−2.20	44.00%	22.00%	0.00	−22.00%	−44.00%

注：表中“A”代表“变动百分比”，“B”代表“利润百分比”。

由表 8-15 可见，单价最为敏感，其次分别为销量、变动成本、固定成本，其中单价、销量与利润成同向变化关系，变动成本、固定成本与利润成反向变化关系。所以公司在生产经营过程中要额外注意市场对单价的影响，以免利润大幅度变动。

8.7.3　盈利能力分析

（1）销售毛利率

销售毛利率指毛利占销售收入的百分比，该指标表示每一元销售收入扣除销售成本后，有多少钱可以用于各种期间费用和形成盈利。销售毛利率越高表明企业盈利能力越强。

销售毛益率＝销售毛利/销售收入

＝(销售收入－销售成本)/销售收入

利润如表 8-16 所列。

表 8-16　利润表　　单位：万元

项　目	第 1 年	第 2 年	第 3 年	第 4 年	第 5 年
营业收入	580.00	920.50	1510.00	2750.30	4100.00
营业成本	364.00	572.00	844.00	1458.00	2056.40

根据利润表上述科目，计算销售毛益率（见表 8-17）

表 8-17 销售毛益率表 单位：万元

项 目	第 1 年	第 2 年	第 3 年	第 4 年	第 5 年
毛利率	37.24%	37.86%	44.11%	46.99%	49.84%

图 8-15 为毛利率柱状图。

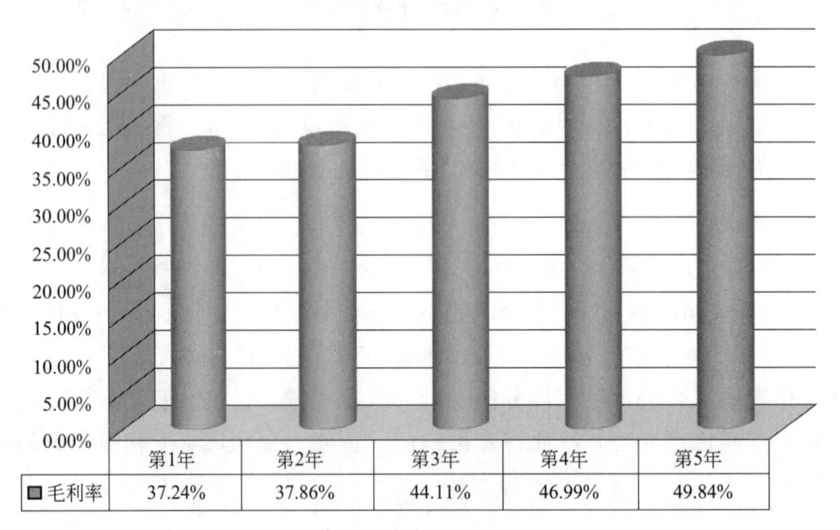

图 8-15 毛利率柱状图

从图表看出：总体而言，我公司销售毛利率随着销售的增长而呈现上升趋势，在销售上毛利率合理，盈利能力较强。

（2）销售利润率

销售利润率是指企业在一定时期销售利润与销售收入净额的比率。它表明企业每单位销售收入能带来多少销售利润，反映了企业经营业务的获利能力。该指标越高，表明企业获利能力越强。

销售利润率＝销售利润/销售收入净额

＝(销售收入－销售成本－销售费用－营业税金及附加)/销售收入净额

利润如表 8-18 所列。

表 8-18 利润表 单位：万元

项 目	第 1 年	第 2 年	第 3 年	第 4 年	第 5 年
营业收入	580.00	920.50	1510.00	2750.30	4100.00
营业成本	364.00	572.00	844.00	1458.00	2056.40
销售费用	47.39	76.10	108.46	185.71	275.40
营业税金及附加	0.00	5.52	15.69	25.05	34.82

根据利润表相关科目，计算出五年的销售利润率（见表 8-19）。

表 8-19 销售利润率表 单位：%

项 目	第 1 年	第 2 年	第 3 年	第 4 年	第 5 年
销售利润率	29.07	28.99	35.88	39.32	42.28

图 8-16 为利润率的柱状图。

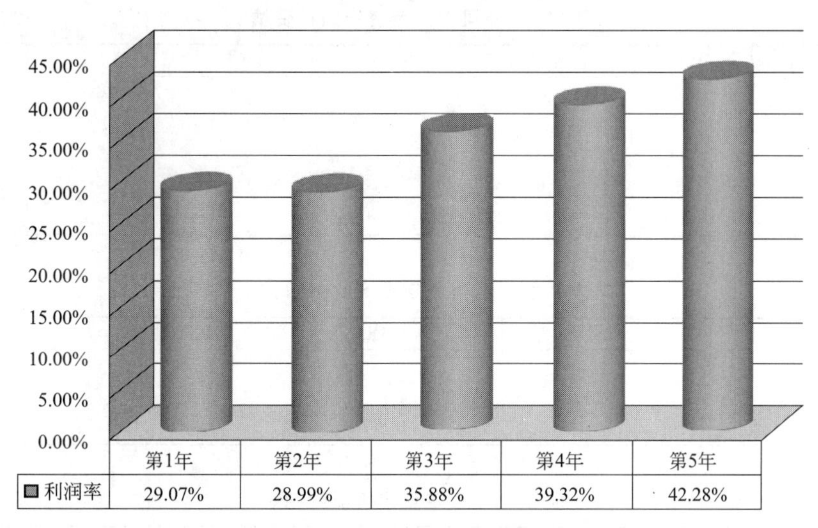

	第1年	第2年	第3年	第4年	第5年
利润率	29.07%	28.99%	35.88%	39.32%	42.28%

图 8-16　利润率的柱状图

从以上图表看出：总体而言，我公司销售净利率随着销售的增长而呈现上升趋势，在销售上净利润合理，获利能力较强。

8.8　财务分析

8.8.1　财务假设

（1）企业运转情况

第 1 季度为筹建期，主要进行固定资产的安装调试、生产线的设计，购进办公设备，运输工具及必要的生产材料，从第 2 个季度开始试营运，生产、管理、销售、财务等各个部门开始运转，履行自己的职责，逐步步入正轨。

（2）租金

厂房在创立初期担负一定资金风险，所以采取费用较低的租赁厂房的形式，租金为每年 80 万元，于每年年末支付，在进行会计处理时，依据企业具体情况分为制造费用 60 万元，管理费用 20 万元。根据新会计准则，对于摊销年限不超过一年的租金的处理是在发生时一次性计入相关科目，所以每年 12 月期间费用会比往常高，净利润较往月会明显下降。

（3）固定资产

企业初期固定资产投资 430 万元，其中生产设备 320 万元，其他用品投资 105 万元，第 1 年第 1 季度为生产设备安装期，应付职工薪酬 5 万元计入固定资产。固定资产均从第 2 季度开始折旧。第 3 年投资 70 万元扩大生产规模，提高年产量；第 4 年固定资产投资 180 万元，主要用于购建生产设备、办公设备以及运输工具，扩大公司的经营规模；第 5 年增加固定资产投资 350 万元，进一步扩大公司规模，满足市场需求。

公司对固定资产的投资情况、各类固定资产的折旧方法及固定资产折旧明细见表 8-20～表 8-22。

表 8-20 公司对固定资产的投资情况　　单位：万元

项　目	第 1 年	第 2 年	第 3 年	第 4 年	第 5 年	总计
生产设备	325	0	70	100	230	725
电脑等办公设备	10	0	0	5	10	25
运输工具	50	0	0	30	60	140
公司轿车	45	0	0	45	50	140
总投资额	430	0	70	180	350	1030

表 8-21 各类固定资产的折旧方法

项　目	生产设备	电脑等办公设备	运输工具	公司轿车
残值率/%	5	5	5	5
折旧年限/年	12	6	8	8
年折旧率/%	8	16	12	12

表 8-22 固定资产折旧明细表　　单位：万元

项　目	第 1 年	第 2 年	第 3 年	第 4 年	第 5 年
固定资产原值	430.00	430.00	500.00	680.00	1030.00
年折旧额	28.95	38.59	44.14	61.75	94.60
累计折旧	28.95	67.54	111.67	173.42	268.03
固定资产净值	401.05	362.46	388.33	506.58	761.97

(4) 无形资产及研发支出

无形资产是生产蛋白回收设备的核心技术，所以每年的摊销应计入生产成本。无形资产估值为 180 万元，无残值，摊销年限为 10 年，采用直线法摊销（见表 8-23），公司会随着市场其他相似技术的竞争来对无形资产进行减值测试。

表 8-23 无形资产摊销表　　单位：万元

项　目	第 1 年	第 2 年	第 3 年	第 4 年	第 5 年
无形资产原值	180	180	180	180	180
当年摊销	18	18	18	18	18
累计摊销	18	36	54	72	90
净值	162	144	126	108	90

此外，公司每年会拿出部分资金来进行研发，对原有技术进行升级改造，提高蛋白质的提纯率，废水处理效率，增加技术壁垒，使公司产品更具有市场竞争力。由于对未来无形资产的不确定性，预计第 1 年为无形资产研发的研究阶段，发生的支出计入管理费用，其后为开发阶段，支出暂计入每年资产负债表的开发支出项目。公司的研发支出费用见表 8-24。

表 8-24 公司的研发支出费用表　　单位：万元

项　目	第 1 年	第 2 年	第 3 年	第 4 年	第 5 年
研发支出	10	30	30	50	70

(5) 应收账款

应收账款是按每月营业收入的 20%估计计提的，信用期一般为一季。

(6) 应付账款

公司第 1 年是起步阶段，由于市场认可度有待提高，所以没有应付账款。第 2～5 年应付账款按每月购买材料款的 15%计提。信用期一般为一季。

8.8.2　财务预测

（1）单位成本预测

单位成本预测见表 8-25。

表 8-25　单位成本预测表　　单位：元

成本项目 处理罐型号	原料成本	附属材料	车间生产工人、管理工人工资及福利	安装调试	固定资产折旧及无形资产摊销	厂房租金	其他	总计	参考售价
钢板 7t/h	8160	1240	2133	2000	1523	2467	500	18023	30000
钢板 10t/h	12338	1815	2966	2000	2033	2996	500	24648	45000

（2）费用预测

管理费用预测见表 8-26。

表 8-26　管理费用预测表　　单位：万元

年度 项目	第 1 年	第 2 年	第 3 年	第 4 年	第 5 年
办公费	11.80	13.70	37.00	65.00	98.00
管理人员工资及福利	38.00	54.00	84.00	120.00	150.00
办公楼租金	20.00	20.00	20.00	20.00	20.00
业务招待费	6.40	11.80	28.50	54.00	94.00
差旅费	1.80	3.60	6.80	11.40	15.60
办公设备折旧	5.20	6.93	6.93	13.06	20.58
研发支出	10.00				
其他	5.40	1.69	4.17	19.04	33.71
合计	98.60	111.72	187.40	302.50	431.89

销售费用预测见表 8-27。

表 8-27　销售费用预测表　　单位：万元

年度 项目	第 1 年	第 2 年	第 3 年	第 4 年	第 5 年
销售人员工资及福利	20.00	32.00	48.00	78.00	99.00
广告费	8.40	18.96	25.80	33.20	54.00
展览费	1.40	3.20	4.30	6.40	12.20
运输费	4.33	8.90	19.00	38.00	63.95
商品维修费	0.78	2.01	3.55	8.86	11.01
运输设备折旧	4.45	5.94	5.94	9.50	16.63
其他	8.03	5.09	1.87	11.75	18.62
合计	47.39	76.10	108.46	185.71	275.40

为使公司资金合理运转，考虑到现实发展的需要，在第 2～3 年里，每年需要短期借款分别为 100 万元、100 万元。其中第 2 年，公司处于成长阶段，经济业务增加，工作人员增多，所借资金主要用于支付材料价款，支付工人工资等各种日常经营费用。第 3 年借款主要用于固定资产的购建，随着市场占有率提高，导致需求量上升，公司需要提高产量以满足市场需求。财务费用除了贷款利息，还包括公司日常的贴现，给客户的现金折扣等。财务费用预测见表 8-28。

表 8-28　财务费用预测表　　单位：万元

项目＼年度	第1年	第2年	第3年	第4年	第5年
利息支出	0.00	6.56	6.56	0.00	0.00
利息收入	0.54	1.08	1.44	2.16	2.52
金融机构手续费	0.15	0.22	0.54	0.66	3.12
贴现	0.24	0.12	1.45	1.23	2.11
现金折扣	2.10	5.20	11.20	13.56	21.60
其他	0.47	0.59	1.11	2.11	3.69
合计	2.42	11.61	19.42	15.40	28.00

(3) 销售预测

根据市场需求情况预测，第1年产品初步进入市场，凭借上门推销的营销模式，预计销售额为580万元；第2～3年，随着市场拓展到山东、河南种植区，预计年增长率约达到60%；第4～5年，市场进一步打开，遍布整个北方种植区，产品认可度提高，公司的投资收回，资金运转效率提高，销售额增长迅速，至第5年已达到4100万元。销售量预测见表8-29。

表 8-29　销售量预测表　　单位：台

型号＼销售量＼年度	第1年	第2年	第3年	第4年	第5年
钢板 7t/h	84	136	205	378	532
钢板 10t/h	69	112	189	356	536

(4) 人工费用预测

第1年人工费用预测见表8-30。

表 8-30　第一年人工费用预测表

员工构成	人数/人	基本工资/元	福利费/元	社会保险费/元
生产人员	25	1500	75	400
销售人员	15	1500	75	400
技术人员	8	2500	125	400
财务人员	2	2500	125	400
管理人员	6	5000	250	400

公司第1年的职工薪酬支出约为130万元。预计以后会随着市场的开拓、业务量的增加而逐年扩大企业规模，工资标准也会随着员工工龄和公司利润的增长而相应提高，预计到第五年公司生产工人将达到100人，技术人员20人，管理人员15人，销售人员50人，公司每年的职工薪酬支出预计为470万元。

(5) 其他财务数据预测

目前普通钢板市场价格为4210元/t；银行一年期贷款利率为6.56%；银行活期存款利率为0.36%。

8.8.3 税收政策

(1) 企业所得税

根据《中华人民共和国企业所得税法实施条例》规定，从事节能环保行业的企业能够享受到“三免三减半”的优惠，即符合条件的企业从取得经营收入的第 1～3 年可免交企业所得税，第 4～6 年减半征收。根据《中华人民共和国企业所得税法》规定，企业所得税的税率为 25%，因此本公司第 4～6 年按 12.5%缴纳企业所得税。

（2）增值税

我国增值税法规定，增值税是对在我国境内销售货物或者提供加工修理修配劳务以及进口货物的企业单位和个人，就其销售货物或提供应税劳务的增值额和进口货物的金额为计税依据而课征的一种流转税。本公司主要从事生产销售业务，按税法规定应缴纳增值税，税率为 17%。对于在出售设备时涉及的安装劳务行为，视作混合销售行为，一起核算缴纳增值税。

（3）城建税

依据国务院《中华人民共和国城市维护建设税暂行条例》[1985] 规定，按照应缴纳流转税的 7%（市区）缴纳。

（4）教育费附加

依据国务院《征收教育费附加的暂行规定》[1986]，按照应缴纳流转税的 3%缴纳。

（5）地方教育费附加

根据《中华人民共和国教育法》的相关规定和《财政部关于统一地方教育附加政策有关问题的通知》（财综 [2010] 98 号）的要求，地方教育附加统一按应缴纳流转税的 2%征收。注：公司每月应缴纳的增值税、城建税、教育费附加等税费均在下月缴纳，当月计入应交税费科目；公司应缴纳的企业所得税均在当年结清。

8.8.4　利润分配政策

a. 按税后净利润的 10%提取法定公积金。
b. 按税后净利润的 5%提取任意公积金。
c. 向投资者分配利润或股利。

企业实现的净利润在扣除上述项目后，再加上期初未分配利润，即为可供投资者分配的利润。根据公司每年净利润情况，暂定公司从第 3 年开始分配现金股利，分配率为净利润的 25%，第 4～5 年的分配率为净利润的 30%，以后视公司净利润的增长情况逐年提升利润的分配率，公司的利润分配重视对投资者的合理投资回报和有利于公司长远发展的原则，并保持利润分配政策的连续性和稳定性，公司利润分配通过送红股、派发现金股利等方式进行。另外，为了企业的可持续发展，增强企业的发展后劲，同时保证企业以后利润分配的稳定性，以丰补歉，公司章程中制定的利润分配原则和政策不能一成不变，以制度强制企业一定要有现金分红也是不合适的，利润分配政策应该随企业发展环境的变化、生命周期的阶段转换而有所不同。每年净利润和每年分配利润情况见表 8-31。

表 8-31　每年净利润和每年分配利润情况　　单位：万元

项目＼年份	第 1 年	第 2 年	第 3 年	第 4 年	第 5 年
净利润	67.59	143.55	335.03	668.19	1114.31
分配利润	0.00	0.00	83.76	200.46	334.29

8.8.5 财务报表

各财务报表见表 8-32～表 8-40。

表 8-32　资产负债表

（略）

表 8-33　利润表

（略）

表 8-34　现金流量表

（略）

表 8-35　第 1 年利润表（月报）

（略）

表 8-36　第 2 年利润表（月报）

（略）

表 8-37　第 3 年利润表（月报）

（略）

表 8-38　第 1 年资产负债表（月报）

（略）

表 8-39　第 2 年资产负债表（月报）

（略）

表 8-40　第 3 年资产负债表（月报）

（略）

8.8.6 财务比率及分析

财务比率及分析见表 8-41。

表 8-41　财务比率及分析表

比率	公式	比率数	分析
盈利能力分析			
总资产报酬率	息税前利润/资产平均总额	27.25%	公司资本的获利水平较高，运转有效
净资产收益率	净利润/平均净资产	26.24%	股东自有资本获取净利润能力比较高，资本风险低
偿债能力分析			
流动比率	流动资产/流动负债	4.25	公司容易筹到经营活动所需现金，短期偿债能力较强
速动比率	速动资产/流动负债	2.95	公司的流动性强
营运能力分析			
存货周转天数	存货/(销货成本/365)	71.2 天	存货占用资本少、管理水平高
现金周转天数	现金/(销货成本/365)	104.2 天	现金创造效益的能力高，公司运转速度快，效率高
增长能力分析			
净资产增长率	净资产变动额/期初股东权益	29.31%	公司筹资投资等各种经营活动效率较高
资本扩张率	股东权益增长额/年初股东权益额	23.7%	公司业务发展快，股东权益平稳增长
净收益增长率	留存收益增长额/年初净资产	24.96%	股东投入资本创造收益能力较强

8.9　机遇与风险分析

8.9.1　机遇分析

当今世界，发达国家已完成了工业化，消耗了地球上大量的能源资源。当前，我国作为世界上最大的发展中国家，正逐步进入工业化阶段，已成为世界上第二位的能源消费国。

众所周知，我国人口众多，能源资源地区分布不均、开发难度大、人均占有量少严重制约着我国未来的发展，而能源的浪费、利用率低伴随着环境的污染又是普遍存在的问题。故而，能源的高效利用是我国重要的能源战略之一。

随着“建设资源节约型、环境友好型社会”国策的提出，越来越多的企业开始关心能源的回收、高效利用、环境保护问题。然而现有的设备往往存在着占地面积大、运行费用高、处理时间长、回收率低、效益不显著等问题，以至多数企业并没有安装蛋白质回收设备。本公司生产的蛋白回收设备，经济效益与环境效益俱佳，较之传统设备优势显著，实现经济与环境的双赢，顺应时代主题，定会成为各企业之首选。

食品工业是以粮食和农副产品为主要原料的加工工业。这类行业用水量大，废水排放量也大，尤其以淀粉工业废水的排放量占首位。但我国大部分生产企业对蛋白粉的回收不重视，回收率不高，不仅会造成所排废水中污染物质浓度高，治理难度大，而且产生巨大浪费。玉米蛋白粉中的蛋白质营养成分丰富，饲用价值高，不含有毒有害物质，可直接用作蛋白饲料，潜在的开发性巨大，具有非常广阔的生产前景。

8.9.2　风险分析

（1）技术风险

由于产品自身生命周期有限，在保持产品高生命周期方面有一定困难。

在公司发展过程中，竞争者的技术水平不断提高，替代产品生产技术不断涌现。

公司生产经营过程中可能存在技术泄露。

应对策略如下。

a. 重视产品生命周期的规律，加大科研投入，对产品与技术不断改进，提高技术壁垒，延长产品生命周期。

b. 加强技术开发与储备，加强与客户的联系，及时了解客户需求，不断革新产品，保证产品是最被需要的，能带给客户最大利益。

c. 与国内外科研机构、知名院校进行技术合作，创造良好的科技工作条件，重视科技人才的吸纳和运用。

d. 加强自有知识产权的保护，结合实际设计一套知识产权策略，并加以应用。

（2）市场风险

在公司成立及运营的初期，由于目标市场的需求量的不确定性等导致公司资金的短缺和竞争压力的存在，急于追求市场占有率和利润，从而在一定程度上加大了风险。同时，公司的产品能否如期地顺利地占有河北省淀粉厂等相关企业的蛋白回收设备市场也尚且未知。

应对策略为：公司相关部门周期性地进行市场调查尽量规避市场风险，营造良好而高效益的销售环境。

（3）竞争风险

随着市场利润的提高，更多其他行业的公司会看到此行业的利润所在，转入此行业，同时，其他同行业公司对新技术的研发以及对产品的模仿，都会让公司丢掉一部分市场份额。且目前产品价格透明度越来越高，会使公司的利润率下降。

应对策略为：加大新产品新技术的研发，以产品的实用和适用以及服务立足于行业前列，并注意扩大产业规模，以规模经济降低成本，增加企业利润。

（4）财务风险

财务风险是公司在财务管理过程中必须面对的一个现实问题，而公司只能采取措施降低风险，而不能消除风险。根据公司的经营发展来看，公司将面临着一定的筹资风险、经营风险、流动性风险等。

应对策略为：化解筹资风险可以采用银行借款方式；化解经营风险，要注意根据市场需求确定销售价格，保持价格的稳定；化解流动性风险，要注意确定最优的现金持有量和最佳库存量，加快应收账款收回。

（5）管理风险

公司在人力资源管理过程中可能会出现录用员工不慎，劳动合同纠纷，人员流失过多，员工培训、考核以及薪酬福利不合理，职工态度散漫办事效率降低等多方面的问题，造成人浮于事的现象出现。

应对策略如下。

① 人事制度化　公司重视更新与撰写适合本公司的劳动合同、员工手册、培训协议、保密协议、绩效考核与薪酬管理制度。要求公司 HR 熟悉人力资源与社会保障相关立法。

② 录用员工　确保招聘新员工的简历真实有效。

③ 员工培训、考核及薪酬福利政策的制定　约定专门的培训合同期或服务期和违约赔偿条约，重视培训协议制定的技巧。

④ 员工跳槽与辞退　公司重视培养有潜质的优秀员工，在重要管理人员跳槽或被辞退后可从本部门内部员工晋升，来解决职位空缺问题。

8.10　风险资本退出机制

8.10.1　风险资本分析

风险资本的特征以及风险投资独特的运行方式，使风险资本与创新项目的结合只会是一种短暂的结合，风险资本从它投入的那一刻起，它就在努力寻找一种便捷、安全、能够获得最大增值的退出通道，能否成功地退出是风险投资能否成功的重要检验标准之一。

在本公司股本结构中，风险投资部分所占比例较大。公司将以非常负责的态度对待投资者，以便投资者在退出时得到尽可能大的回报。鉴于公司的项目特点，我们将采用风险企业回购的风险资金退出方式，旨在平衡企业发展与福利分享，力保风险投资机构收益最大化与本企业的长久发展，实现双方的互利双赢。

风险企业回购方式既可以让风险资本顺利退出，又可以避免由于风险资本退出给企业运营带来太大的影响。由于企业回购对投资双方都有一定的诱惑力，因此，这种退出方式发展很快。

8.10.2　风险资本退出

公司在运营四年后，基本上占领了一定的市场，有了一定的自身积累，已经度过资金消耗期进入能够产生现金流的成熟时期，此时风险投资可以退出。

根据我公司的实际情况，选择的最佳风险资本退出方式是回购，包括管理层收购和员工收购。公司选择回购是因为它既适合风险投资家的利益，又符合我公司自身的特点，也有利于公司今后自身顺利的发展。这主要表现在维持了公司稳定，掌握了公司的所有权和控制权，又可以充分调动管理层和员工的工作积极性。

公司选择最佳的风险资本退出途径与合理的退出时间，既有利于保障风险投资家的最大收益，又能使我公司持续、稳定的发展。

8.11　附录

8.11.1　工艺流程图

生产设备的工艺流程图如图 8-17 所示。

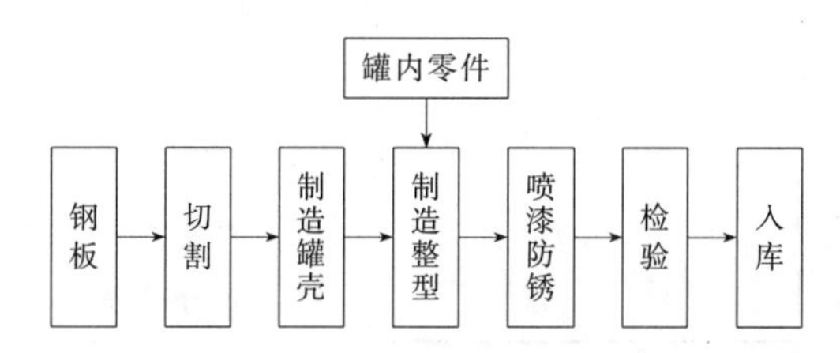

图 8-17　生产设备的工艺流程图

8.11.2　主要生产设备

公司在建设初期，即第一年，建设生产线一条。随着生产管理逐步正常化，增加生产线至两条。具体材料和设施如下。

a. 公司所需原材料分为主料和辅料。

b. 主料主要是 10mm 厚的钢材及无缝钢管。辅料一般为涂料、纱布、胶黏剂等一些常用物品。

c. 办公用品。

d. 生产（主要生产设备见表 8-42）。

表 8-42　主要生产设备清单

序　号	设备名称	数　量
1	切割机	1 台
2	卷筒机	1 台

续表

序号	设备名称	数量
3	电焊机	2台
4	点焊机	2台
5	缝焊机	2台
6	开卷纵剪收卷生产线	1
7	开卷校平辊压成型生产线	1
8	车床	2台
9	叉车	2辆
10	行吊	1架

8.11.3 厂房平面图

厂房平面图如图8-18所示。

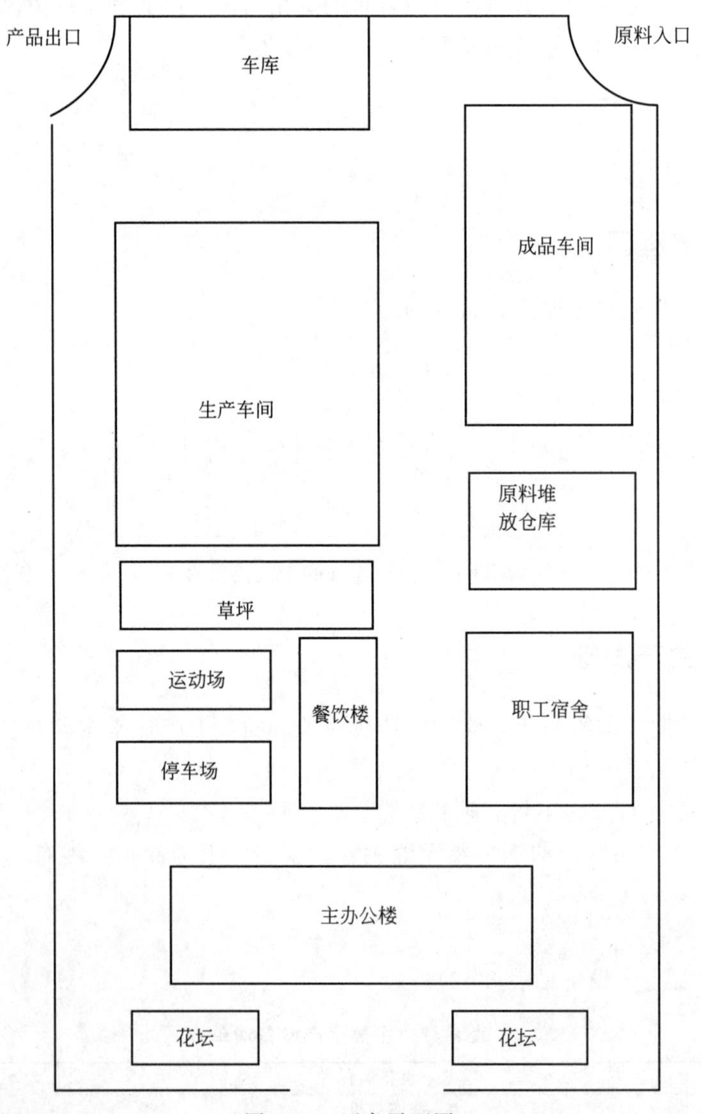

图8-18 厂房平面图

8.11.4 主要产品目录

尚质公司主要产品目录见表8-43。

表8-43 尚质公司主要产品目录

产品名称	规格型号[处理量/(t/h)]	产品类型	材料	应用类型
尚质一号罐	10	用于淀粉食品业的废水中的蛋白回收	钢板	玉米、马铃薯等淀粉厂日处理量≥50t
尚质二号罐	7			玉米、马铃薯等淀粉厂日处理量≤50t

8.11.5 公司章程

（略）

8.11.6 专利证书

8.11.7 项目授权书

关于河北农业大学刘俊良教授一项国家发明专利使用的授权书

兹有河北农业大学城乡建设学院刘俊良教授的国家发明专利“蛋白废水处理与回收装置”（专利号：ZL 2009 1 0158131.1）。

现授权于河北农业大学骐骥创业团队以该项技术为依托，建设提议中的尚质蛋白回收设备有限责任公司，撰写《尚质蛋白回收设备有限责公司创业策划书》，参加2012年第八届“挑战杯”中国大学生创业计划大赛。

特此授权。

专利发明人签字：

骐骥创业团队负责人签字：

项目授权单位：（盖章）

证书号第791503号

发明专利证书

发明名称：蛋白废水处理与回收装置

发　明　人：刘俊良；张立勇；宋智慧；刘京红；刘晓波

专　利　号：ZL 2009 1 0158131.1

专利申请日：2009年07月14日

专利权人：河北农业大学

授权公告日：2011年06月08日

本发明经过本局依照中华人民共和国专利法进行审查，决定授予专利权，颁发本证书并在专利登记簿上予以登记。专利权自授权公告之日起生效。

本专利的专利权期限为二十年，自申请日起算。专利权人应当依照专利法及其实施细则规定缴纳年费。本专利的年费应当在每年07月14日前缴纳。未按照规定缴纳年费的，专利权自应当缴纳年费期满之日起终止。

专利证书记载专利权登记时的法律状况。专利权的转移、质押、无效、终止、恢复和专利权人的姓名或名称、国籍、地址变更等事项记载在专利登记簿上。

局长 田力普

2011年06月08日

第1页（共1页）

8.12　荣誉证书

第八届 挑战杯

"复星"中国大学生创业计划竞赛

8th CHALLENGE CUP Fosun National College Students Business Plan Competition

获奖证书 Certificate

河北农业大学

王猛猛 乔杨 黑胜蓝 陈聪 陈焕 潘云龙 姜旭 常莎莎 同学:

你们的作品 尚质蛋白回收设备有限责任公司 在第八届"挑战杯"中国大学生创业计划竞赛中荣获

铜 奖

特发此证，以资鼓励。

共青团中央　中国科协　教育部　全国学联

二〇一二年十一月

【案例评述】本项目拟成立公司主要生产蛋白回收设备，用于淀粉及食品生产加工企业，其功能是将企业产生的高浓度有机废水在二级处理之前进行高效率预处理，高效回收蛋白，客户通过使用公司生产的蛋白回收设备，可以增加经济效益 40%～70%，同时降低废水后续处理费用。这一过程是将所学理论知识应用于实践，加深对所学知识的理解，激发参与学生对本专业的学习兴趣，初步了解企业创办运营要点。

第9章 服务类创业计划书——以瑞赛科乡村环保科技有限责任公司[1]为例

引言

随着城镇污染转移和农村粗放式发展，农村环境逐渐恶化，化肥滥用、污水乱排、垃圾随处堆放等问题随处可见，这些问题在影响农村生态环境的同时，也危害着农村居民的身体健康。

因此，建设美丽乡村，推动农村经济与农业环境协调发展势在必行！

2013年8月，中共中央总书记习近平对农村环境做出重要指示，强调要认真总结浙江省开展“千村示范万村整治”工程的经验并加以推广，并通过长期艰苦努力，全面改善农村生产生活条件。2013年，河北省委省政府召开农村工作会议，出台“农村环境综合整治三年行动计划”，坚持以新农村建设为总揽，抓住开展国家农村环境连片整治示范工作契机，集中治理农村环境脏、乱、差等问题。

由此，拉开了农村环境整改的序幕。

瑞赛科乡村环保科技有限责任公司是以乡村废弃物资源化服务为核心，集技术咨询、规划设计、产品代理、投资建设为一体的新型乡村环保企业。因地制宜进行农村生活垃圾、生活污水处理、厕所改造整改设计；为农村基层组织、农民等群体提供农村废弃物资源化技术培训。

9.1 农村环境现状

9.1.1 农村生活垃圾

据统计，一般乡镇每人每天产生的垃圾为0.50～1.00kg，其中果厨类垃圾约占垃圾总量的65.00%，清扫物（如泥土、树叶等）占13.00%，这两类垃圾是生活垃圾的主体部分，共占78.00%，属于可堆肥垃圾；废纸、废旧电器、金属制品等可回收垃圾占垃圾总量的

---

[1] 《瑞赛科乡村环保科技有限责任公司》获得2014年“创青春”河北省大学生创业大赛一等奖。获奖人员：赵士雄、任恒阳、冯媛媛、李慧、郑迅。

10.00%；废旧电池、农药瓶等有害垃圾占5.00%；其他垃圾（如塑料袋、碎玻璃等）占垃圾总量的7.00%。如图9-1所示。

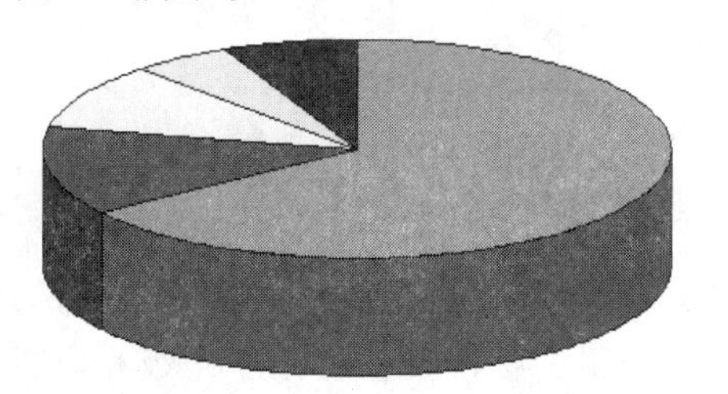

图9-1　垃圾分类

9.1.2　农村生活污水

农村生活污水主要来自农家的厨房洗涤水、洗衣机排水、淋浴排水、厕所排水等。生活污水含纤维素、淀粉、脂肪、蛋白质等有机类物质，还含有氮、磷等无机盐类。

一般乡镇生活污水中含有多种病菌、虫卵，如果不经处理直接排放到水体中，会对农村生态环境造成恶劣影响。因此，对农村生活污水进行处理，对农村环境面貌改善与农村居民身体健康意义重大。

近年来我国经济社会快速发展，农民经济收入不断提高，农民的生活方式也发生了巨大变化。随着自来水的普及，卫生洁具、沐浴设施等走进农户，农村的人均日用水量和生活污水排放量急增，生活污水成为农村环境的重要污染源之一，引起河道水体变黑发臭、蚊蝇满天飞。而且生活污水中的病菌虫卵容易传播疾病，威胁农民的身体健康。生活污水排放情况见图9-2。

图9-2　生活污水无序排放

9.1.3　农村厕所

通过对河北省农村厕所现状的调研分析，我们发现河北省农村厕所还有待改善。从调研数据分析来看，河北省农村厕所基本设施简陋甚至没有，照明设施的安装率为68.56%，通风设施的安装率为47.67%，顶棚安装率为85.00%，厕所门的安装率为48.42%，基本卫生设施欠缺。除此之外，农村厕所的卫生管理也存在很大问题。通过对调研数据的分析，河北省农村厕所消毒频率为一个月一次的用户占调查总用户的14.36%，消毒频率为三个月一次的占27.13%，不消毒的用户占38.30%，在一些距离县城较远的地区，不消毒的用户甚至占到了43.00%之多。厕所中的微生物病虫菌对居民健康造成很大威胁。

河北省传统的农村厕所一般为露天的粪坑储存粪便，不能形成密闭环境，其中的粪便不能达到发酵处理，肠道寄生虫、病原微生物极易造成污染。破坏农村环境的同时还威胁着农村居民的健康，亟待改造。

9.1.4　农田秸秆

随着农业机械化和生产技术的进步，农业生产效率大幅提高，随之产生大量农作物秸秆。同时，伴随着近些年来农民生活水平的提高，秸秆用于做饭和取暖的用量越来越少。大量的剩余秸秆的处理处置问题已引起广泛关注。当前，农作物秸秆的主要处理方式有焚烧、粉碎后秸秆还田等。然而，在实际操作过程中发现，前者对空气造成严重污染，而后者不能当季腐熟，不利于农田耕作。我国每年农作物秸秆的产量约为 6.5×10^{8}t，但利用率不足30.00%，其中含有的大量的 N、P、K 养分被白白浪费。如将这些随处堆放的秸秆用作堆肥原材料，不但可充分改善农村的生态环境质量，还可以有效避免储藏于秸秆中的营养元素流失、浪费，可以使土壤肥力得以提高。

9.2　瑞赛科乡村环保科技有限责任公司

9.2.1　创业背景

（1）农村环境现状

近年来农村生活污染日益突出。农村生活污水处理设施建设滞后，绝大部分农村生活污水未经处理直接排入河道，污染河水。大多数农村没有无害化垃圾填埋场，生活垃圾被随意抛弃于河塘等低洼地，不但影响农村环境面貌，还对农村居民的身体健康造成严重影响。

农作物秸秆焚烧污染严重。大量的秸秆被焚烧或抛弃于河湖沟渠或道路两侧，浪费了大量的资源和能源，并且污染大气和水体，影响到了农村环境卫生。

（2）相关政策

河北省委、省政府按照全面建成小康社会的要求，决定对全省近 5 万个行政村配套改造、整体提升，相关内容如下。

2013 年全省改造提升重点村庄。深化加强建设活动帮扶村和沿高铁、高速、首都周围及经济条件好的重点村庄。

2014 年，总结先进经验、完善配套政策，巩固改造成果，并着力对重点区域村庄进行全面改造提升。

2015 年，全面推进改造提升工作，并基本建立长效的农村公共设施和环境管护机制。

（3）农村改造过程中存在的困难

首先，农村整改融资困难。农村改造一直依靠政府财政，对各级政府带来了很大的资金压力。由于难以找到盈利点，社会资本不愿投资农村整改项目，给农村整改工作造成巨大困难，单纯依靠政府投资，不能走得长远，农村环境没有显著改变。其次，农村整改需要专业技术人才。但市场上几乎没有专门服务农村的专业公司。农村改造大多依靠当地不够专业的规划局、设计公司来完成，影响了农村的进一步发展。

9.2.2 公司标识及介绍

标识简介：瑞赛科乡村环保科技有限责任公司标识以绿色的三个箭头组成圆环，环中包含三座山和一条河，下面配以汉字“瑞赛科”。绿色的三箭头圆环代表绿色循环，汉字“瑞赛科”是英文“recycle”的音译，体现了我们公司致力于乡村环境环保可循环持续理念，山与河代表我公司致力于乡村山清水秀发展，同时，河的流向与山组成瑞赛科拼音和英文的第一个字母，位于标识中心，图标整体呈绿色，寓意我们公司蓬勃发展，潜力无限。见图 9-3。

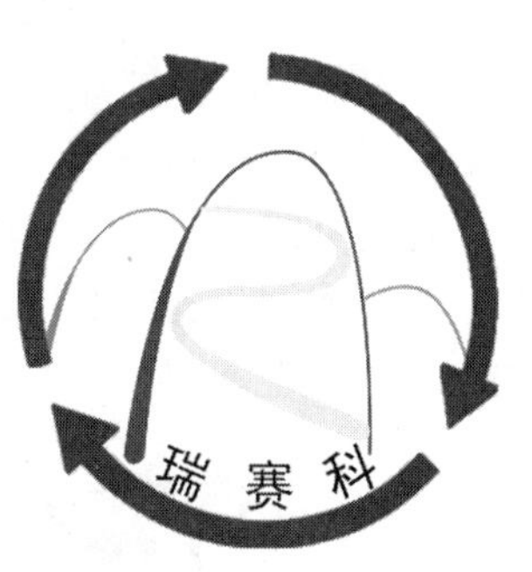

图 9-3 公司标识

9.2.3 公司业务模式

根据农村实际情况，为农村设计生活垃圾处理、生活污水处理、旱厕改造、秸秆利用高度集成的乡村废弃物处理中心（简称“处理中心”）整改方案。服务模式见图 9-4。

生活垃圾

生活污水

厕所改造

秸秆利用

图 9-4 技术服务模式

农村生活垃圾分为可回收垃圾、堆肥垃圾、有害垃圾三类，公司将垃圾分类回收，进行转售、堆肥、无害化处理。

生活污水处理则是根据不同村庄污水处理量、地形、地价等特点选择不同的工艺设施，进行处理。

厕所改造是根据不同村庄、不同厕所现状进行改造，使用节水便器，有粪便储存容器且方便进行清掏。

农村秸秆的利用是在帮助农民收获玉米、小麦等农产品的同时对农作物秸秆进行收集，进行堆肥处理。

9.2.4 公司发展

公司发展拟分两个时期：成长期与成熟期。

（1）成长期（1～2 年）

业务一：设计规划与技术指导。通过网络、期刊报道等媒体进行宣传，提高知名度与社会影响力，向相关部门争取进行农村面貌改造的机会，为村庄提供垃圾处理、污水处理、厕所改造的整改方案。根据方案的具体情况，收取相应技术设计费、指导费等。

业务二：设备代销。主要包括节能水冲便器、曝气装置等设备的代销。还包括设备安装及售后维修。按照质量可靠、价格合理的原则，我公司与整改相关设备生产商达成合作协议，将其设备提供给需要整改的村庄。由村庄自愿决定自行购买设备还是选择我们所代理的设备。

（2）成熟期（3年及以后）

经过成长期的铺垫，公司完成了初期资本积累，并取得一定的知名度。在保持成长期业务的同时，公司充分利用积攒的人脉、企业关系，加入风险投资，与村镇协议，进行投资建设、运营处理中心。处理中心服务内容包括生活垃圾处理、生活污水处理、厕所改造、农作物秸秆收集利用等服务。成熟期目标市场扩大到华北大部分地区及陕西、河南、山东。成熟期投入产出点如图9-5所示。

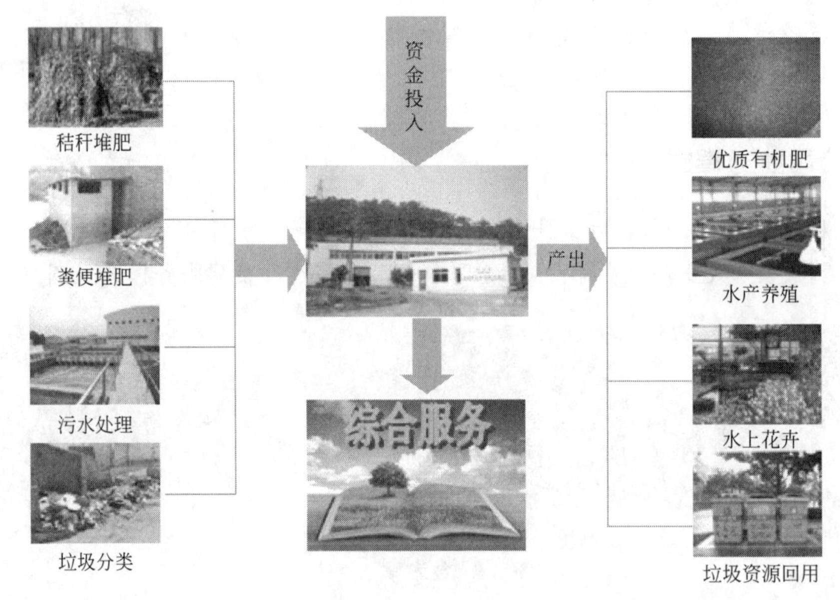

图9-5 投入产出模式图

公司各阶段服务内容如表9-1所列。

表9-1 公司不同阶段服务内容

发展期	技术咨询	技术培训	规划设计	产品销售	投资建设
成长期	免费提供	免费提供	盈利	盈利	无
成熟期	免费提供	免费提供	盈利	盈利	盈利

9.2.5 公司目标

本公司定位于农村改造规划和运营领域，旨在实现资源优化配置，促进社会资本投资农村改造，使投资人与群众利益相结合，达到共赢。力争将公司发展为农村环境改造行业的佼佼者，树立服务农村、规划合理的企业形象，形成节能有效益的产业链，成为行业的领导者。

9.2.6 公司优势

现今很少有针对农村环境面貌进行改造的专业环保公司，所以本公司市场广阔。

通过进驻农村建立处理中心，本公司能与农村无缝对接，了解农民的最真实需求，把握农村环境面貌整改的方向。

公司部分工作无需很强的专业技术，可以为农村解决部分残疾人、老年人、妇女等群体的就业问题。这能拉近我们与农民的距离。

另外，公司为农村提供生活垃圾处理、污水处理、厕所改造一条龙服务，责任清晰，不会出现责任推脱的问题，更容易赢得顾客的信赖。

同时，团队依托河北农业大学雄厚的教育资源及强大的技术支持，在公司技术革新、市场拓展研究、人才输入等方面有很强的后备力量。

9.2.7　市场概况

近年来，随着农村经济的增长，农村环境问题越来越受到重视。目前市场上的环保公司主要服务对象是城市。真正深入农村、解决农村环境问题的公司基本没有，本公司在农村环境改造上更具有针对性，发展市场是十分广阔的。

9.2.8　营销策略

本公司以服务农村为主，成长期进行市场推广时可以采用主动出击、样板推广的策略，充分利用网络途径、期刊报社、公益活动等提高公司的知名度，树立公司的良好形象。向政府自荐，争取政府采购。另外，我们会深入农村，进行面对面的互动沟通，为环境改造的开展疏通道路。成熟期生产的产品可以依靠就近农村的优势直接销售给农民，实现互利共赢。

9.2.9　投资分析

公司成立初期，资金来源于自筹资金 10 万元。

主要投资有租赁办公室、置办办公设备、员工工资、营销投资。主要收入是设计费、代理产品收入。

公司经营 1.5 年后，开始引进风险投资。这时公司资金来源有：公司积累资金 50 万元，风险投资 50 万元（投资方有农村大户、风投公司等）。

股权分配比例：公司 60%；投资方 40%。

投资包括：处理中心土建、设施建设、经营花费等。收入主要有设计费、代销产品收入、出售有机肥收入等。

财务分析指标：a. 初期投资回收期为 0.5 年，引进风险投资后投资回收期为 1.5 年；b. 投资净现值为 2185174.98 元；c. 获利指数为 3.64；d. 内涵报酬率为 18.5%。

9.3　公司业务模式

9.3.1　农村环境改造技术

（1）垃圾分类与处理

对于废纸、废塑料、金属制品等可回收垃圾，旧电器等大件垃圾，村民一般会将它们存放堆置起来，而不会随意丢弃，等走街串巷的收废品人员上门收购。处理中心采取集中收购的方式，为了吸引农村居民自发地将可回收垃圾卖到我处，处理中心的收购价格比走街串巷的人员收购价格要高一些。收购的垃圾，处理中心会分类存放，为避免雨淋受潮，存放在专门的简易仓库中。待储存到一定数量再集中出售到专业的收购站。

对于除可收购以外的垃圾，村民自行放入各户附近的垃圾桶内。每 4 户设置一组分类垃圾桶，垃圾桶有红黄蓝三种不同颜色，红色桶用来盛放有害垃圾，蓝色桶用来盛放餐厨垃圾、果皮、花草枝叶等可堆肥垃圾，黄色桶用来盛放上述两种以外的垃圾。处理中心会有专门人员定期去各设置点收集各类垃圾，运往处理中心再分别进行处理。

红色桶内与黄色桶内的垃圾，处理中心会分类储存，待储存到一定数量，集中运往相应的垃圾处理站，进行无害化、卫生化处理。蓝色桶内的垃圾，由处理中心集中堆肥。

(2) 农村生活污水处理技术

农村生活污水的处理应选用投资少、运行管理方便、费用低的小型分散处理方法。目前此类处理方法有以下几种。

① 厌氧滤池—氧化塘—生态渠　适用于有闲置沟渠、坑塘并且规模适中的村庄，处理规模不宜超过 200t/d，工艺流程如图 9-6 所示。

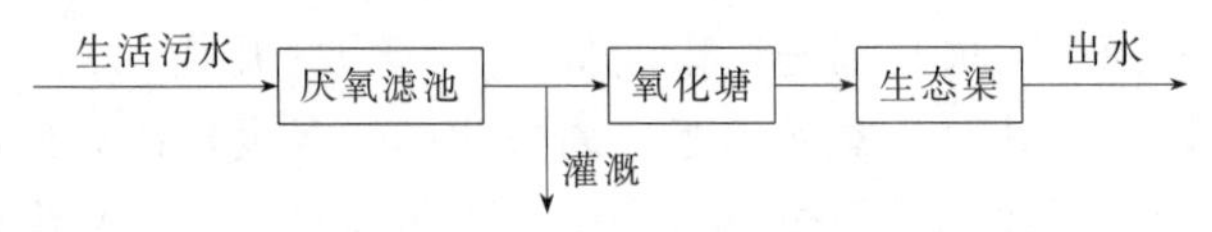

图 9-6　厌氧滤池—氧化塘—生态渠工艺流程

污水进入厂区，先通过截流井进入粗格栅（打捞较大的污物），经过污水泵，再经过细格栅（打捞较小的颗粒），进入厌氧滤池，截流大部分有机物，在厌氧发酵的条件下，污水中的有机物被分解成稳定的沉渣。厌氧滤池出水进入氧化塘补充溶解氧，氧化分解水中的有机物，生态渠可以利用水生植物的生长，吸收氮磷，进一步降低有机物含量。

② 地埋式微动力氧化沟　适用范围：土地资源紧张、集聚程度高、经济条件相对较好和有乡村旅游产业基础的村庄。工艺流程如图 9-7 所示。

进水 → 厌氧消化池 → 好氧消化池 → 厌氧滤池 → 氧化沟 → 出水

图 9-7　地埋式微动力氧化沟工艺流程

该污水处理装置组合利用沉淀、厌氧水解、厌氧硝化、接触氧化等工艺对污水进行不同阶段的处理，进入处理设施中的污水，经过厌氧段水解、硝化，有机物浓度降低，再利用提升泵提升污水高度进入好氧消化池，同时对好氧滤池进行射流充氧，确保好氧细菌充分利用有机物。氧化沟内空气由沿沟道分布的拔风管自然吸风提供。

③ 厌氧池—接触氧化池—人工生态渠　适用范围：居住相对集中且有闲置荒地、废弃河塘的村庄，尤其适合于有地势差、有乡村旅游产业基础或对 N、P 去除要求较高的村庄，处理规模不宜超过 150t/d。工艺流程如图 9-8 所示。

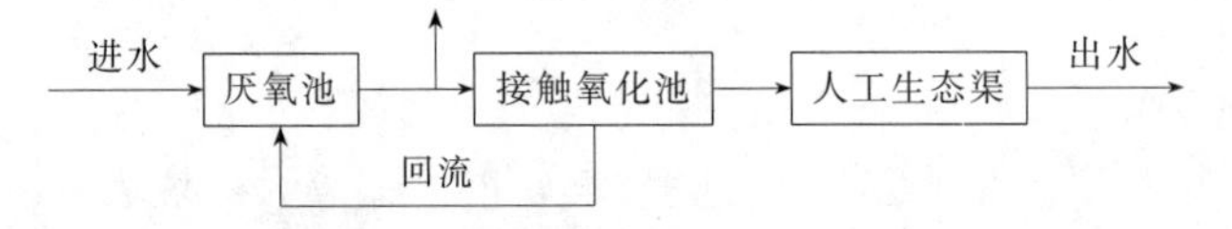

图 9-8　厌氧池—接触氧化池—人工生态渠工艺流程

该组合工艺由厌氧池、跌水充氧接触氧化池和人工湿地三个处理单元串联组成，具有较强的抗冲击负荷能力。核心技术——跌水充氧接触氧化技术，利用微型污水提升泵剩余扬程，一次提升污水将势能转化为动能，分级跌落，形成水幕及水滴自然充氧，无需曝气装置，在降低有机物的同时，去除 N、P 等污染物，大幅度降低污水生物处理能耗。

有地势差的村庄可利用地形落差跌水，无需水泵提升。厌氧池可用现有三格式化粪池、净化沼气池改建，人工湿地可用河塘、沟渠改建。跌水充氧接触氧化池可实现自动控制。

由于成本的限制，实际中往往是将废水进行一定处理，达到要求后回用，在节省处理费用与节省洁净水源之间寻找平衡点。处理后的污水根据其处理的程度再利用。较常规的废水处理回收利用，可以用于以下几个方面（图 9-9）。

① 农田灌溉　处理后的水用于农田或菜地灌溉，可以适当地收取费用，以达到当地水资源的合理开发与利用［图 9-9(a)］。

② 绿化浇灌　在处理厂周围适当地种植一些树苗和花卉（如蝴蝶兰、五色草、彩叶草、紫叶酢浆草等）［图 9-9(b)］。

③ 车辆冲洗　在一些经济条件较好乡村车辆较多的地区，可以把达到水质标准的回用水用来洗车［图 9-9(c)］。

④ 景观补水　在乡村的广场上可以适当增加喷泉和一些观赏性的花卉和鱼类，丰富农村生活［图 9-9(d)］。

(a)

(b)

(c)

(d)

图 9-9　污水回用

（3）农村厕所改造及粪便利用

综合考虑村容整洁、使用卫生、节水安全、同时方便粪便抽取，将传统的旱厕改造为半水冲式厕所。地上厕屋部分有门有窗、有墙有顶、有通风有照明，厕所内清洁、无臭，有专用半水冲式便器。地下储粪池部分有不渗漏的储粪容器容纳粪便。储粪池留有取粪口，方便处理中心人员抽取粪便。

厕所改造以节约成本，美观、卫生、安全、方便、舒适为目的。半水冲式厕所的改造费用来自配套资金，由处理中心为乡村各厕所改造户统一提供主要建造器材，例如节水蹲便，施工人员由乡村统一组织或农户个人负责，厕所改造所需砖瓦由各户自行购买，处理中心可以提供厕所改造技术指导。对于不同格局的村子，因地制宜，采取不同的方案抽取粪便。粪便抽取方式见表 9-2。

表 9-2　不同布局的乡村采取的处理方案

方案	村子布局特点	处理方式
方案一	村子面积大，人口多	依村子大小规模，将村子分成 2～3 个部分（比如南街、北街），每隔一个月抽取一部分村子的粪便
方案二	村子面积较小，人口分布比较集中	每隔 2～3 个月抽取一次
方案三	村子人口分布分散	当需要清除粪便时，由各户自行联系处理中心，进行抽取。每户每年限抽取 3 次，3 次以上，每次抽取费用适当增加

(4) 好氧发酵堆肥技术

好氧发酵堆肥技术是以农作物秸秆、牲畜粪便、养殖垫料以及村镇污水处理厂剩余污泥等多种固体肥料为原料，通过好氧发酵处理将其中的有害细菌灭活并将有机物氧化分解，获得高效有机肥料的处理工艺技术。我公司的堆肥原料主要是处理中心收集的可堆肥垃圾（如果皮、蛋壳、菜叶、剩饭等厨余垃圾、树枝花草等可堆沤植物类垃圾等）、污水处理的剩余污泥、粪便、秸秆等。如图 9-10 所示。

图 9-10　好氧发酵堆肥

工艺原理为：在有氧条件下，好氧微生物对废物进行吸收、氧化、分解，通过自身的生命活动，把一部分被吸收的有机物氧化成简单的无机物，同时释放出可供微生物生长活动所需的能量，而另一部分有机物则被合成新的细胞质，使微生物不断生长繁殖，产生出更多的生物体。在有机物生化降解的同时，伴有热量产生，因堆肥工艺中该热能不会全部散发到环境中，就必然造成堆肥物料的温度升高，这样就会使一些不耐高温的微生物死亡，耐高温的细菌快速繁殖。该菌群在大量氧分子存在下将有机物氧化分解，同时释放出大量的能量。

工艺路线：原料堆垄→粉碎→调配碳氮比→除臭→测定温度→翻抛给氧→腐熟→烘干→打碎→存储→出售。

9.3.2　乡村废弃物处理中心服务模式

我公司根据农村实际情况，为农村进行“私人定制”设计具有本村特点的乡村废弃物处理中心。我公司会设计一些基础的模板，为我公司推广和宣传使用。对有不同需求的客户，根据本村的情况特点，成立一对一的专业设计小组。为村庄量身打造符合当地环境、特色鲜明的美丽乡村计划。以下是公司的几种模板。

(1)“一村一中心”模式

“一村一中心”模式适合于村落较大、经济程度好、农户集中的乡村。

对于具有这种特点的村庄，我公司采用整体的规划整改方案。建设生活垃圾处理、污水处理、厕所改造、秸秆利用综合一体的乡村废弃物处理中心。公司为该村设计符合当地实际情况的垃圾分类回收措施、生活污水处理站、堆肥站。

采用此模式可以极大提高农村生态环境，彻底改变农村“脏、乱、差”现象。以最短的时间打造美丽乡村，改善农村生态环境。

此模式的特点：费用较高、整改难度较大。

(2)“多村一中心”模式

“多村一中心”模式适合于村落较小，但相邻村落较多，经济水平一般，地势平坦的地区。

在这些村落中，采用乡镇整改的方案，几个相邻的村子整合起来，在几个村子的几何中心点或其他位置建立统一的农村废物处置中心，对资源进行整合处理。

采用此模式可以整合较大区域的生态和人文环境，使有限的技术和设备发挥更大的作用。

此模式的特点：整改难度较大，协商较为困难。

(3)“一村半中心”模式

“一村半中心”模式主要针对完善整改的村落和资金不足、进行专项整改的村落。

我们根据客户的需求，制定本村整改方案，建立农村废物处理中心的部分功能，能尽快地解决本村中迫切需要解决的困难，也能升级更高层次的规划方案。

此模式的特点：整改资金少，效果缺乏整体性，所需资金较多，工期较长，适合发展旅游业的乡村采用。

9.3.3　处理中心选址原则

处理中心地址选择与农村的总体规划密切相关。宜从污水处理厂、堆肥厂、垃圾站各处理单元考虑，进行综合的技术、经济比较与优化分析，经过有关专家论证后确定方案。

处理中心选址应与处理工艺相适应；厂址位于水源下游，并应设在主风向的下风向；考虑防洪，地下水位等因素，地质条件稳定；应考虑远期发展的可能性，留有扩建的余地。

9.4　投入与收益

示范工程：以 2013 年的经济及社会发展水平为准，城乡结合地区一个 500 户的村庄，每户有 3 位常住人口，投入与产出计算如下。

9.4.1　生活垃圾处理

一般乡镇每人每天产生的垃圾按 0.80kg 计算，其中有 0.62kg 可堆肥垃圾，有 0.08kg 可回收垃圾，有 0.04kg 有害垃圾，有 0.06kg 其他垃圾。

将村庄分为三个区依次进行垃圾清理。每个设置点的清理频率为 3 天一次，这样每次需清理的垃圾有可堆肥垃圾 308kg，可回收垃圾 39.60kg，有害垃圾 19.80kg，其他垃圾 10.92kg。后三类垃圾可根据量的不同适当调整清理频率。

可堆肥垃圾运到处理中心后与其他堆肥原料共同堆肥。

可回收垃圾每两个月转售给大型的废品收购中心一次，每次的转售量为 2t 左右，预计盈利为 2000 元/次，每年盈利 1 万元。

有害垃圾与其他垃圾每半年处理一次，每年处理量为 11t 左右，处理方向是运往正规的有害垃圾处理厂。处理费为 35 元/t，每年处理费为 385 元。

整个村庄每年产生的可堆肥垃圾为 341t，可回收垃圾为 43.80t，有害垃圾为 21.90t，其他垃圾为 30.70t。

9.4.2 生活污水处理

每日村庄产生的污水总量为120m^3，经过处理中心的回用水主要用途有：花卉浇灌（月季、菊花）用水50.00%，水产养殖用水20.00%，剩余回用水还可用于绿化或景观用水。

花卉养殖需要建造温室大棚，宽度为12m的温室大棚每米建造成本为800元，按照回用水的浇灌量，建8个长度为30m的温室大棚。占地6.5亩，共计成本为20万元。

水产养殖需要建造养鱼池，建5个长20m，宽10m，高1.50m的养鱼池，配备相关曝气设备，计算成本为2万元。

污水方面的收益主要来自花卉出售、金鱼出售。每亩地可种植月季6000株，共可种植36000株，购买花苗花费3600元（0.1元/株），花卉经过培育后出售收入预计为90000元（2.5元/株），月季花培养周期为1年。

每立方米可养殖金鱼85条，共可以养殖金鱼42500条，购买金鱼鱼苗花费4250元（0.1元/条），购买鱼食花费2000元，出售金鱼预计收入为60000元，金鱼养殖周期为1年。

9.4.3 厕所改造

厕所改造是将传统的农村旱厕改为卫生整洁的环保卫生型厕所。投资主要有节水便器、人工费等，每个厕所修建价格为990元。村庄共计50万元。具体成本如表9-3所列。

表9-3 厕所成本计算

序号	材料	单位	数量	参考单价/元	参考价格/元
1	砌块(以砖计)	块	1400	0.30	420.00
2	水泥	袋	5	20.00	100.00
3	砂石	m^3	1	40.00	40.00
4	钢筋	kg	7	2.20	15.40
5	厕门	扇	1	55.00	55.00
6	厕窗	扇	2	35.00	70.00
7	厕屋顶(石棉瓦)	张	2	20.00	40.00
8	人工费	天	2	100.00	200.00
9	其他费用(照明系统等)	—	—	—	50.00
10	合计				990.40

厕所改造完成后，由处理中心为每家每户有偿抽取粪便，每次收费30元，抽出的粪便处理中心用作堆肥。预计粪便清理频率为3个月一次，为整个村庄抽取粪便每年预计收入为6万元，购置抽粪车花费2000元。

9.4.4 农作物秸秆收集与利用

在玉米、小麦收获时节，处理中心为村里的农户收割，粮食由农户自行运回家，剩余的秸秆由处理中心堆肥。如果该村共有2000亩耕地（每户4人，每人1亩），有65.00%的农户种植玉米和小麦，其中由处理中心协助收割的占70.00%，则处理中心每年可收获910亩左右秸秆。

2亩玉米(小麦)秸秆＋2m^3 污水的污泥＝1t有机肥

2亩玉米(小麦)秸秆＋2t可堆肥垃圾＝1t有机肥

将堆肥原料拌均匀后 6～8 周即可产出有机肥，预计每年可产出有机肥 900t，预计每吨有机肥售价为 500 元，则每年出售有机肥可收入 45 万元。

9.4.5　相关投入与收益

处理中心的前期固定资产投入如表 9-4 所列。

表 9-4　前期固定资产投入

（略）

处理中心建设完成后，投资回收期为 2 年。第 3 年开始有纯利润 346500.00 元。处理中心 3 年内的利润如表 9-5 所列。

表 9-5　利润表

（略）

9.5　市场分析

9.5.1　市场分析和预测

（1）宏观环境分析

近年来，随着乡镇经济的快速增长，农民生活水平有了很大的提高，但随之也产生了一些环境问题。如大量秸秆被焚烧，不仅浪费了资源，污染了大气环境，甚至引发重大交通安全事故；规模化畜禽养殖场的粪便未经处理排入河流湖泊，也成为面源污染的重要来源；长期施用化肥，造成土壤生态环境的急剧破坏等。因此，国家在“十一五”环境保护规划中明确提出秸秆禁烧区的秸秆禁烧率达到 95.00%，全国秸秆综合利用率达到 80.00%。规模化畜禽养殖场的污水排放达标率达到 60.00%，粪便资源化率达到 70.00%。这表明党中央对农村环境保护工作越来越重视。

面对新的形势，在自然生态环境和经济发展的双重作用下，有效处理农村废弃物并使其成为可再生资源是缓解农业资源紧缺的最优选择。所以通过对秸秆、污泥、粪便等废弃物进行堆肥，不但可以变废为宝，获得显著的经济效益，而且可以有效地改善环境状况，获得良好的环境效益。通过利用秸秆、畜禽粪便等有机物质与污泥配比发酵，对各种废弃物进行生物无害化处理并使之成肥，形成一套较为完善的秸秆、污泥等废弃物的农用技术规范，对城乡环保工作，防治农村环境污染，农村环境综合整治的工作具有重要的意义。

在农村环境保护的趋势推动下，实现现代先进生物技术和机械设备，农作物秸秆、污泥、畜禽粪便等废弃物的资源化、无害化、规模化处理和综合利用必然是今后农村发展的方向。农村环境改造项目也必然受到社会的青睐，前景广阔。

（2）市场现状及市场预测

当代中国农村生产力的发展是以牺牲生态环境为代价的，畜禽粪便、生活污水、垃圾固废等方面的污染已经成为农村普遍存在的一个问题。据报道，早在 2004 年的时候中国产生的各种有机废物就超过 5.0×10^{9}t，其中蕴含着大量的有机质和 N、P 等植物必需的营养物质。但是，其中绝大多数未被循环利用直接进入了环境，成为环境污染的主要来源。据相关资料显示，目前国内对于这些废弃物的利用率还很低，只有10.00%～20.00%，很大程度上缺乏对其合理利用的途径，由此造成的资源浪费和对环境的压力可见一斑。

为此，党中央、国务院高度重视农村环境保护工作，并对其做过多次重要批示。2011年年底发布的国家环境保护“十二五”规划指出，中国将通过一系列措施提升农村环境保护水平。就河北省来说，2013年年初印发了《河北省农村环境综合整治三年行动计划》，力争用三年时间，改善全省农村环境状况，基本建立长效化农村环境管理机制。这意味着农村环境改造势在必行。

但是，就农村环保机制和设施来说，农村环保工作还存在许多不足。首先农村的环境基础设施十分薄弱，没有完善的生活垃圾、污水处理系统，大部分村庄缺乏健全、长效的管理机制，使得农村环境整治的开展没有起到示范作用。而目前市场上有一些比较大型的环保工程公司，如永清环保、桑德环境、碧水源等。但这些公司大部分以解决城市污水、生活垃圾、工业污染为主，真正深入农村解决农村环境问题的公司在环保行业里基本没有，所以本公司在农村环境改造上开创了一个先河。通过精细化的服务流程设计和生物技术与设施的运用，帮助农村真正建立起环境保护的长效机制，在环境的综合治理中获得收益。

综上，农村环境综合治理这一领域的实务工作基本上是空白的，面对广大的市场需求，再加上政策的支持，该市场的发展空间是巨大的。

9.5.2 市场发展战略

（1）成长期目标市场

公司成立初期是创业积累阶段，这一阶段公司把目标市场定在河北省农村地区，通过为农村整改提供设计、代售服务，帮助农村美化，由溢出效应带动更多的村庄参与到农村环境改造中，同时提高公司知名度。

河北省既是农业大省又是人口大省，做好农村环境治理工作有非常重要的意义。

a. 根据监测，河北省村环境卫生管理制度建立率、村级规划率都达到了50.00%以上；61.10%的村有公共卫生厕所；但有专职或者兼职保洁人员管理的比例不到50.00%。

b. 村庄内90.50%的垃圾属于生活垃圾，66.60%的家庭将生活垃圾随意堆砌。

c. 农村生活污水占污水总量的71.27%，管道排放率仅为10.75%，大部分的污水随意排放，污水处理率很低。

d. 河北省每年产生的秸秆量相当大，除了做饭和取暖外，大量的秸秆随意堆放于农村的田间地头和村口巷末，既占据空间，又影响村容村貌。

e. 化肥的过量施用，使土壤中的N、P、K处于过饱和状态，渗透到地下，污染水源，对人们饮水安全造成威胁。

近年来河北省经济示范村、产业经济村、帮扶村的数量逐渐增多，农村经济实力不断增长，有较强的经济实力开展农村环境改造。因此，公司初期将目标市场定在河北省广大农村地区。

（2）扩展级目标市场

经过成长期的基础铺垫与资金积累，公司进入成熟发展期，将目标市场拓广到华北大部分地区及陕西、河南、山东。

改革开放以来，我国北方地区的经济得到长足发展，以河北、河南、山东为主的北方地区人口众多，但由于忽视环境保护和生态建设，环境问题日益突出。

以华北地区的污水治理为例，华北地区水源主要是井水与河水，属严重缺水地区，污水处理应与废水资源化利用结合。随着新农村建设的推进，农民生活水平日益提高，农村地区用水量不断增多。华北地区农村居民日现行用水量标准如表9-6所列。

表9-6 华北地区农村居民生活用水量参考取值

村庄类型	用水量/[L/(人·d)]
户内有给水排水卫生设备和淋浴设备	100～145
户内有给水排水卫生设备，无淋浴设备	40～80
户内有给水龙头，无卫生设备	30～50
无户内给水排水设备	20～40

与农村生活用水量不断增长共同存在的是较低的生活污水排放系数。生活污水排放系数与农户卫生设施水平、用水习惯、排水系统完善程度等因素有关，反应污水收集处理率。根据实测，农村生活污水排水系数为0.33～0.39。不同排水方式对应的污水排放系数见表9-7。

表9-7 华北地区农村居民生活排水系数参考取值

方　　式	排水系数
只收集部分混合生活污水进入污水管网	0.4
只收集部分灰水进入污水管道	0.2
全部生活污水混合收集进入污水管网	0.8
只收集全部灰水进入污水管网	0.5

通过表9-7可以看出，农村的污水处理率较低，这也能在一定程度上反应农村整体环境面貌。可见，我公司成熟期市场是很开阔的。

9.5.3 目标群体分析

（1）目标群体定位

依据本公司的运作类型与服务特点，初期我们把目标群体定位在产业基础较好、农民收入较高、沿路、沿城、沿村景点等易受政策支持的农村或乡镇。通过初期与他们的合作，形成良好的典型示范从而带动更多的目标客户参与进来，为公司的长远发展提供动力。

（2）目标群体特征分析

① 面临的难题　农村环境污染复杂、涉及面广，治理起来难度比较大，仅依靠政府还存在许多困难，如：a. 现有的环境管理体系难以应对污染问题；b. 农业技术的选择缺乏环境政策制约机制；c. 治污资金缺乏导致治污效果不理想；d. 现有的治理模式不适应农村污染防治工作。再加上相关人员认识不到位，工作思路和认识目标不明确，保洁员队伍不完善等问题致使农村环境改造困难重重，缺乏真正的长效机制。

② 解决方法　充分发挥群团组织作用，鼓励民营企业、社会组织、爱心人士、志愿者等社会力量，开展资金、项目、人才等方面的帮扶帮建，积极推进村企对接，通过企业命名认建、品牌捐赠助建、合作开发共建等方式；鼓励社会力量资助农村改造提升行动，对工商企业捐款和投资建设农村公共设施，可按规定享受税前列支等优惠政策；充分发挥村集体和

农民合作社等新型经营主体的作用，引导农民积极投工投劳，实现多方受益并改善农村环境。从根本上破解改造提升中遇到的群众发动难、规划编制与执行难、资金筹措难等问题。

③ 公司与政府的有效对接　本公司是一家以乡村废弃物资源化服务为核心，集技术咨询服务、产品销售、技术推广培训、融资平台建设于一体的新型乡村环保企业，通过与市场需求有效对接，增加开发市场的成功机会。为此，我们可以采取主动出击的策略，一是直接向符合条件的乡镇市政府寻求合作；二是通过企业的有效宣传扩大公司的影响力，开发更广阔的发展道路。

9.6 竞争分析

9.6.1 竞争分析

(1) 现有企业间的竞争研究

开发一个市场，必然要研究市场竞争状况，找准定位，才能在市场竞争中生存，下面分别从污水处理、秸秆垃圾的处理、旱厕改造 3 个方面介绍市场现状及企业竞争状况。

1) 污水处理方面，据相关资料显示，全国设市城市、县累计建成城镇污水处理厂 3272 座。其中，建有污水处理厂的城市占城市总数的 97.70%，县城则占 74.60%。目前也有一些乡镇建立了污水处理厂，但因污水处理厂的运行费用很高，人口又少，镇内污水还达不到处理量，所以一直被闲置。

此外，中国星罗棋布的农村由于资金缺乏，卫生条件与城市相比又差了一截。除了排泄物、生活污水直接排放，水道与污水处理设施远远谈不上。然而，水污染具有流动性，未经处理的污水或有可能造成全面的环境污染。

虽然市场上有一些治理污水的企业如桑德环境、金源环保、山东贝特尔等，但他们主要以河水净化、治理城市污水、工业废水为主，由于存在投资收益性低的难题，很少有公司会深入农村。

2) 在农村生活垃圾废物方面，据了解，除了少数能回收利用的“破烂”外，占生活垃圾大部分的厨余垃圾都被随处乱扔，情况好一点的是会有人按时清理并进行集中处理、卫生填埋等，垃圾的回收利用率很低。而且市场上只有为数不多的几家企业将有机垃圾收集进行堆肥，但因投资成本大、价格较高、渠道烦琐使有机肥没有被广泛接受。所以农村生活垃圾处理市场还有很大的利润空间。

3) 在农村秸秆处理方面，除了每年用作牲畜饲料、沤肥外，大部分是被烧掉或随意堆放，市场上很少有利用秸秆获得效益的企业，而且秸秆的供给量非常大。

4) 在旱厕改造方面，市场上有一些公司专门提供厕所改造服务，同时配合自己的产品以增加盈利点，但这些公司往往资金成本较小且缺乏特色，对厕所粪便的后续处理工作存在不足。本公司不仅能帮助旱厕改造还能够对厕所粪便进行有效的处理。

综上，我们发现市场上没有一家针对农村生态环境进行专业技术服务的公司。可以说瑞赛科农村科技有限责任公司开创了这一领域的先河，如果公司发展得好，市场开阔，并且在短期内没有竞争对手。

（2）入侵者分析

一个行业被入侵威胁的大小主要取决于该行业的进入障碍，影响农村环境治理行业进入障碍的因素主要有以下几个。

① 资本需求　在农村环境综合治理行业中，存在着较为显著的资本需求。虽然本公司成长期投入的资本较少，经过资本积累后，市场会逐步扩张，技术与服务水平会不断提升，再加上一条龙的全套服务与售后，可以为顾客带来更多的实惠，有利于我们与农民之间建立信任关系，并且通过一部分示范点带动更多的村庄参与进来。因此，入侵者进入障碍较大。

② 服务差别化　由于我公司采取先进专业技术，在旱厕改造、生活污水治理、堆肥技术上具有独创性，实行因地制宜，大大增强了环境综合治理的适用性与其他同类企业带来的服务具有较显著的区别。因此，入侵者进入障碍较大。

③ 品牌认知　客户选择一种服务时，首先要参考公司的品牌评价。公司成长期已经形成良好的典型示范，建立了一部分忠实的客户群，通过不断完善服务质量、提高技术水平，具有了比较成熟的服务体系。公司在发展过程中建立的良好的公司形象也会成为吸引顾客的主要力量。用户若选择其他服务企业，那么农村环境治理的风险将会增加。因此，用户具有较高的转换风险，入侵者进入障碍较大。

（3）替代者研究

① 有哪些替代者　据了解，在农村面貌改造服务的行业里基本上不存在替代者，但在某一领域会存在一定的竞争者，如专业治理污水的大型公司、进行旱厕改造的企业或提供规划设计的公司等。类似的竞争者有碧水源、永清环保、桑德环境等。替代者的分析与比较见表9-8。

表9-8　替代者的分析与比较

公司名称	优　　势	劣　　势
碧水源	拥有自主知识产权膜生物反应器污水资源化技术，致力于使污水变成资源，解除水污染之困	三个大型公司均以城市为目标市场
永清环保	国内少数具有钢铁烧结机烟气脱硫项目的企业之一，在环境工程咨询业务、建设项目环境影响评价业务等方面具有全面资质	在当前形势下，城市内的竞争愈加激烈。在农村环境改造方面缺乏专业的理论，只是在自己的专业领域进行改造，缺乏综合性
桑德环境	拥有完善的产业链条，可为客户提供项目咨询、工艺设计、产品提供、工程建设等“一站式服务”	
瑞赛科	拥有独特堆肥专利技术，在农村旱厕改造、污水治理、垃圾处理方面有着专业的流程设置，为农村提供优质的“一条龙”服务。此外，本公司目标市场定位在农村，具有很大的市场空间	成长期，公司缺乏雄厚的资金来源和良好品牌效应

② 替代者对我公司的威胁　部分客户对专业服务型的公司是比较信赖的，往往选择在某一领域擅长的企业为其服务。因此，在一定程度上我公司的业务推广存在一定的障碍。本公司作为首家为农村提供“一条龙”环境服务的企业，在以后的发展中定将以打造企业品牌为重点，注重专业与专心，为客户负责，让客户满意，争做行业的领先者。

（4）供应商的分析

公司处于成长期时，本公司以提供技术咨询、技术培训、规划设计、设备代售为主，主要涉及设备供应商的问题。公司发展成熟后，积累了一定的资本，有了一定的实力，可以在一些村庄进行投资、生产，除了机器设备生产商，我们还将面对堆肥原料供应者。

① 机器设备供应商 公司发展成长期，我公司技术人员以专业的眼光比较市场上的农村改造相关设备，选择一些技术实力较强、产品质量可靠的专业设备制造商（如坐便器、曝气装置等），我公司代理他们的产品。

寻求机器设备供应商的途径有两种：一是采取就近原则在规划村落附近选取质量可靠、口碑等较好的厂商进行合作，因为坐便器等常用器具生产商较为常见，所以在机器设备供应方面也是较为可观的；二是在相关市场上选择产品可靠口碑较好的生产商进行合作，在合作方面求得共赢。

② 堆肥原材料 公司进行投资时，利用自己的机械设备以较低价帮助村民收割玉米、小麦等农作物。同时，剩留的秸秆归公司所有，形成公司堆肥的原料之一，除此之外还有从村民中获取的生活垃圾、粪便等农村废弃物。以下是对堆肥原料供应的分析。

1）原料供给的集中程度。我公司堆肥所采用原料主要为秸秆、畜禽粪便、生活垃圾。其中秸秆供给较为集中，而养殖场和生活垃圾的收集较为分散。公司采用定期上门清理的方式进行分散原料收集。

2）公司是否是供应者的主要客户。我公司所采用的堆肥原料均为污染废弃物，堆肥为供方解决了废弃物处理的难题，同时为供方创造了收益。因此，我公司是供方的主要客户。

3）要素供给者是否采取前向一体化的威胁。因为农户、养殖场都不具备我公司所掌握的技术与资源，因此，要素供给者不存在前向一体化的威胁。

（5）用户议价能力分析

用户议价能力是指客户采用压低价格、要求较高的服务质量或索取更多的服务项目等竞争手段，从公司与竞卖者彼此对立的状态中获利的能力。决定用户议价能力的基本因素有两个：价格敏感度和相对议价能力。价格敏感度决定用户讨价还价的欲望有多大；相对议价能力决定用户能在多大程度上成功地压低价格。

① 价格敏感度 用户对价格是否敏感取决于服务需求对用户的成本结构是否重要。当该服务费用占用户成本的大部分时，他们就会更关心是否有费用更低的替代者；该服务水平质量的重要性也决定价格是否能成为影响消费者决策的重要因素。

从目前状况来看，本公司是市场上仅有的一家专业为农村提供环境综合治理服务的企业，我们不仅具有技术优势，服务水平也更加成熟，替代者相对较少。如果顾客选择其他竞争者，那么对客户来讲也存在较高的转换成本，不能得到专业系统的消费服务。我公司服务水平存在优势，投入与产出成正比，所以选择本公司会更有保障。

② 相对议价能力 即使用户对价格很敏感，但在目前国家极力提倡改善农村面貌的政策下，及农村环境日益恶化的形势下，他们没有更多的选择——“不得不消费”，其相对议价能力就较弱。

我公司成本、利润率都在合理范围内，由于技术、专利的独特优势，无论消费者议价能力强弱，我公司依旧坚持环保理念，不打价格战，不欺骗客户，真诚为客户服务。

9.6.2 竞争力分析

（1）政策优势

面对日益突出的农村环境问题，2007 年国务院办公厅转发的《关于加强农村环境保护工作的意见》中就特别提出，要把农村环境整治作为环保工作的重点，完善以奖促治政策，逐步推行城乡同治。推进农业清洁生产，引导农民合理使用化肥农药，加强农村沼气工程和小水电代燃料生态保护工程建设，加快农业面源污染治理和农村污水、垃圾处理，改善农村人居环境。

2012年2月，在中央一号文件《中共中央、国务院关于加快推进农业科技创新持续增强农产品供给保障能力的若干意见》中提出，要把农村环境整治作为环保工作的重点，加快农业面源污染治理和农村污水、垃圾处理，改善农村人居环境。

同年，在财政部、环保部联合颁布的《关于加强“十二五”中央农村环保专项资金管理的指导意见》中提出，深化“以奖促治、以奖代补”政策，建立资金引导、示范引导、政策引导的专项资金管理体系，推动资金和项目审批权限下放，中央和地方财政共同加大投入力度，整合各方资源，吸引社会资金，鼓励农民投工投劳，推进农村环境连片整治。

中央财政自2008年起设立农村环境保护专项资金，截至2011年年底，共安排了80亿元用于开展农村环境综合整治，带动地方投资97亿元，对1.63万个村庄进行了整治，受益人口4234万人。

国家的种种政策和动向表明：农村环境改造势在必行。国家政府的政策支持在一定程度上为我公司的发展开辟了道路。在当前的政治背景下抓住机遇、迎接挑战是我公司的必然选择。

（2）技术优势

在旱厕改造、污水处理、垃圾处理方面我们都有较强的专业性和技术性。

污水处理采用的方法主要有厌氧滤池—氧化塘—生态渠、地埋式微动力氧化沟、厌氧池—接触氧化池—人工生态渠等，公司将根据当地具体地理情况进行选择。

在技术方面，公司运用具有专利权的堆肥技术将收集到的垃圾、粪便、秸秆等可堆肥原料进行堆肥，其产出肥料无害环保且肥效显著。

我们公司将依托河北农业大学雄厚的教育资源以及强大的技术支持作为保障，公司在技术革新、人才输入方面有很强的竞争力。

（3）服务优势

本公司是一家以技术服务为主，集科研开发、技术培训、农业技术推广服务、规划乡村废弃物处置中心方案为一体的新型企业。我们的服务更具有专业性和全面性，完全充当农村的“全职保姆”。公司不仅为农村基层干部、村官等提供农村环境整改技术培训，解读国家、省市颁布的相应的政策文件，使政策更好地贯彻到农村；还将根据不同农村实际情况，应用不同模式，在每村建立一个乡村废弃物处置中心，主要涉及村中的污水、垃圾、厕所等与环境相关的处理，使农村废弃资源得到循环利用，同时提供贴心的售后服务，使农村环境得到整治，建设美丽乡村。

9.6.3 竞争策略

针对上述分析，我们制定出以下竞争策略。

（1）树立企业形象

本公司在农村环境综合治理服务上开创了先河，所以我们对公司的定位是“第一家以技术服务为主，集科研开发、技术培训、农业技术推广服务、规划乡村废弃物处置中心方案为一体的企业"，通过明确的市场定位，塑造本企业鲜明的形象，提高消费者对本企业的认知。

公司成长期，会与一部分条件较好的客户合作，形成良好的示范点后，通过口碑营销和人员推广，以点带面，带动更多的目标客户参与进来，促进我公司业务的推广，提升公司的品牌形象。同时，我公司鼓励客户为我们进行宣传，对这部分宣传的客户给予适当优惠或免费提供额外的服务。

（2）广告竞争

面对未来的市场竞争，本公司会加大广告宣传力度，在保证公司正常现金流的情况下，通过电视广告、广播、书刊、路牌条幅等多种形式宣传企业，并且利用企业原有形成的示范效应加大人员推销，增加企业的可信任度。此外，我们还会积极关注政府招标工作，毛遂自荐，为一些环境问题有待解决的村庄地区出谋划策。

具体的广告宣传语：瑞赛科，让您的家乡更美丽！

广告投放位置：百度推广、农业书刊、高速路牌、经济频道、农民频道等。

（3）完善技术和设施

在保持技术领先，产品质量可靠的基础上，我公司依托高校教育资源、专家、学者等人才资源不断改进工艺技术，完善设施；定期安排公司专业人员外出学习先进的技术理念，提高环境治理效率和质量，增加回报率以加强在行业竞争对手间的优势。

（4）优质服务

和重复消费服务不同，本公司的服务具有购买频率小、周期性长的特点，所以公司严格贯彻以"客户消费体验"为中心的思想理念，确保售后的优质服务，在增加消费者认同感的同时，提高企业的知名度。针对不同的客户需求，有针对性地设计服务方案，为客户提供多样化服务。同时注重组合服务（如规划设计与旱厕改造组合），向客户提供优质服务。另外，注重服务人员素质培训，建立便捷、高效、统一的管理运行体系，保证服务的高效性，提高服务的满意度。

9.7　营销策略

9.7.1　市场推广策略

作为一个新兴的服务型企业，本公司在成长期有必要进行市场推广，宣传公司，提高知名度，将相关服务的信息传递给目标客户，在获得政府支持的基础上，最大限度地寻找公司的合作伙伴。

公司在成长期基本上采用 TOT 模式，业务以提供技术服务、规划设计、设备代售为主，帮助农村在获得专项资金或村集体集资的前提下，吸引更多的社会资金，加快农村环境改造的发展，使多方受益。

我们以网站推广为主，同时配合其他的宣传，如期刊文章报道、村官培训讲座、公益活动宣传等，提高品牌知名度。

（1）网站推广

本公司成长期主要以网站宣传作为市场推广的窗口，由于网络具有广泛连接、快捷、成本低的特点，所以建立公司的网站不仅便于向社会传递信息，更好地与社会沟通，还可以大大减少公司的广告费用。

为使社会群众了解更多关于农村环境改造的信息，提高本公司的影响力，我们需要从网站建设和网站宣传链接两方面入手，把公司网站打造成一个为农村服务的广大群众积极参与的互动平台。

① 网站建设　我们之所以采用网站推广主要是因为能够利用网络的优势吸引很大比例的目标客户群，这部分群体大多数是比较关注农村建设及环境治理方面信息的。而据我们的了解，在环境治理行业真正深入农村、为农村提供环境综合治理服务项目的企业少之又少。因此，我们网站的设计和行业里其他公司网站的设计的对比就要有所突破，不仅能说明环境改造的必要性、可行性，还能为客户群提供服务性的需求，整体上突出自己的优势。

公司网站首页用优美的农村环境引入主题，点击进入后网站共分为 9 个板块，分别如下。

1）公司简介。主要介绍公司种类及服务项目类型，通过分析当前农村存在的环境问题及危害，提出我们的规划建议，再依据我们优质的服务及专业的技术指导农村实现环境治理的优质效果。最后提出我们公司的经营理念。

2）资质证书。主要是对垃圾秸秆堆肥技术、农村污水处理技术、农村生态厕所改造技术的资格认证，使我们的服务更具有说服力，可信度更高。

3）农村厕所。介绍农村生态厕所建造特点、类型和改造意义，用事实证明农村厕所改造的必要性和可行性。

4）农村污水。系统分析农村污水处理的必要性，依据资源可回收利用的思想，提出我们对污水处理的主张。

5）农村垃圾。介绍当前农村生活垃圾（包括秸秆）利用的现状，同时配合相应的图片加以展示，让大家更好地认识农村环境治理的必要性。根据废物利用的想法，提出用垃圾堆肥的主张，展示我们的堆肥技术和堆肥成果，以获得公众对我们的认可。

6）设计咨询。是本公司的一个基本服务项目，寻找专业乡村环保服务的组织或人士可以通过引擎搜索链接到我们的网站，我们可以给他们提供需要的服务，直到客户满意。

7）投融平台。面对不同的需要，我们为投资者与融资者提供相互交流的平台，或以我们为中介为双方建立投融资的关系，达成协议，以促进农村环境治理的开展，使双方受益。

8）互动平台。在这个平台上，客户与我们之间、客户与客户之间可以进行深入的互动交谈，目的是给大家提供一个可以自由探讨农村环境改造的空间，提高大家这方面的认识，为农村环境综合治理献言献策。

9）联系方式。给大家提供公司的联系方式，包括热线电话、手机号码、公司微博、QQ 号、公司网址，同时配上一张标明公司地址的图，便于客户联系我们。除此之外，公司进入中期发展阶段后，还会增加产品介绍专栏以增加盈利点。

② 网站宣传链接　做好能为客户带来良好体验的网站后，还要抓住 SEO 站内与站外优化的细节工作，实现网站的宣传链接，从广度和深度两方面发展以便达到宣传的普及效果。

1）网站的站内优化。将网址提交给几个常用的搜索引擎，如百度、360 搜索、谷歌、有道等。同时注重网页导航的设计，做好 keyword 里关键字的嵌入（如 keyword 可以是农村环境改造)、关键词布局、标签优化、代码优化、网页布局等等，以便于搜索引擎的抓取。这部分工作，将由我们的专业人员来完成。

2）网站的站外优化。站外优化包括外链接的建设和友情链接的建设，站外优化是对站内优化的促进和补充，站外优化做得好可以加速关键词排名，网站导入链接的数量和质量是搜索引擎判定网站排名的重要因素之一，这点对实力单薄、内容较少的企业网站尤其重要。我们会从以下几个途径来做好站外优化。

a. 问答平台。现在网络上有很多问答平台，如百度知道、天涯问答、新浪知识、搜搜问答等。我们可以经常访问一下这些问答平台，凭借拥有的专业知识，用心去回答一些相关问题，适当地加上自己的网站链接，不一定要有首页的网址，可以是内页，或是其他可以到达我们网站的链接。

b. 论坛推广。通过论坛的方式在一些人气高人流量大的论坛网站（如新浪论坛、天涯论坛、新农村论坛等）发布和公司相关的帖子，提高网络曝光率，树立公司形象。在论坛推广的过程中，要按照规则发帖，定期地更新一些人们关注的信息，例如，百姓话题、制止污染企业向农村转移、谁来管农村垃圾、农村垃圾怎样治理更有效等大众话题。

c. 微博推广。公司通过微博网络应用平台进行自我宣传，通过提出一些相关问题鼓励大家积极参与互动、讨论，让更多人了解我们，知道我们的网站，从而推动人群去点击我们的网站，达到营销的目的。微博上分享的话题可借鉴论坛模式。

d. 电子书推广。本公司通过制作一些有参考价值的电子书，在其中嵌入我们所要推广的关于农村环境治理的内容，将其发布到一些文档类站点上，比如百度文库、新浪文档、豆丁文档等，然后与我们的网站外链。尤其是百度文库，要是利用得好的话，会带来很大的效果。

在网站外链过程中，自然是越多越好，但还要注重外链质量，避免垃圾外链，真正做到能为目标客户群提供有价值的内容，达到宣传公司的目的。公司长期的宣传策略也会以网站宣传为主。

(2）期刊报道

公司可以邀请一些专业的杂志社或报社作为合作对象，并由本公司的专业负责人在社会性问题、农村发展、环境改造等方面发表看法，吸引相关人士的注意。类似期刊有《中国农村》《新农村》《河北农民报》等。

(3）村民培训

本公司会加强与市县级政府的合作，在当地政府的同意下，我们可以举办村官培训讲座，同时邀请市县级领导，为大家解读国家出台的政策，分析农村环境治理的必要性、措施、方法等，提高其农村环境改造意识，促成与我们的合作。

(4）人员推广

除了依靠企业形象宣传，还要以一支既懂专业技术又懂营销技巧的高素质推销队伍来进行公司的宣传推广。公司将选拔一些勤奋、好学、热情、诚实且具有从业经验的营销人员，对他们进行培训指导，分派他们到相关的政府部门宣传公司业务。通过9.4部分的示范工程分析，充分阐述农村环境改造的可行性与盈利性，增加说服力，获得政府领导的支持。

(5）公共活动宣传

企业形象建设具有深远影响，为此我们将开展一些公益活动，例如与当地政府部门联合开展农村环保活动，倡导绿色消费，以奖励形式鼓励村民进行垃圾分类处理、资源回收利用；组织大学生举办环保进农村宣传活动，在人流量大的乡镇中心以节目表演的形式向农民传递环保理念，活动中可进行知识问答、分发宣传手册、赠送小礼品等环节，积极营造广大群众了解、关心、参与农村环保的舆论氛围。

9.7.2 服务营销策略

作为一个服务型企业，公司只有把最核心的服务体现出来，才更具有竞争力。

（1）优质服务

公司的发展不仅凭借自己的实力，还要有优质的服务做保障，所以我们要从服务上下功夫，把优质服务作为公司的竞争王牌。为使客户在服务体验过程中得到持续有效的技术支持和专业服务，需要在客户中推行有序的服务计划，我们在“以客户为中心”的指导思想下，对服务进行了整合、规划。

① 服务体系的对象　服务体系的服务对象是可能达成合作的潜在客户、已经达成合作的客户和合作伙伴。

② 服务体系的框架　服务途径：电话、网站、现场服务、宣传讲座。

服务内容：宣传指导、技术咨询、产品使用咨询、技术操作培训、设施维修维护、客户关怀服务以及根据客户类型提供的特殊的服务等。

a. 宣传指导。根据客户的需要，公司安排宣传人员帮助村领导向村民宣传。利用村民空闲时间举办环保宣传讲座，向村民进行理论指导。除了理论学习，专业人员进行实地指导，亲自传授垃圾分类方法、水如何循环利用、污水怎样处理等常识，逐渐强化村民的环保意识。为了激励村民，定期考察村民对环保知识的掌握程度，对优秀的农户进行表扬和奖励。

b. 产品使用咨询（如有机肥、坐便器、污水曝气装置等）。针对村民的需要，向村民分发产品使用手册，在农户与专家间建立信息的桥梁，解决村民遇到的问题，提高农村收入，改善生活质量。

c. 技术操作培训。与村庄达成协议后，公司分派专业人员到村庄进行培训，将垃圾堆肥方法、污水处理方法、厕所改造方法、相关设备的使用方法教给当地人员，以便实现村庄的自行运营。

d. 设施维修维护。定期检查使用设备并对其进行维修和保养。针对客户反映的问题及时下乡解决。

e. 客户关怀服务。提高企业的满意度，前提是人员服务素质要有所跟进。公司鼓励员工以行动提高服务满意度。如：接待前来咨询的村民的员工要有耐心，认真听取村民的问题并为其解答；拜访村民家里的公司员工，要尊重当地民俗，耐心指导村民，对生活困难不便的家庭予以适当的帮助；定期对产品的使用和服务质量进行调查，根据人们的反馈，不断提高我们的产品质量和服务水平。

f. 根据客户类型提供的特殊服务。合作期间，客户可能会提出不同的要求。如某些村庄的资金来源存在问题，公司可以通过不同的途径帮助其解决问题，例如采取网站寻找投资人、申请专项资金、向银行贷款、村集体投资等方式。又如有些村庄资金实力较强，为扩大美化建造规模，根据客户的要求，公司可以为之提供完整的规划方案，包括鱼塘、花卉、草坪的设计与建造等。

（2）有形展示

由于服务是无形的，与客户真正合作之前，客户很难感知和判断其质量和效果，他们将更多地根据服务设施、环境、典型案例等有形线索来进行判断。因此，有形展示成了服务营销的一个重要工具。

公司成立初期，由于资金实力不足，没有系统的设施设备，主要以提供规划设计、管理农村环境改造流程为主。面对客户和投资人的疑问，我们可以采用图 9-11 的流程来解决。

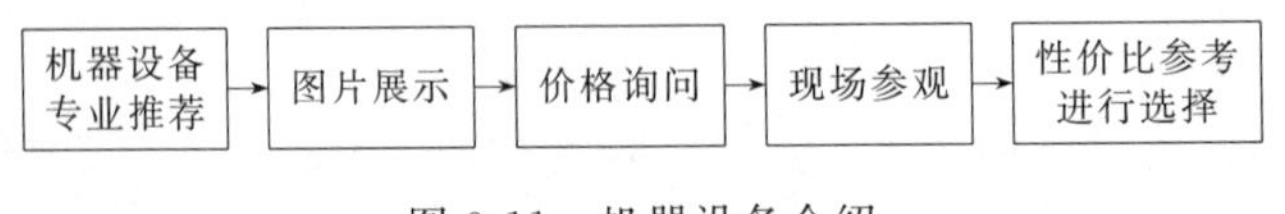

图 9-11　机器设备介绍

在向顾客介绍公司机器设备时，我公司会对当地实际情况进行考察和分析，向客户推荐专业且适用的机器设备。通过图片展示、价格询问、现场参观等多个环节，帮助客户进行性价比参考，选择满意的产品。产品展示流程如图 9-12 所示。

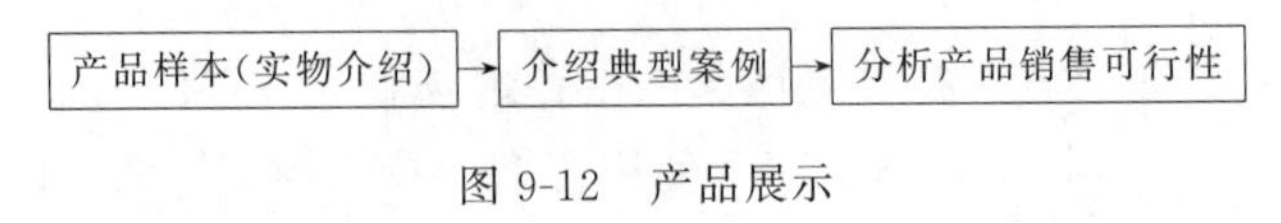

图 9-12　产品展示

在进行产品介绍时，我们采取实物展示并进行讲解的方式，包括产品所含成分、合成原料、生产环境、产品用途等方面，帮助其更好地了解我们的产品，也有利于顾客对我们建立信任。我公司产品在现实中具有可操作性，所以我们会着重介绍公司产品的真实案例，同时针对销售问题由专业人员为客户制定一套完整的营销方案，增加产品销售可行度。技术示范流程见图 9-13。

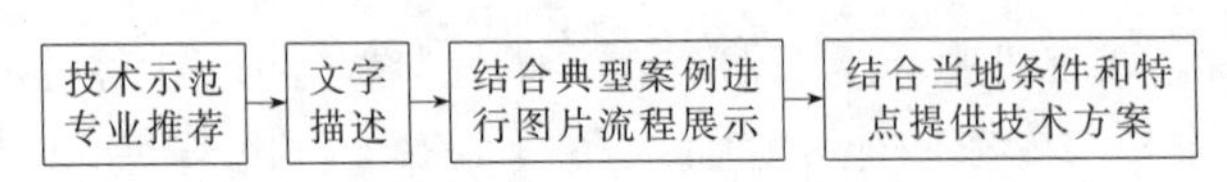

图 9-13　技术示范

在技术工艺的示范与推荐过程中，我公司会有专业人员对当地地理环境进行考察和分析，向客户推荐专业且适用的技术实施方法，通过案例和图片流程展示，分析技术工艺的可操作性。例如，根据当地是否有地势差、土地资源是否紧张、土地是否集中等因素选择合理的污水处理系统，同时确定旱厕改造方向、方法等多种问题，保证技术、工艺和当地实际情况的有效结合。

除了向客户和投资人提供以上展示外，我们可以详细地向他们介绍一些细节流程，如：垃圾收集方式、分类方式、秸秆回收方式、污水收集体系如何建设、厂址选择等。在适应当地村庄现有条件下，选择最理想的方案（详见 9.3 部分）。

另外，我们按照一定的规模为客户和投资人提供一个完整的规划方案，通过资金的分配运用、农村综合服务站的运转、产品的销售等方面分析农村环境改造的可行性和效益性，以便获得客户和投资人的支持和认可（详见 9.4 部分）。

（3）服务多样化

本公司为农村提供的是包含规划设计、垃圾收集处理、旱厕改造、污水回收利用在内的综合性服务。针对市场需求，我们会提供多样化服务。同时注重服务方式的创新，提供不同的服务组合，引发客户多种需求，为公司带来加倍的经济效益。例如，为客户做好规划方案后，经过双方协议可将公司代销的设备出售给客户并安排专业人员为其组装，在获得利润回报的基础上，根据适当的情况给予客户一定的优惠，实现双赢。

（4）产品服务

对农村生活垃圾、秸秆、污水进行收集和处理后，利用现代科技，能够生产出绿色无污染的有机肥和可二次利用的水资源，使它们重新获得价值。针对村民对产品及产品营销可能存在的一些问题，我们会对其进行指导。针对不同的产品，采取不同的营销模式。

① 产品认知　新产品推出时，要做好农民的工作，加大宣传，提高潜在客户对有机肥产品的认知。例如：a. 营造氛围，在零售点及乡镇、村庄、公路上张贴宣传海报、传单；在交通主干道和人流量大的地方，悬挂横幅彩旗让更多人了解产品；b. 借助大学生社会实践，请他们在人流密集的村街道、镇中心和集市进行宣传销售，进村发小报，向农民宣传产品；c. 利用村里的广播宣传有机肥产品，邀请村民现场参观，为大家讲解有机肥的相关知识；d. 示范田展示，例如在村里选取若干块实验田，分别使用我们的有机肥和普通肥料，通过效果对比，突出产品优势，以便于公司产品获得大家的认可；e. 开展技术咨询、科技培训、社会调查和环保宣传等活动提高产品的知名度和可信度。

② 销售渠道　利用农村服务站的地理优势，将产品直接销售给农民，以达到互惠互利的效果。销售方式为：村民可直接到就近的堆肥中心，依据其购买数量直接称量，然后装袋由村民带走。这样既方便了村民，减少了购买成本，又有利于产品的宣传，实现了低重心的营销策略。

生产规模扩大时，可以与较远地区的经销商合作，邀请他们经销我们的产品，同时帮助经销商为本产品做宣传。扩大消费者群体，提高产品的市场占有率。

③ 信息沟通　正确参考顾客的意见有助于提高产品和服务质量，满足顾客合理化需求。首先，建立与顾客的沟通渠道，村民可以通过进店咨询、电话热线、网站等途径与我们进行联系，及时获得顾客对产品的使用信息，或根据顾客需求予以调整并改善产品品质，提高服务水平。

④ 营业推广　为了进一步推广产品，提高经济效益，需要定期地开展一些促销活动，提供多种优惠措施，惠及广大消费者，增加客户的购买量。

1）定期在乡镇集市等人流量大的地方发放宣传单促销，强化人们对本产品的记忆，扩大消费群体。

2）实行数量优惠（当顾客购买数量达到 5t 及以上时，可以优惠 10.00％或帮村民免费送货）。

3）实行会员积分制（向农民发放会员卡，进行积分，当积分达到 1000 时可以兑换一部分产品，刺激顾客购买产品）。

4）有机肥的需求有淡旺季之分，所以淡旺季销售要采取不同策略。旺季时采用农忙地头促销（直接送货到地头、延期付款、科技知识现场指导）；淡季时采用降价策略吸引消费者购买，或赠送小礼物、优惠券等提高消费者的购买兴趣。

5）定期举办知识讲座，教村民使用有机肥的技巧和方法，帮助农民提高农业生产。

6）对经销商可采用适当的现金折扣、数量折扣、季节折扣等让利活动，鼓励经销商及早付款加大购买量。

7）年底时，针对不同的购买量，为顾客提供不同的小礼物，如春联、果盘、食用油等，提高消费者的满意度和认同感。

⑤ 有机肥定价策略　由于本产品原材料较易取得、价格相对低廉且产品无需过度包装，所以有机肥投入市场初期，依据成本，采用与竞争对手相比相对较低的价格策略，凭借物美价廉的优势得到村民的认可。市场建议零售价在780元/t左右，最大限度地吸引农户和经销商。未来可以采用产品差异化的方式提高某些品种的价格，增加收益。

⑥ 水销售策略　将污水收集后，利用污水处理技术把污水净化成可以二次利用的水资源。这些水的再次利用主要分为两个方面：一是可以直接用于广场公厕、景观补水、农业灌溉、周边道路喷洒及绿化浇灌等；二是用于种花、饲养金鱼，然后将产品销售出去。为此，我们采用以下途径。

1）对于直接应用水的地方，我们采取主动出击的策略，一方面与当地环卫部门、公园、植物园等相关负责人取得联系，他们可以以低价从污水处理中心拉取水用于路面喷洒、绿化浇灌、景观补水等。此外，还可以用于村庄景观的绿化浇灌。另一方面，我们把水免费赠送给村民供他们冲洗厕所、用作锅炉冷凝水；当地的洗车店也可以从我们这免费取水洗车，或者就近在污水处理中心附近经营相关洗车店，提高水的利用率。

2）在农村选取田地后种上花卉，花卉所需要的肥料和水均采用本公司产品，通过网络宣传销售、人员推销寻找目标客户（如花店、绿化公司），并与之进行合作。另外，我们可以根据当地情况及需要饲养观赏鱼，待到出售季节，将金鱼出售或直接用于村里的景观欣赏，以提高水的利用价值。

9.7.3 公共关系策略

企业的长远发展必须依靠长期建立起来的公共关系网络，公共关系在企业的发展中起着不可代替的作用。在人员销售和技术服务推广的基础上，公司自有公共关系网络的建立可以在业务处理中极大地节省费用并加快速度。我公司公共关系策略的主要内容如下。

（1）处理好与村民的关系

公司深入农村，农民既是合作者，又是顾客。处理好与村民的关系既有利于农村环境改造的实施，减少矛盾，又有利于产品的销售，提高公司的形象。因此，要及时掌握农户多方面需求，不断向广大农民提供完善的技术服务和优质的产品，保持与农户之间良好、稳固的关系。

（2）处理好与政府部门的关系

作为环保企业，与当地政府处理好关系不仅有利于与乡镇村开展农村环境改造，还对企业的发展有着重要影响。

（3）处理好与媒体的关系

媒体的正面报道是对企业形象的有力提升，反之则不利于公司在农民朋友心目中树立良好的公司形象。

9.7.4　绿色营销策略

公司为农村提供的是包含垃圾收集处理、厕所改造、污水回收利用在内的综合性服务，在避免大量占用土地的前提下，实现农村生活废水废物的就地处理与回用，且具有专业性强、技术性高、能耗低、运行管理方便的特点。所以本公司提供的是既节约资源，有改善资源的环保服务，在营销活动中同样贯彻绿色营销手段，谋求消费者利益、企业利益和环境利益的协调，既要充分满足消费者的需求，实现企业利益目标，也要保证生态环境可持续发展。

9.7.5　公司定价策略

公司发展积累阶段服务内容主要以提供咨询策划、规划设计、设备代销为主，当公司拥有一定的市场口碑和经济实力后，通过银行贷款或吸引风险投资进行投资建设。公司提供规划设计、咨询策划所收取的费用会按照国家标准和具体情况收取。污水处理旱厕改造相关配套设备的经营形式以代理为主，销售每台设备公司从中提取 5%～10%，具体价格视情况而定。

9.8　公司组织管理

9.8.1　公司性质

公司性质：有限责任公司。

9.8.2　组织结构设置

（1）组织结构

成长阶段，公司采用“简部门，高效率，多职务”的职能化管理模式。此管理模式可以极大减少管理程序，适合我团队创业初期的特点。公司模式如图 9-14 所示。

成熟阶段，公司采用“多部门，拓业务，稳发展”的职能化管理模式。公司具有一定资本，可进行直接投资，此时公司应增加职能部门完善公司整体。公司模式如图 9-15 所示。

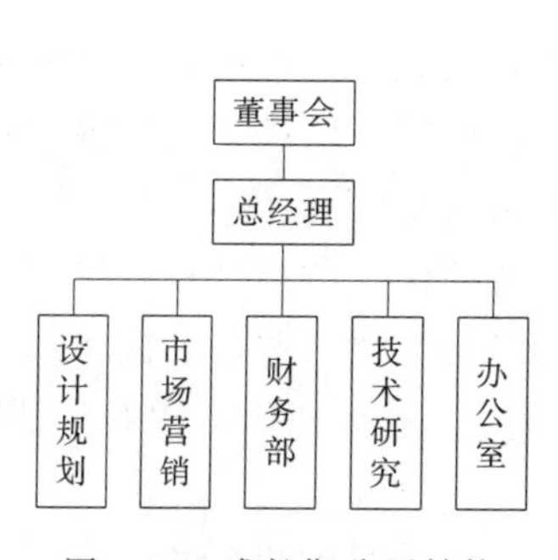

图 9-14　成长期公司结构

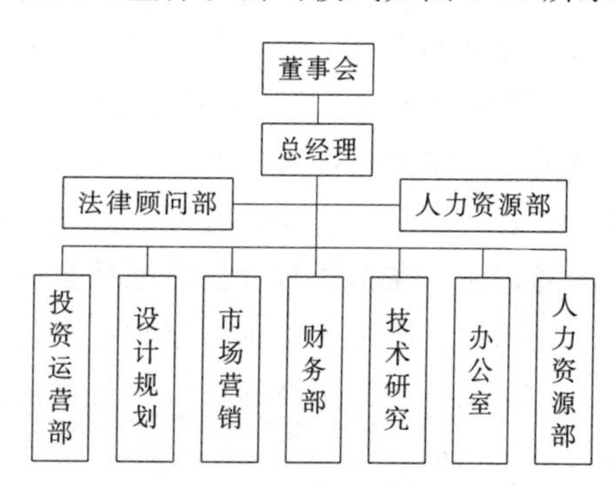

图 9-15　成熟期公司结构

（2）部门职能

公司总体上设董事会及总经理，下设设计规划部、技术研发部、市场营销部、财务部、投资运营部以及办公室、人力资源部，此外还有法律顾问部。各部门经理均由总经理报请董事会批准后任命，在总经理的带领下开展各部门工作。

本公司的创业团队和技术顾问主要是由河北农业大学不同专业的优秀师生组成，无论在技术开发、企业管理，还是在市场营销方面，都拥有扎实的专业知识。

① 总经理　负责综合管理公司所有经营管理事务，是我公司执行首长，负责我公司长期发展战略的管理，并拟订公司的总目标及执行计划。

② 办公室　主要负责后勤、行政、人事等事务。

③ 设计规划部　主要根据要求规划设计农村整改的应用技术和规划图纸。参与规划建设工作，下属员工 5 人。

④ 技术研发部　主要负责农村环境的整改研究和提升，并负责专利技术的生产指导与应用，监督和指导质量检测工作，负责产品质量改进、产品技术规格制订与修改等，下属员工 6 人。

⑤ 生产部　根据销售部订货计划、车间生产能力及总经理意见，负责编制公司生产计划，车间机械设备的维护，严格按生产计划保质保量完成任务。

⑥ 市场营销部　保证销售工作的顺利进行，不断提升销售人员的士气与工作技能，发展销售网络，完成规定的销售任务，降低运作成本，保证公司资产的安全性，下属员工 8 人。

⑦ 人力资源部　配合公司经营目标，依据人力分析及人力供求预测拟订人力资源发展计划，负责员工的招聘、任用、培训等人事管理工作，并配合财务部门审核薪金、福利发放情况。

⑧ 财务部　负责公司财务会计、管理会计、成本会计、财务保管及资金融通等事务，实施财务预警机制，支援营销及生产等部门，以推动公司的产销目标。

⑨ 法律顾问部　负责相关技术领域的专利检索和专利情报搜集与分析；公司内部知识产权培训规划与执行；主管公司技术专利的申请和协调，参加公司的诉讼、行政复议和听证等活动。

9.8.3 人员招聘

（1）普通岗位招聘

对于普通技术工人，只需经过简单岗位培训即可上岗，因此，公司将充分考虑企业需求及社会现状，在招聘普通工人时优先面向农村人员进行招聘，以降低成本，实现与农民携起手来服务农业。工人培养好后可直接进入该村，扩大农村覆盖范围。

同时，公司在招聘时也会考虑社会环境背景，例如，普通岗位的招聘也可以面向公司近邻工厂倒闭后下岗的大量有一定知识文化水平的工人，为社会提供一些就业岗位。

对于这类技术性不高的职位，公司还将会投放相应的广告进行招聘，再统一进行选拔，合适者给予录取。

对于一些操作简便，但又含有一定技术性的工作，公司将会采取投放招聘广告和到相关技术学校进行专门招聘两种方式综合进行。

（2）研发管理岗位招聘

瑞赛科乡村科技有限责任公司是一家以技术服务为主，集科研开发、技术培训、规划农村综合处理中心为一体的新型企业，管理与技术人才是公司最核心的人才。核心人才的招聘对于企业发展具有战略意义。公司将采取以下方式进行人才聘任。

① 通过人才培训实现内部晋升　人力资源部明确所需内部招聘的岗位名称及职级，新增岗位由用人部门主管编制工作说明书报送人力资源部，以准备工作说明书，拟定内部招聘公告。发布的方式包括在公司内网通知、在公告栏发布等。所有的正式员工都有资格利用空缺职位公告政策向人力资源部提出申请，要求组织考虑自己是否能够从事某一职位的工作，内部招聘公告要尽可能传达到每一个正式员工。

人力资源部将参考申请人目前的上级和空缺职位的上级意见，根据职务说明书进行初步筛选。对初步筛选合格者，人力资源部组织内部招聘评审小组进行内部招聘评审活动，评审结果经总经理/经理办公会批准后生效。

② 人才市场招聘　外部招聘要根据岗位和级别的不同采取最有效的招聘渠道组合，并争取成本节约。校园招聘：人力资源部与有关的高校保持经常的联系，对于专业对口的院校可及时派员进行宣传并组织招聘，有选择地参加学校人才交流会，发布招聘信息并进行招聘活动。网络招聘：通过相关网站及时发布招聘信息，经常查阅网上应聘人员情况，建立公司的外部人才库，根据需要随时考核录用。鼓励员工向公司推荐优秀人才，由人力资源部本着平等竞争、择优录用的原则按程序考核录用。

招聘会招聘及广告招聘。通过各地人才招聘会和报纸、专业刊物广告招聘相关人员。委托猎头公司招聘。在招聘公司关键的管理和技术人才时可考虑通过猎头公司招聘。

9.8.4　激励机制

（1）激励分配机制

公司激励分配机制主要体现在以下 4 个方面。

1）抓住重点环节、积极引进新的分配要素。

2）薪酬浮动、奖惩有方。将基本薪酬分为固定薪酬和浮动薪酬。每人每月扣除 200 元，形成浮动薪酬，由各部门根据考核结果按月进行二次分配。在标准以下，全公司是发固定薪酬；月效绩达到一定的标准，根据考核兑现业绩奖励。

3）要素评价，建立新标。以职工岗位劳动责任、劳动强度、劳动条件和劳动技能等基本劳动要素评价为依据，建立全厂各工种、各岗位档序的岗位效益工资标准。

4）静态调标，动态考核。在建立并提高岗位安效工资标准的同时，构建能升能降、以效计酬的岗位安效工资浮动运行机制。对不同性质的安全事故主要、次要责任者，事故责任单位责任人、责任领导、全部职工，给予不同程度扣减效益工资的处罚。

综上，在实行过程中应强化激励约束，努力提高实际效果。

（2）员工激励方案

① 薪资激励　a. 绩效工资，把增加工资和绩效贡献挂钩。b. 分红，当公司绩效打破预先确定的激励目标时，进行分红。分红能鼓励团队工作，促进员工合作。c. 总奖金，是以绩效为基础的一次性现金支付计划。单独的现金支付旨在提高激励的效价。

② 员工持股计划 给公司员工部分企业的股权，允许他们分享改进的利润绩效。为使该激励措施有效进行，公司会向员工提供全面的财务信息，并赋予他们参加主要决策的权力。

③ 灵活的工作日程 取消对员工固定的每周 5 日每日上班 8h 工作制的限制。以满足员工想要得到更多闲暇时间的需要。

9.9 投资分析

公司财务基本状况与会计政策：固定资产预计使用寿命为 10 年，折旧采用直线法；无形资产按 20 年摊销，采用直线法。企业所得税税率按 25%计算。

9.9.1 资本结构与规模

公司前期（1～1.5 年）的注册资本为 10 万元，全为自筹资金；后期（1.5～3 年）的注册资本是 60 万元，风险投资 50 万元（投资方有农村大户、风投公司）。此时的股本比例为：公司 60%，风险投资 40%。资本结构如下。

9.9.2 资金的运用

总投资预算见表 9-9。

表 9-9 总投资预算表 单位：元

（略）

9.9.3 投资收益分析

现金流量表有关投资活动补充材料见表 9-10。

表 9-10 现金流量表有关投资活动补充材料 单位：元

（略）

计算得：NPV＝2185174.98 元，2185174.98 元远远大于零，因此投资方案可行。

（1）投资回收期

投资回收期＝1＋34531.25/691595.63＝1.50 年，即投资回收期为 1 年 6 个月（见表 9-11），与同类型的公司相比，我公司投资回收期较短，因此投资方案可行。

表 9-11 投资回收期 单位：万元

（略）

（2）获利指数

$$\mathrm{PI}=\frac{\sum_{t=1}^{n}\frac{\mathrm{NCF}_t}{(1+k)^t}}{C} \tag{9-1}$$

计算得：PI＝3.64

获利指数的经济意义是平均每一元的资金投入后能够收回资金的现值。由上述计算可知公司项目具有很好的经济效益。

（3）内涵报酬率

内含报酬率是投资项目净现值等于零的贴现率。

根据现金投资流量表计算内含报酬率如下：

得到：IRR＝18.5％

内涵报酬率达到 18.5％，远大于资金成本率 6.9％，这主要是因为产品属于高附加值高新技术产品，使得销售利润率较高，而且有良好的市场销售增长趋势。

（4）销售净利率

$$销售净利率＝净利润/销售收入$$

销售净利率反映每百元销售收入中创造的净收益，销售净利率越大说明公司的盈利能力越强，企业在扩大销售的同时，通过不断提高销售利润率来提高盈利水平。销售净利率增长趋势见图 9-16。

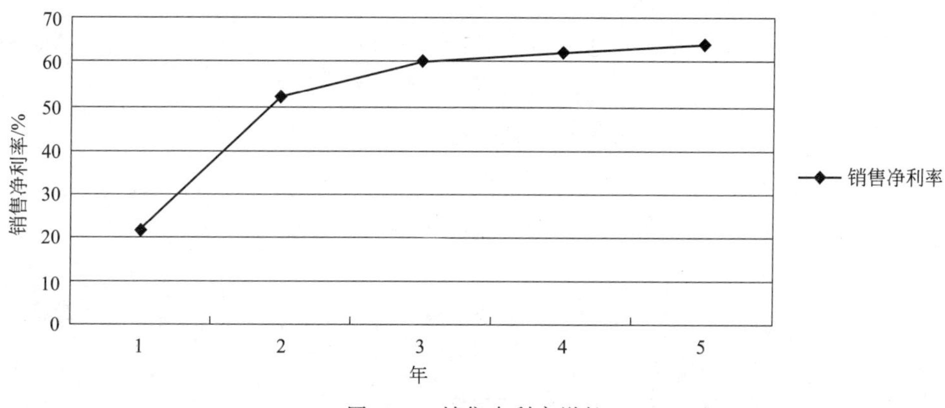

图 9-16　销售净利率增长

（5）销售收入的提高与利润的增长情况

通过计算 5 年的财务指标，可以看出瑞赛科公司具有很好的盈利性和成长性，销售收入与利润增长数据如图 9-17 所示。

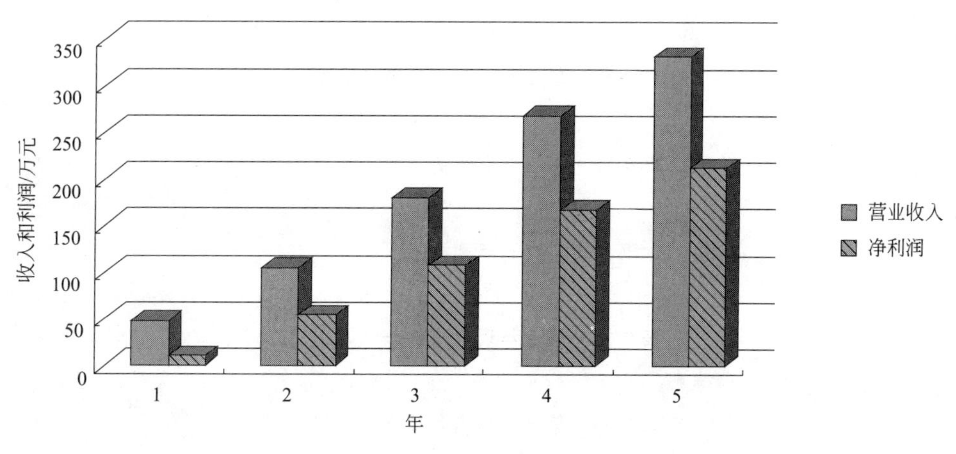

图 9-17　营业收入及净利润增长

由图9-17可见，1～5年我公司销售收入和净利润一直呈现稳步增长趋势，第5年之后公司进入成熟发展阶段，销售收入和净利润会继续呈现增长趋势，且净利率水平不断提高。由此可见，公司发展前景广阔。

9.9.4 财务分析

通过以上各项指标的考察，同时满足了以下条件：净现值NPV＞0；内涵报酬率IRR＞6.9％（资金成本率）；投资回收期＜2.5年。可以断定该投资项目无论哪方面都具备了财务可行性，应当接受此投资项目。

9.9.5 财务报表及附表

财务报表及附表见表9-12～表9-32。

表9-12　资产负债表（年报）　　单位：元

（略）

表9-13　利润表（年报）　　单位：元

（略）

表9-14　现金流量表（年报）　　单位：元

（略）

表9-15　第一年资产负债表（季报）　　单位：元

（略）

表9-16　第一年利润表（季报）　　单位：元

（略）

表9-17　第一年现金流量表（季报）　　单位：元

（略）

表9-18　第二年资产负债表（季报）　　单位：元

（略）

表9-19　第二年利润表（季报）　　单位：元

（略）

表9-20　第二年现金流量表（季报）　　单位：元

（略）

表9-21　第三年资产负债表（季报）　　单位：元

（略）

表9-22　第三年利润表（季报）　　单位：元

（略）

表9-23　第三年现金流量表（季报）　　单位：元

（略）

表9-24　第一年资产负债表（月报）　　单位：元

（略）

表 9-25　第一年利润表（月报）　单位：元

（略）

表 9-26　第一年现金流量表（月报）　单位：元

（略）

表 9-27　第二年资产负债表（月报）　单位：元

（略）

表 9-28　第二年利润表（月报）　单位：元

（略）

表 9-29　第二年现金流量表（月报）　单位：元

（略）

表 9-30　第三年资产负债表（月报）　单位：元

（略）

表 9-31　第三年利润表（月报）　单位：元

（略）

表 9-32　第三年现金流量表（月报）　单位：元

（略）

9.10　机遇与风险

9.10.1　机遇分析

“美丽乡村”是建设社会主义新农村的新要求。随着农村经济的发展，农村生活垃圾、污水问题严重影响到了村容村貌，逐步引起各界关注。作为来自农村的学生，我们对此更是深有感触。昔日“芳草鲜美，落英缤纷”的田园风光一去不返，代之以“垃圾满天飞，粪便到处堆”的现状，处理方式更是简单粗放的“垃圾靠风刮，污水靠蒸发”。这些都严重影响了农村的文明与发展。

党中央的一号文件指出“搞好农村垃圾、污水处理和土壤环境治理，实施乡村清洁工程，加快农村河道、水环境综合整治”，由环境保护部、农业部、水利部会同发展改革委员会、财政部、国土资源部、住房城乡建设部等部门负责落实。这为公司提供了良好的发展背景。

2013 年 8 月，中共中央总书记习近平对农村环境做出重要指示，强调要认真总结浙江省开展“千村示范万村整治”工程的经验并加以推广。各地开展新农村建设，应坚持因地制宜、分类指导，规划先行、完善机制，突出重点、统筹协调，通过长期艰苦努力，全面改善农村生产生活条件。

10 月 9 日国务院总理李克强对会议专门做出批示强调，改善农村人居环境承载了亿万农民的新期待。各地区、有关部门要从实际出发，统筹规划，因地制宜，量力而行，坚持农民主体地位，尊重农民意愿，突出农村特色，弘扬传统文化，有序推进农村人居环境综合整治，加快美丽乡村建设。所以，政府的大力支持与市场形势的变化为有机肥行业发展提供了前所未有的契机。

9.10.2 风险分析及对策

（1）筹资风险

① 风险分析 筹资措施是一项极其重要的经济活动，我公司的筹资风险主要体现在银行贷款筹资风险、债务筹资风险、租赁筹资风险、联营及引进外资风险等。筹资风险防范不当往往会导致极大的损失。加强我公司的筹资风险防范，需重点分析筹资渠道的稳定性并严格遵循合理性、效益性、科学性的筹资原则。充分考虑筹资的有利条件和不利条件，做好筹资成本比较工作。尽量选择资金成本低的筹资途径，减少筹资风险。并不断地学习外国现金的筹资渠道，结合自己的实际情况，制定自己独特的筹资方式，从而保证企业更好地发展。

② 应对策略 制定由自筹投资、银行借款等组成的合理资本构成模型以降低投资风险，确保公司资金安全。

建立有效地内部控制机制，在公司的经营过程中及时发现潜在的财务风险并积极地采取应对措施。

（2）技术风险

① 风险分析 随着公司规模的扩大，公司现有的技术及管理人员不能满足公司发展的需要。所以，公司会不断对新人进行技术培养，签订保密协议，但仍存在技术泄露的可能。此外，在公司发展过程中，竞争者的技术水平会不断提高，替代技术可能会不断涌现。

② 应对策略 加大科研投入，对技术不断改进。加强技术开发与储备，加强与国内外科研机构，知名院校的技术合作，创造良好的科技工作条件，重视科技人才的吸纳和运用。加强自有知识产权的保护，结合实际设计一套知识产权保护策略，并加以应用。

（3）市场竞争风险

① 风险分析 我公司是第一家专业服务农村，全力投身农村废弃物综合处理的公司，与单独服务各个环节的公司（比如厕所便器营销商）之间存在一定的竞争，这在一定程度上会影响公司的市场份额。

② 应对策略 积极开拓公司的技术并扩大公司的规模，突出公司的优势，准确定位目标对象的服务要求，做到差异化服务，用不同的服务模式服务不同的群体，满足目标对象的需求，做好市场细分，选择最佳的目标群体，并运用不同的渠道来巩固已有的群体。主要有以下应对策略。

1）广告竞争。面对市场竞争，公司会加大广告宣传力度，在保证公司正常现金流的情况下，通过电视广告、广播、书刊、路牌条幅等多种形式宣传企业。此外，我们还会积极关注政府招标工作，毛遂自荐，为需要整改的村庄出谋划策。

2）优质服务。公司严格贯彻以“客户消费体验”为中心的思想理念，确保售后的优质服务。在增加消费者认同感的同时，提高企业的知名度。针对不同的客户需求，有针对性地设计服务方案，为客户提供多样化、个性化服务。同时注重服务方式的创新，注重不同的组合服务（如规划设计与旱厕改造组合）。

（4）管理风险

① 风险分析 公司的服务是以农村为目标对象的，对于管理农村时可能会因为意见与农村负责人不一致，或对方不认同我方的管理模式等问题，造成因管理不善而损害公司利益的后果。

管理者的决策失误可能导致公司遭受损失。管理不当造成人才流失，进而导致技术外泄、培训成本增加、企业竞争力下降等一系列问题。

② 应对策略　定期地对农村负责人进行管理技术培训，对于存在的不同意见耐心地给予其解释，减少因这方面而带来的问题。

对管理者进行定期培训，提高其决策水平。对公司高层管理者及重要技术人员给予优厚待遇，同时给予他们充分发挥个人才能、实现自身价值的机会。

（5）税务风险

① 风险分析　在公司的发展过程中可能会面对偷逃税款的刑事、民事责任风险；应享受却未享受税收优惠政策导致税负增加的风险；没有严格按照税法规定缴纳税款而导致的罚款、滞纳金支出风险。

② 应对策略　加强企业的内部控制，严格监督每一个过程，防止出现重大偷逃税款的现象。此外，建立完善的奖惩制度，明确地分配按规定缴纳税款的责任归属人，若因延迟缴纳而导致的罚款、滞纳金，在合理的前提下一部分由责任人负责。

（6）其他风险

公司不排除因政治、经济、自然灾害等不可预见因素对公司经营带来不利影响的可能性。公司根据不同风险情况采取最适宜的处理措施以实现公司健康、稳定的发展。

9.11　风险投资退出

众所周知，风险资本投资人不是要长期的持有资本，而是在适当的时候退出，取得收益。公司在初期阶段没有风险投资，因为在初期规模较小，而且公司仅仅提供服务。在中期之后公司在有一定的资本之后在提供服务的同时公司也会自己进入农村建设投资，这时会加入少部分风险投资（如：设备投资）。公司将以非常负责的态度对待投资者，使投资者在资本退出时得到尽可能大的回报。

风险资本的退出方式有许多种，如收购、公司回购、二次出售、清算、注销等。其中回购是一种市场机会稳定，收益可得到保证的退出方式，因此公司将努力以回购的方式实现资本的退出。为此公司除了创造尽可能好的业绩外，还将注意与相关的大企业之间的沟通与合作，为将来可能发生的转让奠定良好的基础。

9.11.1　回购退出

根据公司的实际情况，选择的风险资本退出方式是回购。回购方式既适合风险投资家，又符合公司自身的特点，也有利于公司今后自身顺利的发展。回购属于并购的一种，但收购的行为人是风险企业的内部人员。回购的最大优点是风险企业被完整保存下来，风险企业家可以掌握更多的决策权，因此回购对风险企业更为有利。

9.11.2　退出时间

公司将风险资本的退出时间定为公司发展时期的成熟时期，这时公司收益净现值高于公司的市场价值，公司的资金周转、市场份额等方面都有了一定的基础，并且公司形象也有了良好的积累，同时在公司管理、市场开拓都有了一定的经验，这时风险资本退出后，公司可以独立运行。

除了公司成功的经营，还要有一个好的资金退出方式才能确保投资获得满意的回报。当公司未来投资的收益现值高于公司的市场价值时，是风险投资退出的最佳时机。因此，从撤出时间和公司发展角度考虑，认为风险投资在第 6～8 年（在第 4 年开始投入）退出比较合适。公司将以高度的责任感，努力使投资者的收益最大化。

9.12　结束语

将新农村建设视为己任，将美丽和谐文明的新农村观念传播到每一个角落，更将每一个农村改建成美丽芬芳的家园，是每一个瑞赛科员工的核心使命。员工们会更加努力，加快完善公司的制度，加大技术研发力度，致力于美丽农村建设，承担起社会责任，为新农村建设贡献自己的一份绵薄之力。

瑞赛科不忘“农村是根、是本”，将技术与政策回归到乡村中，用于建设美丽乡村。瑞赛科公司将不断发展壮大，以尽可能快的速度进行新农村建设，“用心去美化乡村”，共创一个个美好的乡村。

9.13　荣誉证书

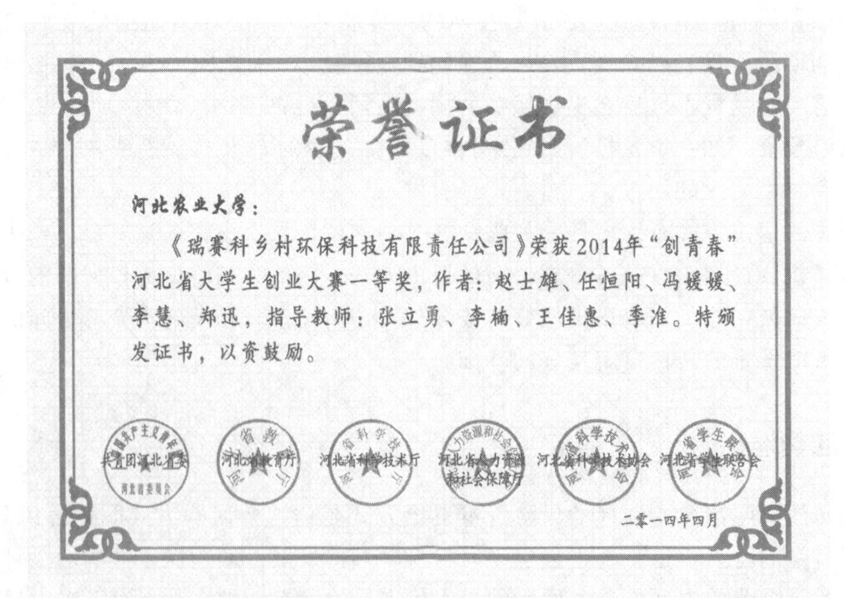

荣誉证书

河北农业大学：

《瑞赛科乡村环保科技有限责任公司》荣获2014年“创青春”河北省大学生创业大赛一等奖，作者：赵士雄、任恒阳、冯媛媛、李慧、郑迅，指导教师：张立勇、李楠、王佳惠、季准。特颁发证书，以资鼓励。

共青团河北省委　河北省教育厅　河北省科学技术厅　河北省人力资源和社会保障厅　河北省科学技术协会　河北省学生联合会

二零一四年四月

【案例评述】当前，我国进入美丽乡村建设快速发展时期，瑞赛科乡村环保科技服务有限责任公司是一家以乡村废弃物资源化服务为核心，集技术咨询服务、规划设计、产品销售、投资建设为一体的新型乡村环保企业。它适应时代发展的需求，具有市场可行性。本项目契合美丽乡村建设要求，积极投身于农村环境整治，倾力打造绿色环保循环的新农村。通过对公司模式、市场调研、竞争比较、财务分析等均表明本项目市场前景广阔，具有很好的盈利能力。

第10章 公益类创业计划书——以美园康居农村改厕服务社[1]为例

10.1 概述

10.1.1 服务社标识

美园康居农村改厕服务社的标识见图10-1。

标识简介：美园康居农村改厕服务社的标识是三个不同变形的“土”字组成的图案，意为“用土法，改土厕，肥土壤”。图中的三个“土”配以绿色、黄色、栗色三种颜色，分别代表绿色的方法、干净的土厕、肥沃的土壤。服务社推广用绿色的农村生态厕所建造技术对传统厕所进行改造，营造干净卫生的厕所环境，对粪便进行资源化、无害化处理，作为有机肥对农田进行施肥。

图10-1 公司标识

10.1.2 创业背景

随着美丽乡村建设推进，农村的环境问题得到了逐步的改善。但从整体上看，仍然存在农村污水处理效率不高、农业固体有机废物乱垛、农村厕所脏乱等普遍问题。脏乱差的厕所不仅威胁了农户健康、破坏了村容环境，还对粪便肥料化还田产生了负面的影响，实施农村厕所卫生生态化改造势在必行。

中国共产党第十八届中央委员会第五次全体会议审议通过了《中共中央关于制定国民经济和社会发展第十三个五年规划的建议》，提出了把生态环境质量总体改善作为主要目标之一。我国要坚持走生态良好的文明发展道路，大幅减少污染物排放总量，形成人

[1] 《美园康居农村改厕服务社》获得2016年“创青春”河北省大学生创业大赛二等奖。获奖人员：王垚、郝巍巍、王若雯、迟艳蕊、智燕彩、张晶。

与自然和谐发展现代化建设新格局，确保如期全面建成小康社会，提高社会主义新农村建设水平，推进美丽宜居乡村的建设。由此可见，践行农村生态环境保护具有重要的现实意义和作用。

本项目以农村改厕为突破口，提供全方位的厕所改造、粪便成肥、秸秆还田等方面的实施方案，力争为改厕单位打造相对完整的产业链和综合服务团队，全面提升农村改厕效果，又好又快地促进全面建成小康社会进程。

10.1.3　服务社简介

美园康居农村改厕服务社是一家以农村厕所改造技术服务为核心，兼顾粪便成肥、秸秆还田、农村环境规划和改善（图 10-2），集技术推广、技术咨询、融资平台建设于一体的新型公益环保组织。服务社秉承“专业服务、技术先进、助力公益、合作共赢”的宗旨致力于推广绿色的农村生态厕所建造技术，营造干净卫生的厕所环境，对粪便进行资源化、无害化处理，作为有机肥对农田进行施肥。

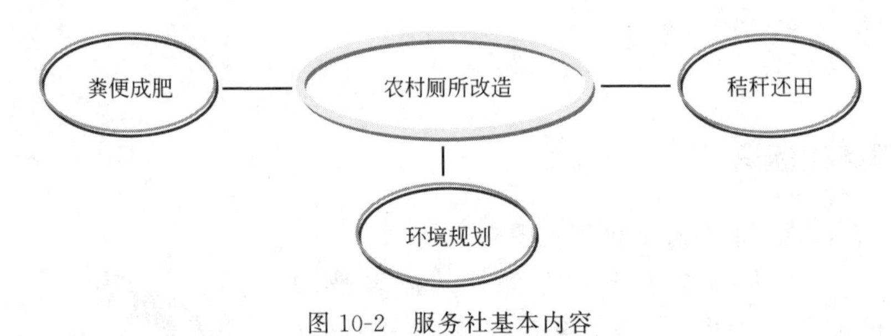

图 10-2　服务社基本内容

10.1.4　服务社优势

如今，社会上鲜见专门针对农村厕所改造的公益性专业组织，并且当前京津冀地区的农村厕所环境严重影响了村容村貌，推进美丽乡村建设迫在眉睫，服务社的成立可以弥补上述缺失，发展前景广阔。

服务社主要向政府、爱心企业及农村集体筹集用于京津冀农村厕所改造的公益基金，基金来源可靠。

服务社依托河北农业大学雄厚的教育资源及强大的技术支持，在技术支持、学生志愿者推广等方面有很强的后背力量。

服务社的创建和发展，对社会有很多有益的方面，不仅能改善农村环境，提高村民生活质量，还能带动相关产业的发展，从而解决人员的就业问题。

10.1.5　实施流程

项目实施流程如下：对目标农村进行基本情况了解及调研；向当地政府部门和村民推广农村改厕技术；面向政府、社会大众、爱心企业人士、基金会等进行全方位融资；由市县领导挂帅，负责农村厕所改造工程；建议由乡镇领导组织安排改厕工程的实施；改厕工程进行期间，选派专家对各个农村的改厕工程进行技术指导；选择经验丰富的施工团队承担农村的厕所改造工程；工程完毕后，定期到该村进行回访，并负责后期维修工作。

10.1.6　运作模式

服务社采用 PPP 模式进行运作。服务社为非营利性组织，合作各方之间不可避免地会产生不同层次、类型的利益和责任的分歧。只有政府与服务社形成相互合作的机制，才能使得合作各方的分歧模糊化，在求同存异的前提下完成农村改厕项目的目标。

10.1.7　市场概况

近年来，随着农村经济的增长，农村环境问题越来越受到重视。目前社会上的公益组织主要针对贫困儿童、残疾人捐助，而针对农村基础设施改造、提升农村面貌的公益组织鲜见报道。同时，服务社专注于京津冀地区农村厕所改造，目标明确，具有很强的区域针对性。

10.1.8　营销策略

服务社致力于京津冀地区农村厕所改造公益资金筹集，分别向政府、爱心企业、基金会、农村集体寻找资金支持（图 10-3）。用主动出击、样板推广的策略，充分利用技术研讨会、期刊报社、公益活动等方式进行农村生态厕所建造科学知识普及，树立服务社的良好形象。向政府自荐，争取政府资金的大力支持；以举办公益活动的方式，吸引爱心企业提供公益资金；深入农村，进行面对面的互动沟通，令村民易于接受厕所改造，同时使农村大户乐于对改造提供资金，帮助家乡改善环境。

图 10-3　资金筹集

10.1.9　服务社管理

我们根据京津冀各地农村的实际情况，为农村提供厕所改造及粪便资源化整改方案。为更好地解决农村实际问题，服务社在成立之初就根据团队成员的专业知识及个人优势进行了合理的部门分配。设总经理一名，主要部门有办公室、宣传部、技术部、财务部和咨询服务处。

美园康居农村改厕服务社进行农村厕所改造技术推广，通过政府投资、企业捐助等多种手段将筹集到的资金用于建设农村生态厕所，向农村免费提供整改服务。总经理统筹各方，负责服务社工作的承接和分配，同时协调各部工作内容，使服务社实现良性运转。本社与保

图 10-4　美园康居农村改厕服务社运营体系

定某机械厂、山东某农村厕所卫生改建蹲便器厂等设备生产厂家形成合作关系，由本社办公室负责联系厂家，为厕所改造提供设备。设备技术方面的工作由技术部负责。宣传部通过与政府沟通，做好宣传工作，实现政府采购及农村推广、全方位融资、市县领导挂帅、乡镇领导组织实施、专家技术指导、专业施工团队施工、跟踪维护服务的“七步走”的模式，进行农村的生态厕所建造项目施工及带动相关产业的发展。财务部则承接所有关于政府资金补助、社会融资、资金分配、各项工程支出等财政工作，实现资源的合理利用，保证服务社的正常健康运转。咨询服务处负责处理在项目实施过程中与当地村民产生的各种问题，接待来访村民或社会组织，向来访者讲解环保厕所的技术原理、对环境和人们生活的益处及服务社的服务宗旨。

美园康居农村改厕服务社运营体系见图 10-4。

10.2　服务社简介

10.2.1　服务社背景

(1) 成立背景

近年来，京津冀地区由于城乡二元发展的差异，农村社会经济基础较为薄弱，以厕所为代表的农村基础设施建设尤为滞后。有资料表明，我国农村无害化卫生厕所普及率不到 33%，尤其在西部地区和北方地区，农村无害化卫生厕所普及率在 10%以下，农村传统厕所带来的污染已经严重威胁到农村居民的身体健康和生活质量。

京津冀农村与改厕相关的基础设施还不完善，厕所存在维护设施安装有欠缺、消毒效果低下、粪便肥料化不足等问题。在已经进行改厕的农户中，也存在厕所各组成部分不配套、使用不合理等缺陷。这些问题导致农村厕所已经成为威胁河北省农户健康、破坏村容环境的突出问题，对粪便肥料化还田也产生了负面的影响，实施农村厕所卫生生态化改造已经刻不容缓。

村民存在科学施肥的理念淡薄、重化肥轻有机肥、化肥施用比例不合理、施肥方式不合理等问题。针对以上问题，在施肥方面因土地、因作物提供科学配方，实现有机、无机相结合，氮、磷、钾合理配比平衡施肥，达到提高肥料利用率、增强地力、提高产量、降低生产成本、减少环境污染的效果。

(2) 政策背景

中国共产党第十八届中央委员会第五次全体会议，于 2015 年 10 月 26～29 日在北京举行。全会审议通过了《中共中央关于制定国民经济和社会发展第十三个五年规划的建议》，提出了把生态环境质量总体改善作为主要目标之一。我国要坚持走生态良好的文明发展道路，大幅减少污染物排放总量，形成人与自然和谐发展现代化建设新格局，确保如期全面建成小康社会，提高社会主义新农村建设水平，推进美丽宜居乡村的建设。

国家主席习近平 11 月 29 日抵达法国首都巴黎，出席气候变化巴黎大会开幕活动。中国去年承诺，到 2030 年左右，本国的碳排放达到“峰值”，意味着排放二氧化碳的强度相比于

2005 年降低至 65%以上，未来 15 年累计减排超过 2.0×10^{10}t。这是中国对世界做出的巨大贡献和掷地有声的承诺！

随着全面建设小康社会步伐的加快，农村厕所等基础设施滞后问题正在逐步引起国家和地方各级党委政府的重视，纷纷提出了系统的解决措施并开展了卓有成效的工作。例如，2013 年中央农村工作会议指出“要加强农村基础设施建设，加大公共财政对农村基础设施建设的覆盖力度，创建生态文明示范县和示范村镇，开展宜居村镇建设综合技术集成示范”。2013 年 6 月，河北省委、省政府召开了河北省实施农村面貌改造提升行动推进大会，提出“实施农村面貌改造提升行动，要对农村环境进行综合整治，重点抓好包括农村厕所改造在内的 15 项工作，使农民群众充分享受现代文明生活”。

10.2.2　服务社发展

(1) 发展目标

美园康居农村厕改服务社定位于农村厕所改造规划、技术推广实施和运营领域，旨在实现资源优化配置，以专业优势解决农村社会实际问题。改善农村的整体面貌，厕所卫生条件，提高农村人民生活水平。以实现农村厕所改造为目的，促进政府建设投资和社会资本投资向农村投入，使投资人与群众利益相结合，达到共赢。环保厕所的核心技术必须保持其先进性和科学性，不断加大与相关技术企业、设备生产厂家的合作规模和合作领域，注重技术的改造创新与农民的实际需求相结合，力争将服务社发展为公益类农村厕所改造行业的佼佼者，树立服务农村、规划合理、技术先进的良好企业形象，形成节能有效的厕所改造产业链，成为农村厕所改造推广的领导者。

(2) 发展阶段

① 成长期　2～3 年。

目标市场：京津冀地区。

资金：自筹资金、基本劳务费，维持服务社的基本运转。

② 成熟期　3～5 年。

目标市场：北京市、天津市、内蒙古自治区、河北省、河南省、山西省、山东省。

资金：主要来自技术入股分红，除维持服务社自身的发展，剩余部分作为公益资金，支持农村厕所改造。

服务社的发展过程如表 10-1 所列。

表 10-1　服务社的发展过程

发展阶段	年限	目标市场	资金来源	
			厕所改造	自身发展
成长期	2～3 年	北京、天津、河北	政府、筹资、基金会	自筹、基本劳务费
成熟期	3～5 年	内蒙古、河南、山东、山西	政府、筹资、基金会、服务社	自筹、基本劳务费、技术入股分红

10.2.3　成立意义

1) 美园康居农村厕改服务社的成立，推动政府对当地农村改造的资金投入，鼓励企业和社会力量资助农村改造提升行动。

2）帮助农村解决厕所环境脏乱差问题，实现“美丽田园、小康家居”的新农村建设。

3）可以为大学生志愿者创造实践锻炼机会，提高社会影响力。

10.2.4　运营模式

美园康居农村改厕服务社致力于农村厕所改造。通过对京津冀现有的农村厕所现状的调研，服务社因地制宜地制定具体的厕所整改方案。另外，合作社与山东某农村厕所卫生改建蹲便器厂等设备生产厂家形成合作关系，为厕所改造提供设备和施工。

厕所改造以节约成本、美观、卫生、安全、方便、舒适为目的。服务社通过大量科学合理的计算得出厕所整改的最优方案后，联系施工人员施工和设备厂家进行设备的安装调试工作。施工人员由乡村统一组织或农户个人负责，厕所改造所需砖瓦由各户自行购买。对于不同格局的村子，因地制宜，采取不同的方案抽取粪便，后续的粪便处理及堆肥交由农村本地企业进行化肥生产，产生的附加效益由村镇自行支配。

10.2.5　服务社优势

现今市场上很少有专门针对农村厕所进行改造的专业公益性服务机构。美园康居农村厕改服务社拥有多项农村厕所整改技术，在农村厕所整改方面，有更专业的技术能力，具备更强的竞争力，可专门针对农村厕所改造，转移精准，责任清晰，更容易赢得顾客的信赖。

另外，服务社为农民提供免费的技术咨询、改造方案以及后续的维护措施，可以增加与农民群众的联系，建立良好的群众基础，拉近我们与农民的距离。

同时，团队可以依托河北农业大学雄厚的教育资源及强大的技术支持，在服务社技术革新、人才输入等方面有很强的后备力量。

10.2.6　服务社选址

拟选址在保定国家大学科技园 7A 座 3 楼西侧 3-11，它位于保定市新市区北二环 5699 号（图 10-5），在这里可享受房屋租金以及水电费低廉等优惠，这是服务于大学和地方的专业化特色企业的良好孵化器。这里为入驻企业提供政策咨询、科技服务、人才资源服务等全方位的支持和帮助。

保定国家大学科技园由保定高新区牵头，联合华北电力大学、河北大学、河北农业大学、河北软件职业技术学院、河北金融学院 5 所大学共同组建，目标定位于“中国电谷”自主创新基地、产学研合作示范基地、高校师生创业实践基地、战略性新兴产业培育基地。科技园总投资 2.87 亿元，占地面积 100 亩，总建筑面积 $13.9\times10^4\mathrm{m}^2$，建有标准厂房、办公区域、地下车库等相关配套设施，为入驻企业提供包括创业孵化、政策咨询、科技服务、投融资服务等全方位的支持和帮助。

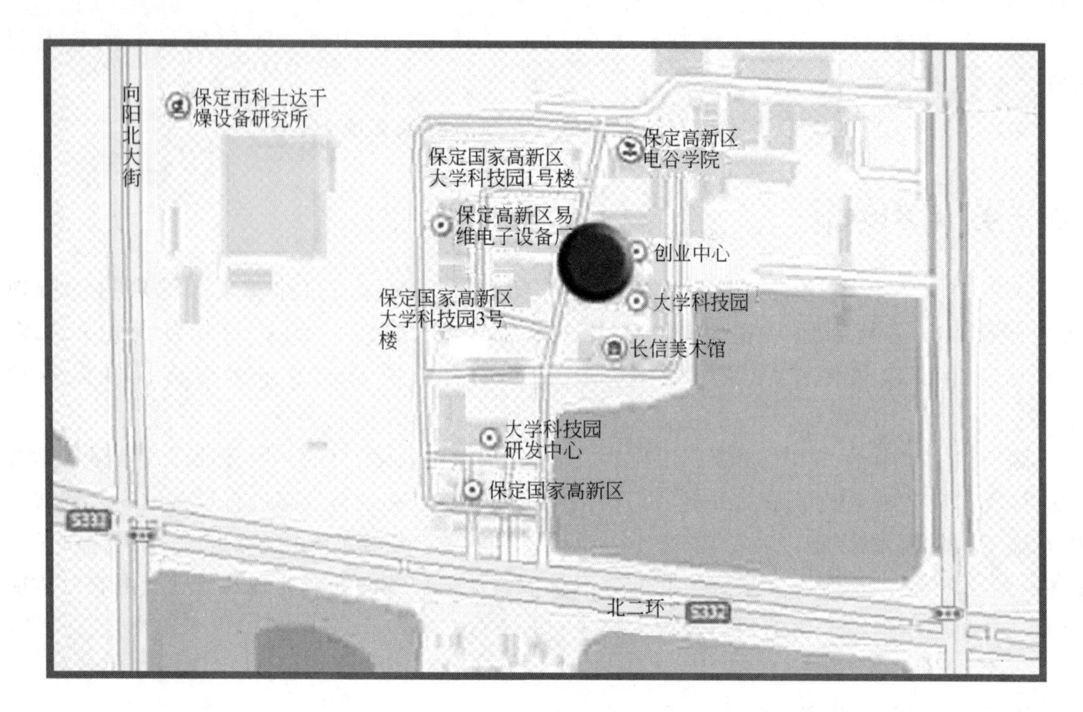

图 10-5 保定国家大学科技园地址

选址在保定国家大学科技园，能充分利用高校的人才、学科和技术优势，孵化科技型中小企业，加速高校科技成果的转化与产业化，开展创业实践活动，培育高层次的技术、经营和管理人才。

10.3 农村厕所改造技术

10.3.1 农村厕所现状

通过对农村厕所进行调研分析，发现农村厕所还很落后。传统的农村厕所（图 10-6）一般为露天的粪坑储存粪便，不能形成密闭环境，粪便中的肠道寄生虫、病原微生物极容易造成污染，在破坏农村环境的同时还威胁着农村居民的健康。

京津冀地区农村厕所基本设施简陋甚至没有，照明设施的安装率为 68.56%，通风设施的安装率为 47.67%，顶棚安装率为 85.00%，厕所门的安装率为 48.42%，基本卫生设施欠缺。除此之外，农村厕所的卫生管理也存在很大问题。厕所消毒频率为 1 个月一次的用户占调查总用户的 14.36%，消毒频率为 3 个月一次的占 27.13%，不消毒的用户占 38.30%，在一些距离县城较远的地区，不消毒的用户甚至占到了 43.00%之多。厕所中的微生物病虫菌对居民健康造成很大威胁。

除此之外，农村厕所还存在维护设施安装有欠缺、消毒效果低下、粪便肥料化不足等问题。在已经进行改厕的农户中，也存在厕所各组成部分不配套、使用不合理等缺陷。这些问题导致农村厕所已经成为威胁京津冀农户健康、破坏村容环境的突出问题，对粪便肥料化还田也产生了负面的影响，实施农村厕所卫生生态化改造已经刻不容缓。

图 10-6　传统的农村厕所

10.3.2　农村厕所改造技术措施

10.3.2.1　改造原则

农村厕所示范工程建造原则为：地上部分做到有门、有窗、有墙、有顶、有通风，厕内清洁、无臭。地下部分做到通过特殊结构，能使粪便中的寄生虫卵和致病微生物得到有效灭活处理，且厕坑及储粪池无渗漏。器具部分做到就地或就近取材、方便使用、便于管理、无动力消耗或微动力消耗。粪便及其处置过程做到无害化、稳定化、资源化。

10.3.2.2　生态卫生厕所类型

(1) 粪尿分集式卫生厕所（图 10-7）

粪尿分集式卫生厕所是指采用粪尿不混合的便器把粪和尿分别进行收集和处理利用的厕所，其基本结构由厕屋、粪尿分集式便器、储粪结构和储尿结构组成。该型户厕是一种解决粪便无害化、防蚊蝇、无臭、节水、粪肥可利用的新型厕所。

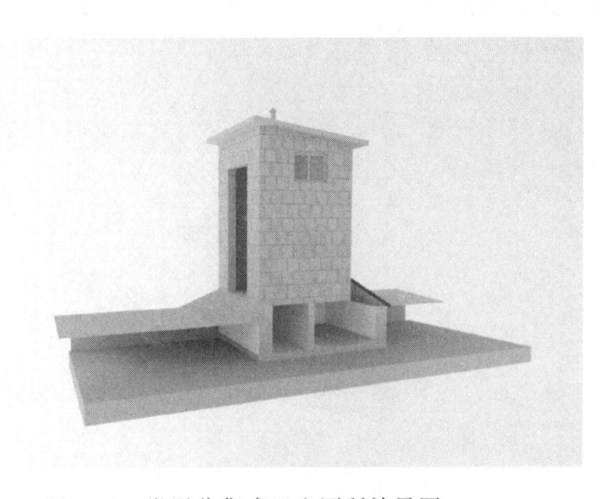

图 10-7　粪尿分集式卫生厕所效果图

粪尿分集式卫生厕所有以下特点：第一，基本不用水冲，在缺水地区尤其实用；第二，粪便每半年到一年清理一次，尿需要不定期清理，清理周期取决于储尿器的大小，用肥操作上减轻劳动量；第三，由于基本不用水冲，同时尿不进入粪坑，大大减少了粪坑容积。五口之家只需 0.6m^3 的厕坑即可，粪坑建于地面上，不需要挖坑，大大降低了厕所造价。

(2) 双瓮漏斗式厕所（图 10-8）

双瓮漏斗式厕所是一种结构简单、造价较低的卫生厕所，其基本结构由厕屋、漏斗形便器、冲洗设施、前后两个瓮形粪池、过粪管、麻刷锥和后瓮盖组成。

通过埋置于地下的瓮体储存、酵化人体的排泄物，具有密封储存、厌氧发酵、杀死粪便中的细菌、寄生虫卵等作用，可以达到无臭、无蝇蛆，干净、卫生的效果，发酵处理后的粪便可以直接施用于菜地、农田，是优质环保型无害化有机肥料。该类型生态厕所有以下特点：结构简单、造价低、取材方便，改善环境卫生效果好，蝇蛆密度下降，肠道传染病发病率降低，经济效益高，很受欠发达农村群众欢迎。

(a) A类效果图

(b) B类效果图

图 10-8 双瓮漏斗式厕所

(3) 三格式化粪池卫生厕所（图 10-9）

三格式化粪池卫生厕所是一种应用较广的卫生厕所。从名称上可以看出，这种厕所化粪池是三格式结构的。该厕所由厕屋、蹲（坐）便器、冲洗设施、进粪管、三格化粪池等部分组成，其核心部分是三格化粪池。

图 10-9 三格式化粪池

三格化粪池结构是将化粪池分成三格，第一格、第二格和第三格的容积比例为2∶1∶3。按照主要功能，三格依次为截留沉淀与发酵池、再次发酵池和储粪池。三格之间有两个过粪管相连，化粪池加盖封闭。其特点是：第一，该类型生态厕所推广的适应性强，材料易取，取粪符合农民的习惯，适宜在农村推广使用；第二，按三格化粪池标准设计施工，其粪便无害化处理效果易达到国家卫生标准要求；第三，建造技术难度小，具有简单的施工经验和一般知识，稍加培训即可自行建造；第四，经济实用，造价不高，农民负担不重，使用和管理简便且卫生、保肥。

(4) 三连通沼气式卫生厕所（图 10-10）

沼气池式厕所的基本结构由厕屋、蹲（坐）便器、冲洗设施、进粪管、进料口、发酵间、水压间等部分组成。

图 10-10　三连通沼气式卫生厕所效果图

农村户用沼气池厕所以旋流布料自动循环型高效沼气池为基础，在池盖和进料口之上建造长方体蹲便器式厕所，在蹲便器后厕的抽渣池内安装沼液冲厕装置。在沼气池地表之上建造猪或牛圈。牲畜粪入口设在抽渣池一侧。厕所为小口径瓷质蹲便器式厕所。蹲便器下粪口对准沼气池进料口，直接下排粪尿。厕台一侧带有沼气池的抽渣活塞系统。厕所位于沼气池的进料口和抽渣池之上。

现在一些地方建造的太阳能暖圈是覆盖在沼气池地上部分的塑料拱棚。目前农业部在中国农村大力推行的“一池三改”生态家园模式，可以说是三连通式沼气池卫生厕所的延续与发展。其主要建设内容是以农户为基本单元，将建沼气池与改圈、改厕、改厨结合起来，利用沼气做饭、照明、洗浴；利用沼液、沼渣种植无公害农作物、养鱼等，综合效益明显，深受农民欢迎。

(5) 通风改良双坑式厕所（图 10-11）

通风改良坑式厕所对于干旱少雨、气候干燥地区具有较强的实用性，其基本结构由

图 10-11　通风改良双坑式厕所效果图

两套相同的便器、储粪坑、厕位组成。通风改良坑式厕所可在自然条件下，使粪便长期酵解后成为屑殖质，粪便中的病源微生物、寄生虫卵逐渐被杀灭，达到粪便无害化的效果。

根据厕坑的数量，通风改良坑式厕所又可分为单坑式、双坑式和多坑式，其中双坑式厕所较为普遍。该种生态厕所的特点是：第一，通风、防蝇、防臭效果好；第二，技术简单，造价低廉；第三，便后不需水冲洗，能较好地满足卫生的要求，适用于少雨干旱地区。

（6）完整上下水道水冲式厕所（图 10-12）

完整下水道水冲式厕所是在城市常用的一种卫生厕所。这种厕所在城市家庭中普遍使用。近年来随着社会发展，城市郊区和农民新村的建设步伐日益加快，完整下水道水冲式厕所在农村居民家庭的应用逐渐增多，目前已成为农村改厕中很普遍的一种卫生厕所类型。

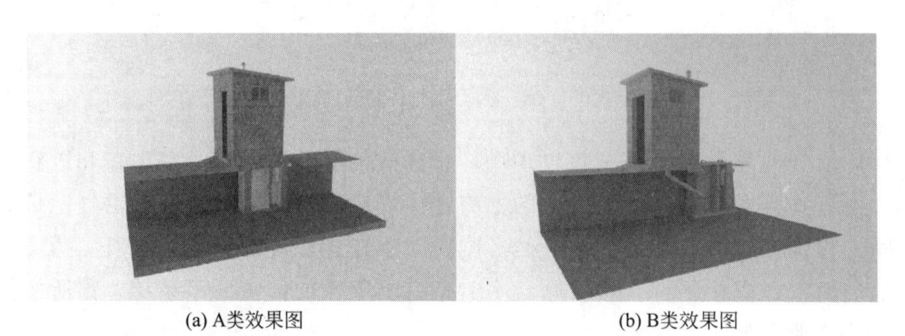

(a) A类效果图　　(b) B类效果图

图 10-12　完整上下水道水冲式厕所

完整上下水道水冲式厕所的基本结构由厕屋、蹲（坐）便器、上下水管道设施以及与其配套的化粪池组成。厕房设置在户内，便器普遍采用蹲式或坐式陶瓷便器。蹲式便器冲水水箱一般为分体壁挂式手拉阀门冲水装置。坐式便器冲水水箱一般为连体式手按阀门冲水装置。完整下水道水冲式厕所的下水管道由一家一户的支管道和单元主管道组成。粪便在便器内被水冲入支管道，经主管道汇入集中处理化粪池。

完整下水道水冲式厕所的建造与楼房住宅的设计建造是同步进行、同步完成的。这种厕所清洁、无臭味、便器干净、粪便集中进行无害化处理，效果很好。

10.3.2.3　粪便无害化与资源化

（1）无害化

1）半水冲式厕所和非水冲式厕所（如双瓮漏斗式厕所的前瓮、三格化粪池厕所的第一格和第二格、双坑交替式厕所的封存坑、粪尿分集式生态卫生厕所的储粪池）产生的粪渣应定期清掏；清掏出的粪皮、粪渣应进行无害化处理。

2）完整上下水道水冲式厕所排出的冲厕污水宜统一进行收集、输送和无害化处理。

3）粪液、粪渣的处置与使用应符合无害化要求。宜使用经过无害化处理后的粪液施肥；冲厕污水可接入当地污水处理系统，经过进一步处理达标后排放。粪池清掏出的粪渣、粪皮，应就地或就近采用高温堆肥等方式进行无害化处理。

4）粪便清运车辆应密闭，提倡采用机械清掏作业。

5）粪池应及时清掏清运，粪池内的粪便不宜超过粪池有效容积的 3/4。作业完成后应盖好粪池盖板，并将粪池周围清理干净。

（2）资源化

1）经过无害化处理的粪液、尿液可以直接施用。

2）经过无害化处理的粪液或无害化不彻底的粪皮、粪渣等可以经堆肥后再施用。

堆肥是利用各种植物残体（作物秸秆、杂草、树叶、泥炭等）为主要原料，混合人畜粪尿经堆制腐解而成的有机肥料。堆肥所含营养物质丰富、肥效长而稳定，同时有利于促进土壤固粒结构的形成，能增强土壤保水、保温、透气、保肥的能力。

好氧堆肥（图 10-13）是在通气良好、氧气充足的条件下，依靠专性和兼性好氧微生物的生命活动使有机物得以降解的生化过程。好氧堆肥具有分解速度快、降解彻底、堆肥周期短等优点。一般一次发酵在第 4～12 日完成，二次发酵在第 10～30 日便可完成。好氧堆肥温度高，可以杀灭病原体、虫卵和植物种子，使堆肥达到无害化，而且好氧堆肥的环境条件较好。其中，高温好氧堆肥所采用的高温一般在 50～65℃，极限可达 80～90℃，能有效地杀灭病原菌，且臭气产生量较少，在工业堆肥生产中采用较多。但是，好氧堆肥需要维持一定的氧浓度，运转费用较高。

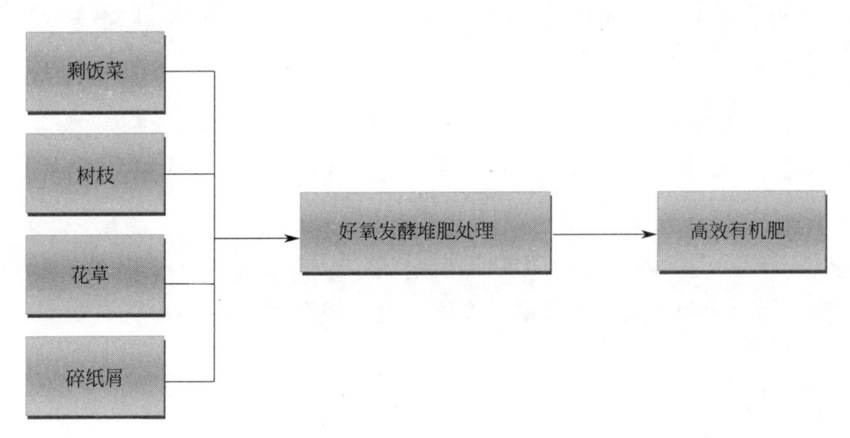

图 10-13　好氧发酵堆肥处理

10.4　服务内容

10.4.1　核心服务

10.4.1.1　政府部门

（1）完成农村改厕任务

美园康居农村改厕服务社致力于农村厕所改造，有利于政府进一步贯彻落实“十三五”规划中整治农村人居环境任务、助推美丽宜居乡村的建设。通过农村厕所的整改行动能有效地推动城乡协调发展，健全城乡发展一体化体制机制，健全农村基础设施投资长效机制，推动城镇公共服务向农村延伸，提高社会主义新农村建设水平。

（2）带动有机农业发展

美园康居农村改厕服务社通过对农村厕所的统一规划整改，绘制农村厕所路线图便于有机化肥厂对厕所产生的粪便进行统一清掏。从而带动本区域有机肥料的大规模生产与发展。另外，有机肥料的生产也促进了本区域有机蔬菜与水果、有机农作物等的种植与发展（图10-14、图10-15）。

图10-14 有机蔬菜与水果种植

图10-15 有机农作物种植

（3）促进制造工业转型

美园康居农村改厕服务社通过对农村厕所的统一规划整改，能够促进本区域厕所设备以及厕所建筑材料等制造业的发展，有效地拉动经济增长，增加就业岗位。

（4）推动经济环境协调

美园康居农村改厕服务社通过对农村厕所的统一规划整改，有效地改善农村环境建设、保护生态环境。同时带动相关产业发展，促进当地经济发展以及GDP的增长。

10.4.1.2 乡村基层

美化乡村生活环境。美园康居农村改厕服务社通过对农村厕所的统一整改，能够美化乡村生活环境，整体提升农村面貌，利于改善农村“脏乱差”的环境，从而实现农村居住环境的干净整洁优美。

丰富排水处理模式。美园康居农村改厕服务社通过对农村厕所的统一整改，使农村厕所规范化，标准化。有效降低了农村厕所长久以来由于渗漏、乱排等导致的污水浓度过高问题，减小污水浓度，减轻污水对地下水、河道等的污染。

规划村镇布置方案（图10-16）。美园康居农村改厕服务社针对各村实际环境，对农村厕所进行统一整改，规划村镇的厕所布置方案，使农村厕所得到规范化标准化的整改，并提供生态厕所建造技术，设计基础设施规划图以供参考。

改变农田土壤结构（图10-17）。美园康居农村改厕服务社通过对农村厕所的统一整改，能够有效地统一收集农村厕所粪便，进行有机肥料的生产，从而改善土壤肥力结构，减少化肥污染和土壤板结。通过有机肥的使用补充土壤所需的微量元素，使肥效持久，增加土壤的抗逆性。另外，还可以调节土壤酸碱度，改变土壤结构，体现田

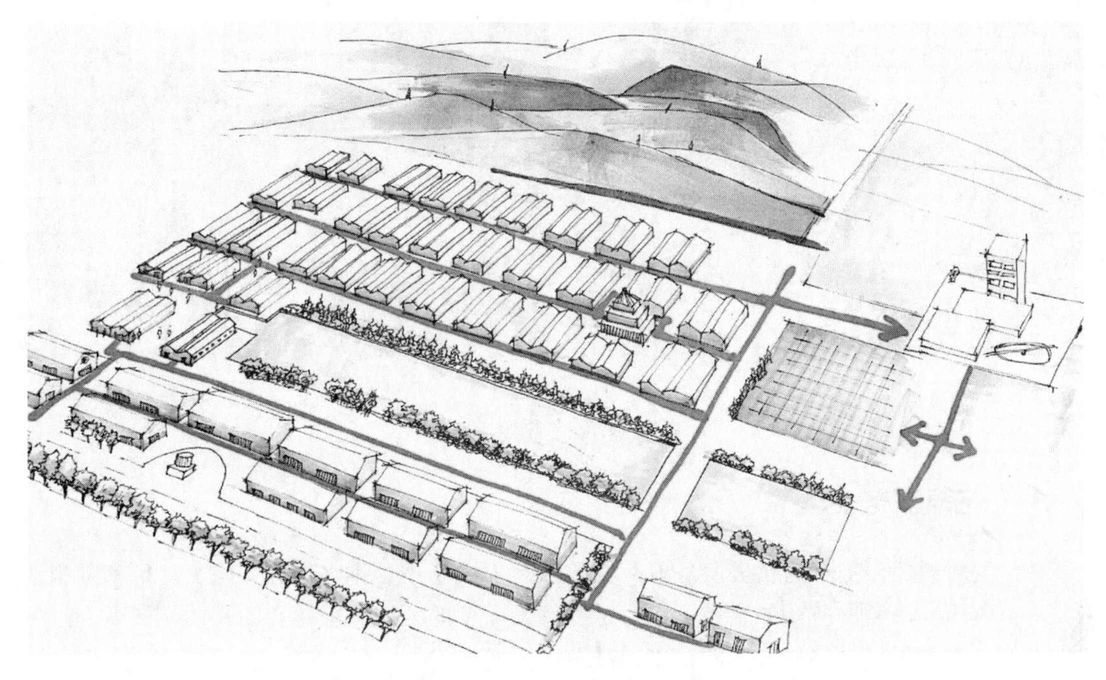

图 10-16　某村规划布置方案

图 10-17　农田土壤结构

园生活的大美。

10.4.1.3　改厕农户

优化农户居住环境。传统的农村旱厕（图 10-18）又脏又臭，同时天冷受风吹、天热太阳晒、下雨被雨淋，既不方便也不安全。美园康居农村改厕服务社通过对农村厕所的统一整改，解决了此类问题。生态厕所整洁卫生，使村民的居住环境得到改善。

减少病毒细菌传播。生态化厕所（图 10-19）及恰当的管理方式可以为农户排忧解难，无臭，既卫生又方便，能够方便农户的生活，有利于减少微生物的繁殖及蚊蝇的孳生，保障农民健康。

图 10-18 农村露天旱厕

图 10-19 新型生态卫生厕所

10.4.2 拓展服务

基于农村改厕服务社的拓展服务业务主要涉及堆肥场站、排水处理、施工队伍和种植业主要 4 个方面。改厕服务社的发展可以为这些拓展业务的开展奠定稳定的基础，同时，这些拓展工作也有利于促进农村改厕的技术推进和工程实施。

10.4.2.1 堆肥场站

堆肥是一种有机肥料，所含营养物质比较丰富，且肥效长而稳定，同时有利于促进土壤团粒结构的形成，能增强土壤保水、保温、透气、保肥的能力，而且与化肥混合使用又可弥补化肥所含养分单一，长期单一使用化肥使土壤板结，保水、保肥性能减退的缺陷。堆肥是利用各种植物残体（作物秸秆、杂草、树叶、泥炭、垃圾以及其他废弃物等）为主要原料，混合人畜粪尿经堆制腐解而成的有机肥料。由于它的堆制材料、堆制原理和其肥分的组成及性质和厩肥相类似，所以又称人工厩肥［图 10-20(a)、(b)］。

(a) (b)

图 10-20 堆肥效果图（a）和蚯蚓堆肥效果图（b）

农村进行农业生产会产生大量作物秸秆，传统的处理方式是堆置路旁或焚烧，这不仅是对资源的浪费，也对环境造成了一定的影响。作物秸秆中含有大量对植物有用的营养成分，简单的还田处理并不能充分发挥其对农田的增肥效果。中国人数千年来农田中所施用的有机肥料，就是使用人畜的粪尿和植物茎叶做堆肥而成。堆肥技术实现了对农村人畜粪尿及农业固废的无害化、减量化、资源化处理，在改善农民生活环境的基础上，实现了农业及农村建设的可持续发展。本社在帮助农民使用上卫生厕所，改善其生活条件的同时，把人畜粪尿等产生于厕所的固体、半固体废弃物与农作物秸秆、藤蔓、杂草、树木的枯枝落叶等集中起来进行资源化处理，经堆肥化技术制成有机肥料，用于当地农业生产。本社可提供资料、技术支持，鼓励当地工商业者投资建立堆肥场站。这样不仅可以开拓当地的农资市场，也为农民提供了更多的就业机会。

传统堆肥技术分好氧发酵堆肥（图 10-21）和厌氧堆肥（图 10-22）两种。其中厌氧堆肥技术的部分过程可在本社所设计的新式卫生厕所中进行，如双瓮漏斗式、沼气池式卫生厕所在收集粪尿的同时均可提供厌氧环境，再投加相应的微生物和适量的植物秸秆等，使其达到合适的碳氮比就可进行厌氧堆肥过程。所以堆肥场站的设计与工作和厕所改造技术相辅相成，是我们在进行农村厕所改造过程中一项重要的拓展项目，也是为农民提供便利的服务项目。

图 10-21　好氧堆肥发酵

图 10-22　厌氧桶堆肥发酵

10.4.2.2　排水处理

目前，在我国的广大农村尤其是京津冀的农村地区，生活污水的收集处理一直未实现规模化。经调研发现，在农村基本上没有完善的污水排放、收集设施和相应的处理场所。生活污水基本上是随意排放，不仅污染环境、影响交通也为人们的出行带来不便。区别于城市污水，农村的生活污水水质较好，又因为大多数下水道并未与厕所连通，所以农村的生活污水属“灰水”，与“黑水”相比，其处理工艺较为简单，也更易实现资源化利用。

针对农村生活污水，目前使用较多的有生物滴滤池、化粪池、生物净化槽、人工湿地、稳定塘等污水处理技术。本服务社在进行农村厕所改造规划的同时，设计相应的生活污水排放收集管道，对用于洗漱、洗菜等产生的较为清洁的水可连通冲厕装置，实现废水的再利用。对于含有机物较多的厨余废水则可用于好氧堆肥处理。总之，在设计卫生厕所的同时配套设计农村生活污水的排放、收集及处理设施，真正实现排污与净化的“三同时”。

在排水处理方面，本服务社可提供资料、设计及技术支持，具体施工及对收集来的污水的处理运营则交给当地的污水处理厂。针对目前广大农村没有污水处理厂的现状，我们仍采取鼓励当地较活跃的工商业者投资办厂的方式。由于农村生活污水排放量比较少，可以选择几个临近的行政村合用一个污水处理厂的方式。这一做法充分响应国家关于“开展农村连片整治工作”的号召，即可实现规模化生产，也使得卫生厕所的改造工程有相对完善的商业产业链。可保证农村卫生厕所技术改造工程的顺利实施，同时也改善了农村生活环境，使农民的生活水平有所提高。

10.4.2.3 施工队伍

争取政府的财政补贴，在当地选择优秀的施工队伍，并对施工队伍进行施工前技术培训。对施工队伍的选择，可采取公开招标的方式，由当地政府统一组织，本服务社负责相关的技术论证及最后的工程验收工作。选好施工队伍后，本服务社对相关人员进行技术培训，使他们了解该工程基本的技术原理和技术操作问题。并且让本服务社相应的技术工程专业人员担任施工队伍的技术顾问。对其工作进行指导和监督，确保工程质量及设计施工的科学性。

10.4.2.4 种植业主

我国农业生产严重依赖化肥，盲目过度施肥不仅造成了肥料资源的浪费，也产生了土壤板结（图 10-23）、肥力下降、土壤结构被破坏等一系列问题。合理施肥对农业生产来说是十分重要的，基于目前我国农业生产的情况，国家积极推行测土配方施肥的新技术。农民缺乏相应的专业知识，不懂技术操作是科学施肥新技术难以在农村推广的重要原因。本服务社本着为农民服务的原则，对堆肥场站生产的有机肥进行合理的资源配置，通过开展科技讲座、专业培训班、深入田间指导等方式向农民普及科学合理施肥的知识，针对不同类型的农田设计适宜的有机肥与化肥搭配施用的方法，给农民传授新型有机肥施肥新技术，使农业生产活动得以科学有效地进行（图 10-24）。

图 10-23 板结土壤

图 10-24 优质土壤

对种植业主进行专业指导和技术培训不仅可以提高农民种地的收入，而且对促进节能减排、减轻农业面源污染也有重要的意义。对农民进行施肥新技术的培训可以转变农村传统施肥观念，提高农民科学施肥水平。改变农村重化肥、轻有机肥、偏施氮肥、施肥结构不合理的现状。在农村构建科学施肥技术体系，提升服务能力。本服务社在开展工作的同时，会初步建立主要作物施肥指标体系、测土配方施肥数据库、县域耕地资源管理信息系统、测土配方施肥专家咨询系统、智能化数字配肥售肥系统等产业服务系统，使科学合理施肥规模化。

10.4.3　创新服务

10.4.3.1　技术研发

美园康居农村改厕服务社是公益性质的组织，服务社在农村改厕之余会大力支持生态技术研发，并将服务社的部分筹集资金用于支持高校的粪便无害化、资源化技术研究。通过服务社的努力达到服务农村、服务农业和服务农民的三农服务宗旨，另外达到经济效益与生态效益的“双赢”。

10.4.3.2　人才培养

培育高校专业社团。充分利用高校的资源人才优势，以成立相关社团的形式，将有共同兴趣爱好的相关专业同学聚集起来，共同培养专业的技术技能和管理技能，增加同学们的专业技术实习就业经验。

构筑企业用人桥梁。做好高校与企业的沟通桥梁，向各个企业推荐合适的专业实用性人才，并通过高校社团培养并选拔优秀的对口毕业生。很好地解决企业用人难和高校学生工作难问题。通过培训的高校学生毕业后可直接参加工作，无需再次培训。

10.4.3.3　志愿服务

美园康居农村改厕服务社充分利用河北农业大学的高校人才资源优势，积极组织在校大学生开展关于农村生态厕所推广的志愿服务活动。让大学生在社会实践中，锻炼自己，提高专业知识素养和实战经验。通过志愿服务活动使推广生态厕所与农村帮扶以及大学生实践锻炼齐头并进。

10.5　项目实施管理

10.5.1　实施概述

前期技术推广主要以网站推广为主，配以媒体宣传和期刊文章报道。同时，在农村举办生态卫生厕所知识宣讲会，普及卫生知识，举办环保厕所趣味知识比赛等活动，让生态环保的观念深入人心。

在工程实施阶段，从当地挑选优秀的施工队伍，给施工队员开技术培训会，讲解环保厕所的工艺原理。

后期服务社通过举办公益晚会、各地巡回公益宣讲的方式吸引社会的公益投资，设立公益基金以维持服务社的正常运转和各项工作的开展。本社通过提供改厕全过程服务体系、粪便农用产业链构造方案、专业人员培训再教育，创造更多的就业机会、为高校大学生实践提供平台等，助力京津冀地区农村的环境改造。

10.5.2　实施流程

项目实施流程如图 10-25 所示。

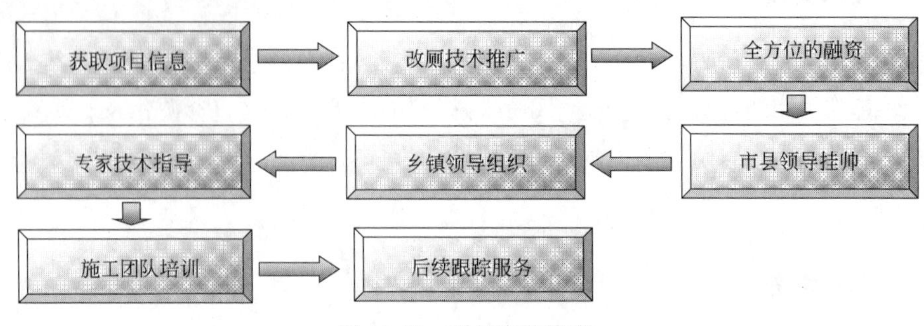

图 10-25　项目实施流程

（1）获取项目信息

了解京津冀地区农村的基本情况，如人口规模、经济结构、生活方式等，策划具有针对性的农村厕所改造及粪便资源化整改方案，对农村整体进行规划。

（2）改厕技术推广

与当地政府部门沟通，推广农村传统旱厕的改造。以技术研讨会、推介会等方式吸引媒体部门的注意，并进行报道。走进农村基层，普及农村厕所改造的科学知识，使村民能充分了解到生态厕所带来的益处，主动配合改厕工程的进行。

（3）全方位的融资

通过向政府部门的推广，争取政府对农村改厕工程的资金支持。加大媒体宣传的力度，通过媒体的报道，激起社会大众、爱心企业（人士）及当地农村大户的爱心，向改厕工程捐助基金，助力农村村民改厕工程的顺利进行。除此之外，村民对本户的改厕工程花费一定的金额，以保证厕所建造的质量。

（4）市县领导挂帅

建议市级或县级领导主持本地区的农村厕所改造，市、县领导挂帅直接负责改造工程进行，具有带动力和领导力，同时能更好地把握工程资金的来源和去向。

（5）乡镇领导组织

建议由乡镇领导组织安排改厕工程的实施。乡镇领导与各村村委会及村民联系较为密切，并且在组织方面具有丰富的经验。由乡镇领导组织改厕工程的实施，能与政府部门取得有效沟通，促进农村基层接受厕所改造的发展趋势，及时了解工程的施工进度和施工过程中出现的问题。

（6）专家技术指导

在改厕工程的进行中，服务社会，派专家定期对各个农村的改厕工程进行技术指导，弥补建造的不足，保证每个环节的质量。另外，在施工的过程中出现的问题可及时反馈给服务社，技术专家会尽快到达该地点进行指导。

（7）施工团队培训

选择经验丰富的施工团队承担农村的厕所改造工程，并在施工开始前对团队统一进行培训。培训内容包括施工人员基本素质培训、施工流程培训、施工细节培训等。

（8）后续跟踪服务

在农村厕所改造完毕后，定期到该村进行回访，了解村民对厕所的使用情况。在使用过程中，若出现问题，可通过电话、网络等方式与服务社取得联系，服务社会给出相应答案或到农户家中免费维修。

实践证明，要使农村卫生生态厕所真正发挥作用，农村卫生生态厕所的正确使用和维护是关键。但是有些地方只注重建设厕所，却忽视了科学管理与使用，致使改厕的效应未能充分发挥出来。对已经推广建造生态厕所的农村地区的调查显示，改造后的厕所常常出现以下情况：有的户厕内环境差，手纸堆积，清扫不及时，蹲便器上有盖不盖，形同虚设；有的粪尿分集式厕所用后不及时用覆盖料覆盖或量不够，有的用水或尿流入储粪坑，有的直接用水冲洗沾染在便器上的粪便等，严重影响了粪便的无害化效果，散发出的臭味较大，更不知多长时间清理粪池。

究其原因可能是生态卫生设施建设时间不长，且未对农户开展健康教育，观念上还未完全接受。也可能是由于有些村民对卫生厕所的使用与管理工作没有跟上，致使无害化卫生厕所的作用没有得到很好的发挥，直接影响到粪便处理的无害化效果。

通常说改厕是“三分建，七分管”，厕所设施按要求改建或新建之后，要有合适、正确的使用方法才能维持设施长期发挥效益。厕所维护的好坏与农户对生态卫生厕所使用方法的掌握有关，只有掌握了厕所的正确使用方法才能正确使用卫生厕所，粪便才能达到无害化。因此，要结合新农村建设和改厕活动，及时做好生态厕所正确使用的宣传教育工作，可以成立乡村卫生厕所管理小组，进行定期或不定期帮助村民进行故障检查、维修，及时指出生态厕所使用中存在的问题，使日常管理真正落到实处，逐步把卫生厕所的日常管理变成农民的自觉行动和自觉意识，逐步巩固使用效果。还可以村内定期进行评比，使用管理好的农户给予奖励。带动大家共同强化使用卫生厕所的文明卫生习惯。

10.5.3　资金管理

农村改厕工作是一项群众性、技术性、科学性比较强的工作，必须有专职人员对修建者进行培训或直接由专职人员修建，所以资金是保证农村改厕顺利进行的关键。但是，京津冀地区的农村经济发展不均衡，许多地区经济发展慢，农民生活水平比较低，厕所改建，对于他们来说是很大的负担，这也就降低了农民的积极性，阻碍改厕工作的进行。

10.5.3.1　改厕资金

根据我国国情，要建造卫生厕所，应走国家支持，地方补贴，农民自筹相结合之路。采取内“挖”，上“跑”，外“引”，多渠道筹措资金的方式，配以中央财政对京津冀地区农村改厕的政策支持和资金资助，各级政府应适当提供地方配套资金，并积极拓宽筹资渠道，鼓励个人和社会力量投资改厕。

在工程的实施过程中，确实保证资金的正常流动，使用情况透明化。

（1）申报专项资金

① 政府财政资金申请　向各级政府申请关于农村改厕的财政资金，用于农村厕所的改造。

② 向金融机构银行贷款斥资　对于相对富裕的村可以通过向银行贷款，以解资金一时之缺。

但是，向银行贷款兴办公益事业应当谨慎。请求银行贷款，要有还款计划，确保信誉第一。确需贷款并有一定偿还能力的，应经过村民代表大会通过。

（2）本村集体/村民集资

兴办公益事业，是涉及每个村民切身利益的事情，“众人的孩子大家抱”，发动村民集资是兴办公益事业的主要渠道。

建议：首先要经过民主协商，采取“一事一议”办法，比如召开村民代表大会，并深入农户了解意见，统一认识。集资要重点向本村发达的私营老板“化缘”，以利于得到更高的资金投入。其次，资金使用要透明，让村民代表全程监督，监督资金使用的来龙去脉，监督工程质量。

① 发展村办工业集资　村办工业是举办公益事业资金的孵化器、蓄水池，要想彻底改变村容村貌，必须加快发展村办工业，从村办工业中提取建设公益事业的资金。

发展村级工业非一日之功，要有一个好的领路人，大公无私，富有战略眼光。村办工业反哺公益事业，需要几代人人力、智力和财力的积累。

② 拍卖社会资源凑资　一个村再穷，也有一定的社会资源，利用地理位置，整合村有资源，出售广告地段，拍卖林权，变卖闲置的资产等，都可以生出钱来兴办公益事业。

（3）募集公益捐助

服务社可以与中国青年志愿者协会等大型公益组织协商，利用一部分可兴办农村公益事业的资金或者其他类型的非专项资金进行农村厕所的改造工作。

（4）乡土反哺

① 名人捐资　一般来讲，名人具有一定效应，有广阔的社会资源，而名人大多有思乡情结，衣锦归乡之时，总想对“衣胞之地”有所回报。服务社要紧紧抓住这一人脉资源，动员本村在外的名人、企业家、海外侨胞等捐资，努力改善家乡生产生活条件。

建立本籍在外名人“联络图”，通过电话、信函、电子邮件等渠道，开展感情联谊活动，让名人知晓家乡的变迁和困难，吸纳名人资金搞建设。可出让冠名权，重大捐资项目用名人冠名，流芳后世。

② 通过当地大单位募资　农村厕所改造利用当地的企业优势，要抓住互惠双赢的共同需求，找准切入点。对于双方都有利的事，大单位一定会鼎力相助。向附近大单位募资切忌采取强行索要的方式，应在亲密睦邻友好的气氛中商谈。

（5）寻求国际机构助资

国际机构对发展中国家的贫困人口非常关注，对全球人居示范点更是关怀有加。倘若与国际机构挂上钩，兴办公益事业则变得相对容易。

申请国际机构援助，可通过我国外事机构代办。争取国际机构投资要经过极其严格的审批手续，非一村人力所能企及，要吁请国家有关部门予以协助。国际机构对环保非常敏感，要争取国际机构支援，首先要有绿色意识，要学会用电子邮件与国际公益机构联系。

(6) 挖掘人文优势引资

人文资源是无形资产，要大力宣传本村的人文景观或者潜藏的人文资源，挖掘其中的亮点，争取得到实业家的项目投资。坚持“谁投资，谁受益”的原则，要讲诚信，善待投资人。与此同时要注重环境保护。

10.5.3.2　服务社自有资金

美园田居农村改厕服务社的自有资金来自技术入股和向政府收取的部分劳务费。

技术入股是河北农业大学自身的技术用于堆肥厂等企业，以技术成果作为无形资产作价出资公司。当该企业获取利润时得到的分红用于服务社日常运作。

服务社根据实际情况对农村厕所进行整改规划，政府需向消耗的人力物力的方面支付基本的劳务费。

10.6　运作模式——PPP 模式

PPP 模式是在公共基础设施建设中发展起来的一种优化的项目融资与实施模式（见图 10-26），是一种以各参与方的“双赢”或“多赢”为合作理念的现代融资模式。

政府通过给予服务社长期的特许经营权和收益权来换取加快农村生态厕所的建设及有效运营。

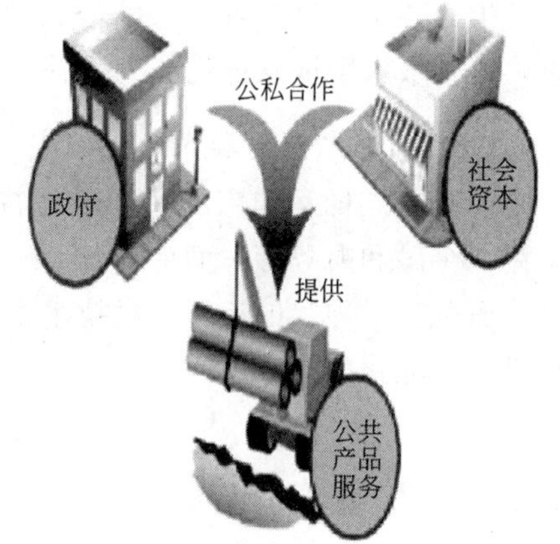

图 10-26　PPP 模式

10.6.1　PPP 模式运作背景

历经 2014 年和 2015 年两年密集推广，政府和社会资本合作的 PPP 模式将在 2016 年迎来三年试点的收官之年。此间有权威人士指出，“十三五”将见证我国城市基础设施建设的又一高峰时期，正式启幕的 PPP 模式将迎来广阔发展空间。

“十三五”规划建议提出，要创新公共服务提供方式，能由政府购买服务提供的，政府不再直接承办；能由政府和社会资本合作提供的，广泛吸收社会资本参与。

随着“十三五”大幕的开启，PPP 模式作为一项以供给侧改革为主、需求拉动为辅的改革措施，无疑将成为未来 5 年我国践行创新、协调、绿色、开放和共享发展的推进器。

10.6.2　运作目标

服务社为非营利性组织，合作各方之间不可避免地会产生不同层次、类型的利益和责任的分歧。只有政府与服务社形成相互合作的机制，才能使得合作各方的分歧模糊化，在求同存异的前提下完成农村改厕项目的目标。项目机构的目标见表 10-2。

表 10-2 项目机构的目标

目标阶段	机构之间		机构内部
	政府部门	服务社	
前期目标	增加或提高基础设施服务水平	提高改厕工程的服务质量、获得自身服务回报	分配责任和收益
后期目标	资金的有效利用	增加市场份额或占有量	有效服务设施的供给

10.6.3 运作条件

(1) 政府部门的有力支持

PPP 模式是提供公共设施或服务的一种比较有效的方式，虽然合作双方的角色和责任会随项目的不同而有所差异，但政府的总体角色和责任——为大众提供最优质的公共设施和服务却是始终不变的。

农村厕所改造工程，由政府负责项目的总体策划，组织招标，理顺各参与机构之间的权限和关系，降低项目总体风险等。

(2) 健全的法律法规制度

PPP 项目的运作需要在法律层面上，对政府部门与我服务社在项目中需要承担的责任、义务和风险进行明确界定，保护双方利益。在 PPP 模式下，项目设计、融资、运营、管理和维护等各个阶段都可以采纳公共民营合作，通过完善的法律法规对参与双方进行有效约束，这是最大限度发挥优势和弥补不足的有力保证。

(3) 专业化机构和人才的支持

PPP 模式的运作广泛采用项目特许经营权的方式，进行结构融资，这需要比较复杂的法律、金融和财务等方面的知识。一方面要求政策制定参与方制定规范化、标准化的 PPP 交易流程，对项目的运作提供技术指导和相关政策支持；另一方面需要专业化的中介机构提供具体专业化的服务。

10.7 市场营销

10.7.1 目标群体

10.7.1.1 成长期目标群体

市场定位：京津冀地区农村。

根据服务社的运作类型和服务特点，初期我们把目标群体定位在产业基础较好、农民收入较高、沿路、沿城、沿村景点等易受政策、政府资金支持的农村。通过跟他们的合作，以点带面，从而形成良好的典型示范，带动更多村镇的目标客户参与进来，达到农村改厕工程遍及京津冀地区的目标。

以保定作为服务社的基地位置，服务半径在 500km 以内（图 10-27），能有效与京津冀各地区联络，保证改厕工程的正常进行。

10.7.1.2 成熟期目标群体

市场定位：秦岭以北部分地区。

服务社在成熟期把市场定位在秦岭以北的北京市、天津市、内蒙古自治区、河北省、河南省、山西省、山东省（图 10-28）。服务地区与京津冀地区气候、地形等自然条件基本相同，改厕技术可通用。

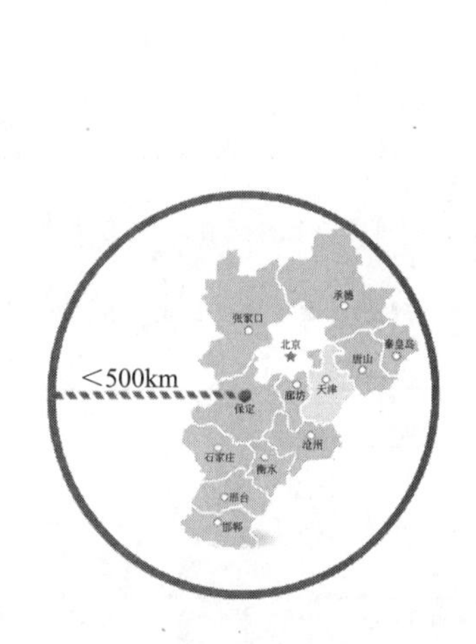

图 10-27 成长期目标群体

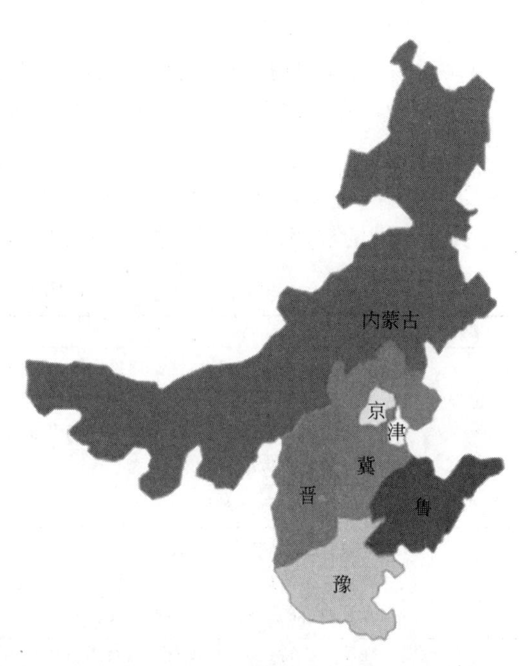

图 10-28 成熟期目标群体

同时服务社与该区域的相关公司签署战略合作协议书，通过改厕工程，美化乡村环境，带动区域内的产业发展和经济增长。

10.7.2 项目 SWOT 分析

（1）Strength（优势）

服务社拥有独特农村厕所改造技术，有着专业的流程设置，为农村提供优质的“一条龙”服务。本服务社不以盈利为目的，通过向政府、企业、社会推广，以得到更多的改厕资金支持，有助于农村改造工程的顺利进行，易受到社会的支持和关注。

（2）Weakness（劣势）

初期，服务社缺乏雄厚的资金来源和良好的示范效应，经营模式易被模仿；在发展中后期，对服务创新能力、推广服务质量有较高的要求。

（3）Opportunity（机会）

① 国家政策 近年来，党和国家不断对日益突出的农村环境问题做出批示，希望在政

府的支持下广泛地吸引社会资金，充分发动群众，从根本上破解改造提升中遇到的群众发动难、规划编制与执行难、资金筹措难等问题。

② 社会支持　如何有效治理农村环境一直是社会的关注话题，如果真正做到农村厕所改造，不仅会赢得社会的赞扬，建立服务社良好的形象，还会得到当地政府的一些赞助、场地等支持，实现双方共赢。

③ 教育支持　服务社将依托河北农业大学雄厚的教育资源以及强大的技术支持作为保障，在技术革新、人才输入方面有很强的竞争力。

（4）Threat（威胁）

① 政府　在项目执行过程中，政府可能会因为资金不足，停止对服务社的支持。

② 社会　社会资金短缺，人们对农村环境改造缺乏有效的认知，不能对该项目进行持续支持。

③ 村民　村民难以接受传统厕所改造的趋势，不愿在厕所改造上花费时间、精力。同时，资金补助的金额也影响着村民的意愿（表 10-3）。

表 10-3　SWOT 分析

项目	内　容
优势（S）	本服务社不以盈利为目的，通过向政府、企业、社会推广，以得到更多的改厕资金支持，有助于农村改造工程的顺利进行，易受到社会的支持和关注 工作室成员，具备优良的专业素养和专业技能。针对当前的空气质量，迫切希望能为当前的生态文明发展贡献自己的一份力量
劣势（W）	缺乏雄厚的资金来源
机会（O）	近年来，党和国家不断对日益突出的农村环境问题做出批示，具有国家政策支持 如何有效治理农村环境一直是社会的关注话题，真正做到农村厕所改造，不仅会赢得社会的赞扬，还会得到当地政府的一些赞助、场地等支持
威胁（T）	在项目执行过程中，政府可能会因为资金不足，停止对服务社的支持。社会资金短缺，人们对农村环境改造缺乏有效的认知，不能对该项目进行持续支持。村民难以接受传统厕所改造的趋势，不愿在厕所改造上花费时间、精力。同时，资金补助的金额也影响着村民的意愿

10.7.3　推广策略

以网站推广为主，同时配合其他的宣传，如期刊文章报道、村官培训讲座、公益活动宣传等，提升服务社的知名度，增强农村生态厕所建设的影响力。

10.7.3.1　政府部门

1）技术研讨会、推介会。

2）期刊报道。服务社可以邀请一些专业的杂志社或报社作为合作对象，并由本服务社的专业负责人在社会性问题、农村发展、环境改造等方面发表看法，吸引相关人士的注意。类似期刊有《中国农村》《新农村》《河北农民报》等。

3）样板间推广。

4）人员推广。除了依靠企业形象宣传，还要以一支既懂专业技术又懂营销技巧的高素质推销队伍进行服务社的宣传推广。

服务社将选拔一些勤奋、好学、热情、诚实且具有从业经验的营销人员，对他们进行培训指导，然后把他们分派到相关的政府部门宣传服务社业务，做好服务社与政府的友好衔接。

10.7.3.2　农村基层

（1）网站推广（图 10-29）

服务社网址：http://meiyuankangju.k.zhanqunabc.com/vip_meiyuankangju.html。

图 10-29　网站界面

① 网站设计　我们采用网站推广主要是能够利用网络的优势吸引很大比例的目标客户群，这部分群体大多数是比较关注农村建设及环境治理方面信息的。因此，我们网站的设计和行业里其他服务社网站的设计的对比就要有所突破，不仅要能说明环境改造的必要性、可行性，还要能为客户群提供服务性的需求，整体上突出自己的优势。

② 网站宣传链接　做好能为客户带来良好体验的网站后，还要抓住 SEO 站内与站外优化的细节工作，实现网站的宣传链接从广度和深度两方面达到宣传的普及效果。

（2）村民培训

本服务社会加强与市县级政府的合作，在当地政府的同意下，我们可以举办村官培训讲座，同时邀请市县级领导，为大家解读国家出台的政策，分析农村环境治理的必要性、措施、方法等，激活农村环境改造意识，促成与我们的合作。

（3）公共活动宣传

企业形象建设具有深远影响，为此我们将开展一些公益活动。

1）与当地政府部门联合开展农村环保活动，倡导绿色消费，以奖励形式鼓励村民进行农村传统厕所改造。

2）组织大学生志愿者举办环保进农村宣传活动，在人流量大的乡镇中心以节目表演的形式向农民传递环保理念，活动中可进行知识问答、分发宣传手册、赠送小礼品等环节，积极营造广大群众了解、关心、参与农村环保的舆论氛围。

10.7.3.3　公益投资

公益事业所依托的是人们崇尚奉献、追求友善的本性，既具有市场商业效益，也不乏娱乐性。在加强典型引路，推动舆论宣传，谋求社会各界人士认同的基础上，进一步制定科学、有效的激励措施，鼓励更多的社会各界人士参与到公益事业中来，并建立起一套完善的严格的表彰制度，不仅表彰在投资、捐赠等公益活动中做出贡献的理事，也表彰为公益事业出谋划策、四处奔波的代表人士；不仅表彰为公益事业做出贡献的组织、社团，也表彰为公益事业做出贡献的个人；激发先进工作者的荣誉感和使命感，使公益事业之树常青，事业充满活力。

拒绝商业赞助，拒绝商家、企业冠名，但欢迎个人、企事业单位捐资、捐物或为活动提供交通、餐饮等必要的帮助。活动海报、现场背景喷绘及电视台、网站等媒体宣传中，将特别感谢所有在此次活动中出一份力、尽一份爱心的个人和企事业单位。活动主办方将保证募集资金的公开、透明，负责妥善安排好募集资金的去向。

10.7.4　服务策略

10.7.4.1　优质服务策略

服务社的发展不仅凭借自己的实力，还要有优质的服务做保障，所以我们要从服务上下工夫，把优质服务作为服务社的竞争王牌。为使客户在服务体验过程中得到持续有效的技术支持和专业服务，需要在客户中推行有序的服务计划，我们在“以客户为中心”的指导思想下，对服务进行整合。

(1) 服务体系的对象

服务体系的服务对象是可能达成合作的潜在客户、已经达成合作的客户和合作伙伴。

(2) 服务体系的框架

① 服务途径　电话、网站、现场服务、宣传讲座。

② 服务内容　宣传指导、技术咨询、产品使用咨询、技术操作培训、设施维修维护、客户关怀服务以及根据客户类型提供的特殊的服务等。

1）宣传指导　利用村民空闲时间举办农村改厕宣传讲座，向村民进行理论指导。除了理论学习，专业人员还进行实地指导，普及农村生态厕所建造科学知识，逐渐强化村民的生态意识。为了激励村民，定期考察村民对生态环境改造知识的掌握程度，对优秀的农户进行表扬和奖励。

2）产品使用咨询（便器等）　针对村民的需要，向村民分发产品使用手册，在农户与专家间建立信息的桥梁，解决村民遇到的问题，提高农村收入，改善生活质量。

3）技术操作培训　与村庄达成协议后，分派专业志愿者到村庄进行培训，将厕所改造方法、相关设备的使用方法教给当地人员，提高村民的文化程度。

4）设施维修维护　定期检查使用设备并对其进行维修和保养。针对客户反映的问题及时下乡解决。

5）客户关怀服务　提高企业的满意度，前提是人员服务素质要有所跟进。服务社鼓励员工以行动提高服务满意度。如接待前来咨询村民的员工要有耐心，认真听取村民的问题并为其解答；拜访村民家庭的服务社员工，要尊重当地民俗，耐心指导村民，对生活困难不便的家庭予以适当的帮助；定期对产品的使用和服务质量进行调查，根据人们的反馈，不断提高我们的产品质量和服务水平。

10.7.4.2　服务多样化

本服务社为农村提供的是包含规划设计、农村厕所改造技术推广、设备推荐在内的综合性公益服务。针对市场需求，我们会提供多样化服务。同时注重服务方式的创新，提供不同的服务组合。例如，为客户做好规划方案后，经过双方协议可将与服务社合作的设备厂设备，出售给客户并安排专业人员为其组装，在获得利润回报的基础上，根据适当的情况给予客户一定的优惠，实现双赢。

10.7.5　公共关系策略

企业的长远发展必须依靠长期建立起来的公共关系网络，公共关系在企业的发展中起着不可代替的作用。在技术服务推广的基础上，服务社利用建立的公共关系网络可以在业务处理中极大地节省费用并加快速度。服务社公共关系策略的主要内容如下。

（1）处理好与村民的关系

服务社深入农村，农民既是我们的合作者又是我们的顾客，处理好与村民的关系既有利于农村环境改造的实施，减少矛盾，又有利于改厕的顺利进行，提高服务社的形象。因此，要及时掌握农户多方面的需求，不断向广大农民提供完善的技术服务和推广服务，保持与农户之间良好、稳固的关系。

（2）处理好与政府部门的关系

作为公益性企业，与当地政府处理好关系不仅有利于与乡镇村开展农村环境改造、加大政府的资金支持力度，还对企业的发展有着重要影响。

（3）处理好与媒体的关系

媒体的正面报道是对企业形象的有力提升，反之则不利于服务社在农民朋友心目中树立良好的服务社形象。

10.7.6　绿色营销策略

服务社为农村提供的是包含规划设计、农村厕所改造技术推广、设备推荐在内的综合性公益服务，以实现农村厕所改造，助力美丽乡村建设的目标。在营销活动中贯彻绿色营销手段，谋求消费者利益、企业利益和环境利益的协调，既充分满足消费者的需求，也保证生态环境可持续发展。

10.7.7　农村厕所改造问题及对策

农村改厕被世界卫生组织列为初级卫生保健的八大要素之一，我国也把农村改厕列为农村经济社会发展的重要指标。改革开放以来，我国农村社会发生重大变迁，但厕所的无害化改造相对滞后。我国的社会主义现代化建设和全面建设小康社会的进程在加快，农村的发展是其薄弱环节，农村环境卫生改善的重点是厕所改造。农村厕所改造关系到农村卫生、农民健康以及社会主义新农村建设目标的实现。然而，由于受到厕所在农民心目中的地位低、农村人口文化水平相对不高等因素影响，农村改厕势必会遇到一系列阻力。

10.7.7.1 观念问题及转变对策

在调研走访中，团队成员发现，提起农村厕所改造，大部分村民们都不太感兴趣，觉得没必要进行厕所改造。

由于受千百年的传统观念的影响，许多农民没有真正认识到农村改厕给他们带来的真正好处。首先，农民的卫生意识不高，由于疾病发作的延时性，很多农民意识不到改厕与预防疾病之间的密切关系。造成厕所在农民心中的定位较低，远远没有衣食住行那么迫切和重要。其次，大多数农民认为，厕所就应该是脏的、臭的，自己住的房子都没舍得破费装修，更没有必要把钱和物投入到厕所上。即使是比较富裕的地区，也只是在外观上对厕所进行包装，贴瓷砖、修房顶，没有考虑过修建生态厕所。再次，农民对于改变现状的要求不强。由于农村很多年轻劳动力外出打工，留在家中的老人思想比较保守，不易接受新事物，很少有改变现状的要求。

对于这种问题，应加大宣传力度，转变农民落后的观念，除经济问题与传统旧观念、旧习惯外，一些农村群众还比较缺乏改厕方面的卫生意识，这也是影响农村改厕工作的一个主要因素。因此，加强农村健康教育知识的宣传教育势在必行。农村改厕是改变千百年来落后观念的一场革命，为此，对农村改厕进行广泛深入的宣传是十分重要的。具体可以从以下方面入手。

1）做好各村镇领导的动员工作，使各级领导真正认识到农村厕所是关系到农村环境卫生和农民生活质量的大事。首先村镇领导起带头作用，向村民发起号召。同时在农民群众中寻找先进积极分子，树立典型，利用榜样的力量，带动其他农民广泛参与。

2）建设加大宣传力度，开展健康教育把农村改厕与乡村文明和社会主义新农村建设以及实现全面小康社会紧密结合起来，提高农村基层干部的工作热情，鼓励农民积极参与。可采取多种形式，如电视、广播、报纸、黑板报等，向农民宣传改厕的好处和长远意义；也可以编写通俗易懂的科普读物，分发到农民手中。

3）开展卫生宣传，改变村民落后的卫生意识和生活习惯，让他们认识到使用卫生厕所可以有效防止肠道传染病及寄生虫病的传播和流行，可以营造良好的卫生环境，从而有效减少疾病的发生。

4）向农民宣传卫生厕所的巨大优势，即产生的经济、社会、生态、卫生等效益，让农民切实意识到改厕的必要性，认识到农村卫生厕所改革已经成为社会发展与文明进步的迫切要求，成为乡村文明与社会主义新农村建设的客观需要。

5）将修建卫生厕所纳入农村先进个人、生态村镇等荣誉的评选条件机制中，以此提高广大村民的积极性。

10.7.7.2　示范推广问题

为了鼓励、调动广大农户加入到改厕的队伍中，各乡镇可以成立改厕委员会，由各县、乡镇领导牵头，专业技术人员提供技术指导，改厕模范户进行沟通宣传，让农民切实了解改厕的诸多益处。同时改厕委员会可以提供安装服务。

10.8　服务社管理

10.8.1　服务社性质

服务社性质：公益性。

10.8.2　组织结构设置

10.8.2.1　组织结构

服务社采用“简部门，高效率，多职务”的“扁平化”管理模式。此管理模式可以极大减少人员数量和管理程序，从而有效地降低公益性服务的成本，适合我团队创业初期公益性的特点。服务社模式如图 10-30 所示。

10.8.2.2　部门职能

服务社总体上设总经理，下设宣传部、财务部、技术部以及办公室。各部门经理均由总经理批准后任命，在总经理的带领下开展各部门工作。

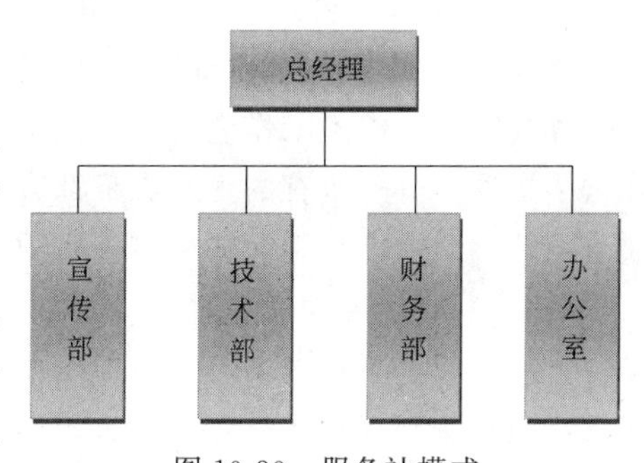

图 10-30　服务社模式

本服务社的创业团队和技术总监主要是由河北农业大学不同专业的优秀师生组成，无论在技术开发、服务社管理，还是在技术推广方面，都拥有扎实的专业知识。

① 总经理　负责综合管理服务社所有经营管理事务，是我服务社的“执行首长”，负责我服务社长期发展战略的管理，并拟订服务社的总目标及执行计划。

② 技术部　主要负责农村厕所整改技术的研究和提升，根据要求规划农村厕所整改的应用技术和规划图纸，并负责技术的施工指导与应用，监督和指导质量检测工作，负责设备技术规格制订与修改以及后期整改以后的维护与咨询等，下属员工 4 人。

③ 办公室　主要负责后勤、行政、人事、法律等事务，依据人力分析及人力供求预测拟订人力资源发展计划，负责员工的招聘、任用、培训等人事管理工作，并配合财务部门审核薪金、福利发放情况，下属员工 3 人。

④ 宣传部　主要负责农村厕所整改前期的宣传与推广，下属员工 3 人

⑤ 财务部　负责服务社财务会计、管理会计、成本会计、财务保管及资金融通等事务，实施财务预警机制，支援宣传及研发等部门，以推动服务社的整改目标。

10.8.3　人员招聘

10.8.3.1　普通岗位招聘

对于普通技术推广人员，只需经过简单岗位培训即可上岗。因此，我服务社将充分考虑企业需求及社会现状，在招聘普通人员时优先面向农村人员进行招聘，以降低成本，实现与农民携起手来服务“三农”。员工培养好后可直接进入该村服务，扩大农村覆盖范围。

同时，我服务社在招聘时也会考虑社会环境背景，例如，普通岗位的招聘也可以面向我服务社近邻工厂倒闭后下岗的有一定知识文化水平的工人，为社会提供一些就业岗位。对于这类技术性不高的职位，我服务社还将会投放相应的广告进行招聘，再统一进行选拔，合适者给予录取。对于一些操作简便，但又含有一定的技术性的工作，我服务社将会采取投放招聘广告和到相关技术学校进行专门招聘两种方式综合进行。

10.8.3.2　研发管理岗位招聘

美园康居农村改厕服务社是一家以技术服务为主，集科研开发、技术培训、规划设计为一体的新型公益企业，管理与技术人才是服务社最核心的人才。核心人才的招聘对于企业发展具有战略意义。我服务社将采取以下方式进行人才聘任。

(1) 通过人才培训实现内部晋升

办公室明确所需内部招聘的岗位名称及职级，新增岗位由用人部门主管编制工作说明书报送办公室，以准备工作说明书，拟定内部招聘公告。发布的方式包括在服务社内网通知、在公告栏发布等。所有的正式员工都有资格利用空缺职位公告政策向人力资源部提出申请，要求组织考虑自己是否能够从事某一职位的工作，内部招聘公告要尽可能传达到每一个正式员工。

人力资源部将参考申请人目前的上级和空缺职位的上级意见，根据职务说明书进行初步筛选。对初步筛选合格者，人力资源部组织内部招聘评审小组进行内部招聘评审活动，评审结果经总经理/经理批准后生效。

(2) 人才市场招聘

外部招聘要根据岗位和级别的不同采取最有效的招聘渠道组合，并争取节约成本。

① 校园招聘　办公室与有关的高校保持经常联系，对于专业对口的院校可及时派员进行宣传并组织招聘。有选择地参加学校人才交流会，发布招聘信息并进行招聘活动。

② 网络招聘　通过相关网站及时发布招聘信息，经常查阅网上应聘人员情况，建立服务社的外部人才库，根据需要随时考核录用。鼓励员工向服务社推荐优秀人才，由人力资源部本着平等竞争、择优录用的原则按程序考核录用。

③ 招聘会招聘及广告招聘　通过各地人才招聘会和报纸、专业刊物广告招聘相关人员。委托猎头服务社招聘。在招聘服务社关键的管理和技术人才时可考虑通过猎头服务社招聘。

10.8.4　激励机制

10.8.4.1　激励分配机制

本服务社激励分配机制主要体现在以下 4 个方面。

1）抓住重点环节、积极引进新的分配要素。

2）薪酬浮动、奖惩有方。将基本薪酬分为固定薪酬和浮动薪酬。每人每月扣除 200 元，形成浮动薪酬，由各部门根据考核结果按月进行二次分配。在标准以下，全服务社是发固定薪酬；月效绩达到一定的标准，根据考核兑现业绩奖励。

3）要素评价，建立新标。以职工岗位劳动责任、劳动强度、劳动条件和劳动技能等基本劳动要素评价为依据，建立全服务社各工种、各岗位档序的岗位效益工资标准。

4）静态调标，动态考核。在建立并提高岗位安效工资标准的同时，构建能升能降、以效计酬的岗位绩效工资浮动运行机制。对不同性质的安全事故主要、次要责任者，事故责任单位责任人、责任领导、全部职工，给予不同程度扣减效益工资的处罚。

综上，在实行过程中应强化激励约束，努力提高实际效果。

10.8.4.2　员工激励方案

（1）*薪资激励*

① 绩效工资　把增加工资和绩效贡献挂钩。

② 分红　当我服务社绩效打破预先确定的激励目标时，进行分红。分红能鼓励团队工作，促进员工合作。

③ 总奖金　是以绩效为基础的一次性现金支付计划。单独的现金支付旨在提高激励的效价。

（2）*灵活的工作日程*

取消对员工固定的每周 5 日，每日上班 8h 工作制的限制。以满足员工想要得到更多闲暇时间的需要。

10.9　财务分析

各类财物报表见表 10-4～表 10-6。

表 10-4　资产负债表

（略）

表 10-5　损益表

（略）

表 10-6　现金流量表

（略）

10.10 结束语

助力“十三五”规划的实施，是我们义不容辞的责任。通过向政府、农村基层推广，普及京津冀地区的农村传统厕所改造，并针对各村的特点，编制农村规划设计方案；通过厕所改造，扶助当地相关产业的发展，如堆肥产业、有机肥生产、有机蔬菜栽培等。

服务社的主要经营业务有农村厕所改造技术推广、吸引生态厕所建造公益资金和提供规划方案。前期技术推广主要以网站推广为主，配以媒体宣传和期刊文章报道。在农村举办生态卫生厕所知识宣讲会，让生态环保的观念深入人心。技术推广方面，加强与相关设备制造企业的合作，给当地村官开改厕技术培训会。本社技术人员要不断钻研，保持改厕技术的先进性、科学性以及良好的与农民实际需求的结合性。通过举办公益活动、各地巡回公益宣讲的方式吸引社会的公益投资，设立公益基金以维持服务社的正常运转和各项工作的开展。本社通过提供改厕全过程服务体系、粪便农用产业链构造方案、专业人员培训再教育，创造更多的就业机会、为高校大学生实践提供平台等，助力京津冀地区农村的环境改造。

每位美园康居农村改厕服务社的工作人员都应明确自己的负责范围，加快完善服务社制度，努力扩大服务社的业务范围，为农村厕所改造、堆肥场站、农业生产等方面提供技术支持，通过该工程的实施美化乡村环境，引导农村发展走可持续化的道路，推动广大农村的生态文明建设，为我国的美丽中国建设和生态文明发展贡献自己的一份力量。

美园康居农村改厕服务社始终以“服务社会，服务村民”为己任，将知识和政策反哺给我们的祖国母亲，支持祖国的建设。同时，我们服务社也不断发展壮大，期待以农村改厕为突破口，提供全方位的厕所改造、粪便成肥、秸秆还田等方面的实施方案，力争为改厕单位打造相对完整的产业链和综合服务团队，全面提升农村改厕效果，又好又快地促进全面建成小康社会的进程。

10.11 附录

10.11.1 技术来源

（略）

10.11.2 实施证明

（略）

10.11.3　战略合作协议书

合作协议书

甲方：保定市华锐方正机械制造有限公司

乙方：土之缘创业团队

保定市华锐方正机械制造有限公司是一家专注于固体废弃物无害化、资源化、设备开发、生产、销售的大型制造企业。

由河北农业大学土之缘创业团队创建的“美园康居农村改厕服务社”是一家定位于以农村改厕为核心，兼顾粪便成肥、秸秆还田、农村环境规划和改善为一体的公益性组织，服务社秉承“专业服务、技术先进、助力公益、合作共赢”的宗旨致力于推广绿色的农村生态厕所建造技术，营造干净卫生的厕所环境，对粪便进行资源化、无害化处理，作为有机肥对农田进行施肥。

经过双方友好协商，本着合作共赢的原则，特订立战略合作协议书，拟定合作内容如下：

一、　双方合作开发关于农村改厕及上下游相关产品，知识产权双方共有。

二、　甲方在保证质量的情况下，承诺以市场最低价向乙方承担的项目供应产品。

三、　乙方在符合项目产品采购制度前提下，承诺优先使用甲方生产的相关产品。

四、　本协议书约定内容为初步合作条款，未尽事宜双方进一步商定。

五、　双方愿意充分发挥各自优势，在更宽领域、更深层次上进行战略合作，以更好地服务村镇环保建设事业，服务地方经济社会发展。

六、　无约束力声明，本协议书不作为保定市华锐方正机械制造有限公司对美园康居农村改厕服务社的承诺仅用于大学生创业计划竞赛，不具有法律效力。

保定市华锐方正机械制造有限公司　　土之缘创业团队

代表（签名）　　代表（签名）王喆

2015 年 12 月 2 日　　2015 年 12 月 2 日

10.11.4　成本估算表

（略）

10.11.5　农村生态厕所建造技术

（略）

10.11.6　服务社规章制度

（略）

10.12　荣誉证书

荣誉证书

河北农业大学：

《美园康居农村改厕服务社》作品荣获2016年“创青春”河北省大学生创业大赛二等奖，作者：王　垚、郝巍魏、王若雯、迟艳蕊、智燕彩、张　晶，指导教师：张立勇、焦　昆、赵旭阳。特颁发证书，以资鼓励。

共青团河北省委　河北省教育厅　河北省人力资源和社会保障厅　河北省科学技术协会　河北省学生联合会

二零一六年六月

【案例评述】以河北省农村厕所为调研对象，通过对河北省农村地区厕所进行点面结合的调查和合理分析，再综合考虑河北省的气候条件、经济发展状况、不同经济结构对农村厕所的发展要求，综合已有的研究成果，提出农村改厕的合理建议，并建立科学的推广方式。为河北省农村环境改善、居民健康水平的提高做出一点贡献。通过此次调研，主要是引导学生积极参与社会实践，更重要的是借此活动培养出广大学生的创新意识，激发学生勤奋学习、勇于创新、奋发成才的积极性和主动性，推动大学生“创新教育、实践教育”向纵深发展，也让平时的理论学习有付诸实践的机会。

第11章 自然科学类课外作品——以需水量预测方法研究与技术体系构建[1]为例

引言

需水预测是采用预测理论和方法，以用水相关历史数据为基础来推知需水发展规律，并对其未来需求趋势做出定量预见，在水资源规划和管理中起着重要的作用，是联系水资源供需双方的纽带，是用水决策、水工程投资时的重要参考指标，涉及城乡经济模式和发展趋势。

但是，长期以来，我国在用水需求的预测上一直过于“超前”，过去许多预测结果都已经被事实证明偏大。为了适应水资源紧缺并将长期持续的局面，改变需水粗放式预测工作思路，精确预测发展各阶段以及计划管理用水量等情况，提高水资源利用率，最大限度准确地估计出规划期用水量和合理的计划管理用水量，建立精细化需水预测技术体系变得十分必要。

本文针对需水量的定额预测方法和数学预测方法分别构建了影响因素权重体系和模糊聚类决策树模型，能够科学进行用水定额和数学预测方法筛选。

根据《室外给水设计规范》(GB 50013—2006) 和《城市给水工程规划规范》(GB 50282—1998) 中确定的定额方法及其限值，本文分别开发了现状用水量×同倍比增长系数的城镇用水量计划管理定额修订方法和用水定额×同期预测增长系数的用水量规划设计定额修正方法，避免了采用定额数值的随意性，使预测结果进一步精确。

根据需水量常用数学预测方法，本文建立了决策树模型，并针对用水规模、规划阶段、预测精度、历史数据要求等方面采用模糊聚类等数学分析方法进行节点归类。

关键词：需水量预测；数学法；定额法决策树模型；影响因素权重体系

[1] 本项目来源于国家级大学生创新创业训练计划项目（地方高校）项目编号：201210086001，完成人员：付有为、张静、宋森。

11.1 概述

11.1.1 需水量预测

11.1.1.1 需水量预测概念与分类

需水量预测就是根据社会某一部门历史用水量数据的变化规律，并考虑社会、经济等主观因素和天气状况等客观因素的影响，利用科学的、系统的或经验的数学方法，在满足一定精度要求的条件下，对该部门未来某时间段内的需水量进行预测。

需水量预测在水资源规划和管理工作中起着重要的作用，是联系水资源供需双方的纽带，是水务决策、水工程投资时的重要参考指标。需水预测要求以经济的发展特征和用水现状为基础，涉及经济模式和发展趋势。

按照是否采用数学模型的方法，可将预测方法分为定量预测法和定性预测法。定量预测是根据用水历史过程建立预测模型或根据经验递推关系来直接预测用水量大小。定性预测方法是通过预测相应指标再计算其对应的用水量大小的方法，一般采用基于用水机理预测法以及用水定额法两种。

11.1.1.2 需水量预测步骤和原则

需水量预测是根据历史用水数据，运用各种数学方法对未来需水量的发展趋势和状况做出的预测和判断，是一项科学合理的分析活动和过程。进行需水量预测要经过以下的步骤：a. 明确需水量预测目的，制定预测计划；b. 调查、收集、整理归纳相关资料；c. 对资料进行初步定性分析，分析需水量的结构形式和变化趋势；d. 建立需水量预测模型；e. 综合分析，确定预测结果；f. 检验预测模型，进行预测；g. 编写预测报告，交付使用；h. 需水量预测管理；i. 分析预测误差，评价预测结果。

在进行需水量预测的过程中，要遵循的原则体现在以下方面。

(1) 整体性原则

需水量预测是一项极其复杂的工作，涉及的因素较多，包括：a. 社会经济因素，如人口、经济结构、规模的变动；b. 效率因素，如工业用水复用率、万元产值取水量、中水回用、污水资源化等；c. 供水事业发展，如供水能力及漏失量控制等；d. 自然资源因素。如水资源总量、可开采量、温度、降水量、径流量等的变化。这就要求我们在预测过程中，既要考虑需水量本身的特点和规律，又要考虑其他相关环境因素。

整体性原则就是强调把需水量看作是具有一定层次结构的系统，以整体的协调去考虑系统内部各部分之间，以及系统与环境之间的联系和作用，以求全面把握城镇需水量。

(2) 相关性原则

需水量的发展变化不是孤立的，而是与其他事物因素存在着相互制约、相互影响的关系。因此，在需水量预测的过程中，要对影响需水量的各种因素进行具体分析，从而建立起需水量与其影响因素之间的数量变动关系。

（3）有序性原则

有序性体现的是供水系统结构稳定性，这是一般需水量预测的必要前提，包括连贯原则和类推原则。连贯原则指的是需水量在时间上所具有的连续性，由于其数字特征较为稳定，因此可以对其发展过程加以模拟，利用历史资料比较准确地推断未来用水量的变化情况。类推原则即通过查阅相关资料，找出与所研究城镇的规模、结构、发展模式等相似城镇的用水数据，采用类比的方法，根据相似城镇已知的发展过程、状况来预测所研究城镇的发展。

（4）动态性原则

供水系统的发展是按一定规律进行的，如果这种规律赖以发生作用的客观条件发生变化，原来起作用的规律也就随之发生变化，使发展出现转折或突变，不再按原来的趋势延续下去，这时系统的有序性受到破坏，向无序性转化，与原有规律的延伸产生偏移。因此，需水量预测不仅需要反映供水系统的历史发展规律，而且应该处理好转折点或突变点，这就是动态性原则。

（5）反馈性原则

反馈性原则实际上是为了不断提高预测的准确性而进行的反馈调节。具体而言，当进行城镇需水量预测时，将预测水量与经过一段时间后所测得的实际水量进行比较，算出两者之间的差距，再根据这个差距对该城镇远期需水量进行更为精确的预测。

此外，还要对需水量预测值进行误差分析和精度评价。通过研究产生误差的原因，计算并分析误差的大小，从而有效提高预测准确度，并为相关决策提供依据和参考。

11.1.2　需水量预测研究进展

11.1.2.1　国外需水量预测研究进展

自 20 世纪 50 年代以来，世界各国社会经济快速发展，人口激增，城镇化步伐加快，世界总用水量日益增加。为满足有效供水需求和缓和供需矛盾，许多国家开始把水资源管理纳入政府部门的职能，并把需水预测作为计划工作的手段，以期达到宏观调控水资源供需矛盾的目的。如英国的 Leonid Shvartser、Mordechai Feldman 等建立模式识别模型进行短期用水量预测，将生活用水和工业用水分别预测，取得不错的效果；澳大利亚的 S. L. Zhou、T. A. McMahon、A. Walton、J. Lewis 等建立了时间序列预测方法用于墨尔本的日用水量预测，也取得了满意的结果；May 等将水价、人口、居民人均收入、年降雨量等作为相关因子，建立了中长期用水量与相关因子间的对数和半对数回归模型，该模型在美国得克萨斯州中长期用水预测中，取得了很好的效果。

11.1.2.2　国内需水量预测研究进展

1979 年我国水文和水资源规划部门着手组织全国水资源评价工作，于 1986 年完成，同时提出了《中国水资源利用》研究报告，其中将水资源供需专列一章。在这期间，国内许多专家、学者在用水量预测方面做了大量的研究和探讨，我国的张洪国、赵洪宾、袁一星、徐洪福等均对灰色模型进行了深入的研究并把它成功地应用到哈尔滨、牡丹江、郑州和大连等城市的年用水量预测中，均取得了好的结果；周建华、兰宏娟等对时间序列分析进行了深入的研究，并把它用到城镇日用水量预测中，也取得了很好的结果。

11.1.3 项目研究内容

11.1.3.1 问题的提出

由于传统的城市水量预测是以规模扩大（人口、面积、增产值等）为基础展开分析，计算结果往往呈现平稳增长趋势，随着时间的延长可能无限地大，因此，对需水量的预测普遍偏高，造成对供水规划和供水工程在不同程度上的误导。但实际用水过程是与社会经济发展速度、技术进步等难以量化的因素密切相关的，并且受自然条件影响。这就需要改进水量预测方法，精确地反映出城市用水量的变化趋势，不断地适应新形势和多种水资源预测的应用实践。

目前，需水量预测大多集中在不同类型、不同规模的城镇规划年需水量预测，常用的（也是规范规定的）预测方法主要有指数法、定额法两种。但是这些常用的方法只能反映一种平稳的几何增长过程，而实际用水过程是与社会经济发展速度、方向、政策、技术进步等难以量化的因素密切相关的，并且受自然条件（丰、枯水）波动的影响。因此，长期以来，我国在用水需求预测上一直过于“超前”，过去许多地区、部门的需水预测结果也都已经被事实证明偏大。

给水系统健康运行是城市可持续发展的前提，但在多数城市中却未受到应有的重视。在城市给水系统生命周期内，专业技术人员往往关注新水源配套工程建设而忽视备用水源维护、重视工程前期建设而忽视工程高效运行管理，在选择方法上人多局限在给水系统某一方面的定性论证而忽视给水系统整体性评价，这就可能导致城市给水子系统不协调。

随着社会发展、技术进步，与需水预测相关的统计资料日趋完善，与此同时，需水预测理论方法和应用研究也更加全面和深入。现阶段，常应用于水量预测的方法有回归分析法、时间序列法、灰色模型法、BP 神经网络模型、系统动力学方法等基于数学模型而建立起来的科学的预测方法系统。

如前所述，需水量预测的方法有许多种，但是这些预测方法的应用研究多集中在相当规模城镇的整体方面，研究成果多用于指导优质水资源及相应工程的规划建设，这种粗放式的预测在水资源日益紧缺的形势下显得不合时宜，因此，本文基于当前社会水资源现状，提出了更加精细化的需水预测应用研究技术体系。

11.1.3.2 主要研究内容

为了适应水资源紧缺并将长期持续的局面，改变粗放式需水预测工作思路，建立精细化需水预测技术体系，精确预测城镇发展各阶段以及计划管理用水量等情况，提高水资源利用率变得十分必要，本文旨在通过理论研究最大限度准确估计出规划期用水量和合理的计划管理用水量，从而进一步指导水资源及其工程规划建设。

针对需水量的定额预测方法和数学预测方法本文分别构建了影响因素权重体系和模糊聚类决策树模型，能够科学地进行用水定额和数学预测方法筛选。

根据《室外给水设计规范》（GB 50013—2006）和《城市给水工程规划规范》（GB 50282—1998）中确定的定额方法及其限值，本文分别开发了现状用水量×同倍比增长系数的城镇用水量计划管理定额修订方法和用水定额×同期预测增长系数的城镇用水量规划设计定额修正方法，避免了采用定额数值的随意性，使预测结果进一步精确。

根据需水量常用数学预测方法，本文建立了决策树模型，并针对用水规模、规划阶段、预测精度、历史数据要求等方面采用模糊聚类等数学分析方法进行节点归类。

11.2　需水量预测定额法及其改进研究

11.2.1　需水量预测定额法

需水量预测定额法因概念简单明了、操作性较强等特点被当前多数国家和地区所广泛采用。

用水定额预测方法计算步骤通常包括：a. 社会经济发展指标预测；b. 各用户用水定额预测；c. 进行两者乘积计算。最后还应进行需水预测结果的综合分析和评价，以期预测结果的合理性和现实可行性。

采用用水定额预测方法的关键在于用水定额的预测，其确定的主要途径有：a. 对现状各业用水进行调查分析，制定现状条件下的用水标准和定额，再根据现状水平年的用水目标和规划水平年的用水目标做适当调整；b. 参照国家或邻区用水标准，由熟悉情况的专家讨论确定；c. 根据该区用水量变化趋势，建立预测模型，通过模型计算确定。用水定额预测法比较直观，简单易行，便于考虑各种因素的变化及政策性调整。但该法需要根据国民经济发展确定出用水定额，而人均用水等在发展一定水平后会出现徘徊或者下降，而且各行业用水定额的变幅也是很大的。20 世纪 80 年代进行的城市用水量预测，受当时较快的经济发展速度和过热的经济发展状况影响，预测结果一般偏大，造成对供水规划和供水工程在不同程度上的误导。目前，城市水量预测通常采用人均定额法或用地指标法，该法虽然符合规范要求，但忽视了城市人口分布及城区经济布局的影响，有可能导致经济发达城区供水不足，而欠发达城区供水工程规模过于超前。例如，1986 年水利规划部门预测 2000 年全国需水量时采取的万元产值取水量为 660m^3，而实际上 2000 年工业万元产值的取水量仅为 81m^3。所以使用该方法时必须结合当地实际情况进行充分考虑，尽可能使预测误差变小。

对于国民经济发展指标一般主要是分第一、第二、第三产业的增加值以及人口、灌溉面积、建筑面积等指标，对于用水定额主要采取万元工业增加值用水量、人均生活日用水量、亩均用水量等。

定额法是目前我国最为广泛采用的需水预测方法，但是对于该方法目前也有人存在异议，如定额法预测的需水量偏大等。定额法最主要的问题是，对于国民经济发展的预测有时候把握不是很准，因为国民经济发展受很多因素影响，而且有些因素是不可测的，目前往往都是比较乐观的估计，也有个别估计不足的情况。而对于用水定额的预测、特别是超长期的定额预测，同时也缺乏有效的定量手段，但是定量问题不只是定额法存在的问题，也是其他方法普遍存在的问题。因此，由于这两个方面的原因，使得有些人虽对定额法存在异议，但是在实际应用中对这两个方面的预测加以认真对待，多方面求证，完全可以提高预测精度，把预测误差控制在允许的范围内。

11.2.2　用水定额分类

11.2.2.1　万元产值用水定额法

万元产值取水量定额法是根据工业万元产值取水量（即工业取水量与工业产值的比值）的现状和历史变化，推测未来达到某一工业产值目标时的工业用水需求量。这是过去常用来预测工业需水量的主要方法，其公式为：

预测期工业用水量＝预测期万元产值需水量×预测期的工业产值/10000

这种方法的缺点或者说存在的问题也十分明显，即万元产值取水量指标的确定非常困难，预测时在很大程度上取决于预测者的主观认识。这一方面是因为不同行业，或同一行业的不同企业，或同一企业的不同产品，或同一产品的不同生产工艺之间，其万元产值取水量可以相差几倍、几十倍甚至几百倍，而这些数据信息又无法系统完整地获得；另一方面，工业万元产值取水量指标因时间和地域的不同变异性很大，统计指标庞杂，预测的万元产值取水量指标可信度低，并且工业产值具有随市场变化的不确定性，工业技术装备水平、工业结构、工业增长方式、产品的市场供需状况在不同时期或不同地区间差异很大，工业产值的这一特点使得万元工业产值往往存在着不同行业中的重复计算问题，使得万元产值取水量指标本身不能真实反映实际用水效率。

11.2.2.2　单位产品用水定额法

单位产品用水定额法是一种较为准确的工业需水量预测方法。我国还没有普遍应用，原因是现阶段我国没有建立该项指标的统计体系，使该方法的应用受到了限制，不过随着统计工作的健全完善，该方法将会被广泛使用。

单位产品用水定额法是根据单位产品的需水量以及该产品的总生产量，计算出生产该产品的需水量，行业中各产品的需水量之和便是行业需水量，各行业需水量值之和便是工业生产总需水量。

11.2.2.3　人均生活用水定额法

人均生活用水定额法是预测生活用水需求最常用的方法。其公式为：

生活用水需求量＝预测期人均日生活用水定额×365×预测期用水人口

此方法的主要预测参数，是人均日生活用水量这一指标，而这一指标是否符合当时的实际用水情况，是预测结果精确与否的关键。而人均生活用水量指标又是受多种因素影响的，例如，影响居民生活用水量的因素有居民居住条件、给排水即卫生设施完备水平、居民生活水平、气候条件、生活习惯等，同时与供水条件、水价、计量方式也有一定的关系。影响人均公共设施用水量的因素有公共设施配套水平、城镇性质、城镇规模等，同时与节水管理方式与管理水平、气候条件等也有一定的关系。因此该指标是随时空变化而变化的，即同一时间不同地点或同一地点不同时间都应是不同的。确定该指标时应充分考虑上述各因素，力争使该指标能符合当时当地的实际情况，以便使预测结果更加真实。

11.2.2.4　人均综合用水量定额法

人均综合用水量定额法是根据城镇用水人口的发展变化与单位人口综合用水量指标来预测城镇总需水量的方法，该方法在城镇规划的城镇给水工程设计中得到广泛应用。对过去十几年来全国城镇及不同地区和不同流域城镇的用水指标的分析表明，城镇人均综合用水量指标具有良好的稳定性，其发展变化的趋势也非常明显。城镇生活用水的消费主体主要是城镇人口本身，工业生产的出发点和最终目的也是为了满足人们日益增长的物质、文化和精神需求，工业用水的最终消费主体仍然是一定区域的人口本身。随着人们对水资源短缺性认识的不断深入，对生存环境的忧患和保护意识的不断增强，生活用水器具会得到不断改进，工业用水效率也会不断提高，人们会自觉或被迫在水资源的开发利用和水资源的保护上寻求一个平衡点，这个平衡点就是水资源的承载能力，因此城镇人均综合用水量会相对稳定，并在总体上呈现出缓慢降低的变化趋势。此外，人均综合用水定额法主要预测要素是城镇用水人口，较之工业产品数量或工业产值其具有较强的可预测性。城镇用水人口的可预测性和城镇人均综合用水量变化相对稳定的特点，决定了利用人均综合用水定额法可以较准确地预测城镇总需水量。

人均综合用水定额法是一种较为实用的需水量预测方法，在现阶段我国的统计数据还不系统、完善的情况下，该方法更应该作为预测需水量的主要方法，其公式为：

$$需水量＝人均综合用水量\times用水人口$$

该方法的主要参数为人均综合用水量，由于该参数是一个综合性的参数，其变化是有规律可循的，它就像模糊数学中的黑箱一样，无论有多少影响因素，中间变化过程多复杂，而最终输出的结果却是有章可循的。因此根据历史数据，参考国外的经验，并结合用水趋势情况，该参数是能够确定且可准确找出规律的。

除上述四种常用方法外，在城镇用水规划预测中有时也采用单位建设用地综合用水定额法以及单位居住地用水定额法、单位公共设施用地用水定额法、单位工业用地用水定额法和单位其他用地用水定额法等。由于城镇人口密度相对稳定，因而上述单位建设用地用水定额可以换算为人均用水定额，因而这些预测方法在本质上和应用上与人均综合用水定额法或人均生活用水定额法类似，在此不做赘述。

11.2.3　需水量预测定额法的缺陷

用水定额的研究和制定是一种标准化的工作。它是在经济、技术、科学及管理等社会实践中，对重复性事物和概念通过制定、发布和实施标准达到统一的，以便获得最佳秩序和社会效益。从 20 世纪 70 年代末 80 年代初到现在，城镇用水定额研究工作有了明显的发展，这极大地促进了节约用水工作的发展。但是，在用水定额的制定过程以及定额的合理性方面还存在着许多问题有待研究解决，诸如以下几种。

1）标准化基础工作薄弱，标准化的统一、简化、协调和优化原理体现不足，各级用水定额的量值关系不清。“多龙治水”，不同定额，归不同部门管理，难以协调。

2）用水定额的某些基本概念，如用水定额的定义与内涵，城镇与工业用水分类与水量定义等不清。

3）用水定额类别、口径混乱，用途不明确。同一定额指标，不同部门间有不同计算口径。定额指标的解释也不尽相同，给科研、管理工作造成了许多不必要的麻烦。

4）定额指标更新缓慢，且定额规范取值过于经验化，难以做到定量分析取值。

11.2.4 用水定额取值研究

11.2.4.1 用水定额的定义

“广义地讲，用水定额是在一定期限内，一定约束条件下，在一定的范围内以一定核算单元所规定的用水水量限额。用水定额是人为规定的一种考核指标或衡量尺度，通常反映某种考核指标的平均先进水平，由此，用水定额应区别于实际发生的用水水量统计值”。此定义存在着如下问题：a. 用水定额的某些基本概念，如用水定额的内涵、城镇与工业用水分类与水量定义不清；b. 用水定额的类别不统一，用途尚不明确。故实际制定用水定额的过程中往往感到体现标准化的统一、简化协调和优化原理，以及各级用水定额的量值关系及标准化的基本技术要求等不足。

由于用水定额定义不清，用途多样，使得在制定用水定额过程中，既要考虑计划管理用水，又要考虑规划设计用水，所以制订出的定额值较高，且使用时间较长，这不利于用水的科学管理。

11.2.4.2 用水定额的作用与分类

用水定额是城镇给排水系统规划设计中的一个重要参数。它取值的大小不仅直接影响给排水工程规模的大小，还影响水资源的利用程度。要合理开发和利用水资源，就要计划供水。对计划的用水量执行累进加价收费制度，这样利于节水工作的开展，利于水资源保护。显然这个计划指标可以由用水定额来充当。只要其值定得合理，配合水价政策，就能促使人们采用节水技术，从而提高水资源的利用率，因此用水定额又成为城镇用水科学管理的基础量化指标之一。根据其作用，用水定额应分成计划管理和规划设计两类。

计划管理用水定额定义为：以基础定额为基础，在水量供需平衡和现有条件下，单位用水者（人或产品）在单位时间内能够按需求用水的新水量。其值的大小反映对水资源的耗用量，与水价配套使用，可以达到节约用水的目的。

规划设计用水定额定义为：在未来水平下（未来人口、未来工业发展、未来用水技术），单位用水者在单位时间内能够按需求用水的水量（含新水量和重复利用水量）。其值的大小反映对水资源的利用程度，若计划管理用水定额值低，规划设计用水定额值高，则说明用水物所用的重复水量多，对水资源的利用率程度高。

因此，规划设计用水定额既可以用来评价水资源利用率程度，又可以服务于给排水工程的规划设计。

计划管理用水定额和规划设计用水定额在使用的时间段上有所不同，规划设计用水定额值一旦确定，就要使用相当长的一段时间，而计划管理用水定额的值，应能根据影响用水定额的因素分时段（如年、季）来定，类似调度，从而使用水管理更加科学。

11.2.4.3 影响用水定额的定额因子

随着社会与科技的发展、人民生活水平的提高，人们的用水习惯以及节水意识也在变化，这些因素对用水量产生了很大的影响，综合对用水定额定义的理解，总结出以下6个主要影响因素，其中各个因素还包含其子影响因素，其关系如图11-1所示。

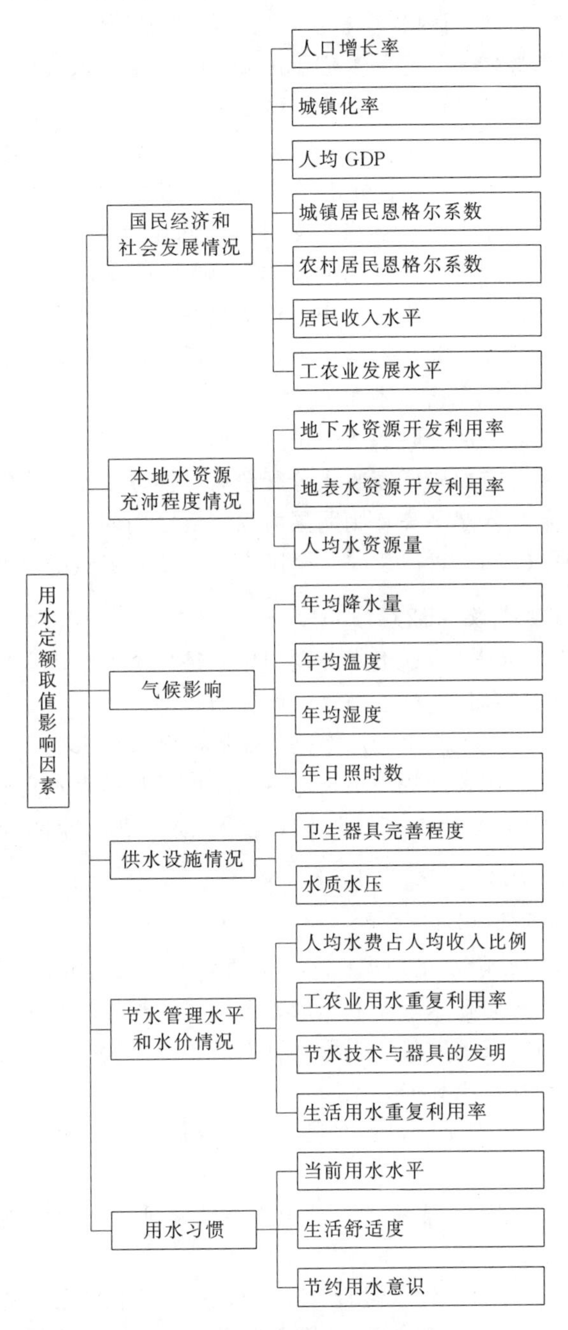

图11-1 定额取值影响因素关系图

(1) 当地国民经济和社会发展情况指数（B1）

① 人口增长率（C1） 一定时间内（通常为一年）人口增长数量与年平均人口数的比值。人口增长率用千分数表示。计算公式为：

$$人口增长率=(年末人口数-年初人口数)/年平均人口数\times1000‰$$

人口增长包括人口自然增长和人口机械增长，可反映出社会发展情况。

② 城镇化率（C2） 它是城镇化的度量指标，一般采用人口统计学指标，即城镇人口占总人口（包括农业与非农业）的比重。

③ 人均 GDP（C3） 人均国内生产总值，常作为发展经济学中衡量经济发展状况的指标，是重要的宏观经济指标之一，它是人们了解和把握一个国家或地区的宏观经济运行状况的有效工具，也是衡量一个国家人民生活水平的重要标准。

④ 恩格尔系数 恩格尔系数包括城镇居民恩格尔系数（C4）和农村居民恩格尔系数（C5）两类，恩格尔系数是食品支出总额占个人消费支出总额的比重。一个家庭收入越少，家庭收入中（或总支出中）用来购买食物的支出所占的比例就越大，随着家庭收入的增加，家庭收入中（或总支出中）用来购买食物的支出比例则会下降。推而广之，一个国家越穷，每个国民的平均收入中（或平均支出中）用于购买食物的支出所占比例就越大，随着国家的富裕，这个比例呈下降趋势。因此，恩格尔系数可以反映一个国家的经济水平，其可分为城镇居民恩格尔系数和农村居民恩格尔系数。

⑤ 居民收入水平（C6） 居民收入水平是直接影响市场容量大小的重要因素，一方面受宏观经济状况的影响；另一方面受国家收入分配政策、消费政策的影响。居民收入水平直接决定消费者购买力水平，收入水平高，则购买力强，反之则弱。

⑥ 工农业发展水平（C7） 可以反映一个国家工农业发展状况以及科技发展水平。

（2）水资源充沛程度指数（B2）

⑦ 地下水开发利用率（C8） 地下水开发利用率是指地下水用水量占地下水资源总量的比率，体现的是水资源开发利用的程度与水资源充沛程度。

⑧ 地表水利用率（C9） 地表水利用率是指流域或区域用水量占地表水资源可利用量的比率，是表征地表水资源利用程度的一项指标，同时可反映地表水充沛程度。

⑨ 人均水资源量（C10） 指在一个地区（流域）内，某一个时期按人口平均每个人占有的水资源量。

（3）气候因子影响指数（B3）

⑩ 年均降水量（C11） 降水量是指从天空降落到地面上的液态和固态（经融化后）水，没有经过蒸发、渗透和流失而在水平面上积聚的深度。年平均降水量，是指某地多年降水量总和除以年数得到的均值，或某地多个观测点测得的年降水量均值。它是衡量一个地区降水多少的数据，并与用水量存在正相关关系。

⑪ 年均温度（C12） 指一年内，各次观测的气温值的算术平均值，其与用水量存在正相关关系。

⑫ 年均湿度（C13） 湿度，表示大气干燥程度的物理量，年均湿度亦指年内空气的干湿程度，通常与用水量呈负相关。

⑬ 年日照时数（C14） 日照时数是指太阳每天在垂直于其光线的平面上的辐射强度超过或等于 $120W/m^2$ 的时间长度，年日照时数常与用水量呈负相关。

（4）供水设施影响指数（B4）

⑭ 卫生器具完善程度（C15） 表征一个地区，家庭用水设施完备程度。

⑮ 水质水压（C16） 体现一个地区，国家供水设施对水质、水压的保证程度。

（5）节水管理水平及收费标准指数（B5）

⑯ 人均水费占人均收入比率（C17） 体现水费对用水量的影响以及人们的节水意识。

⑰ 工农业用水重复利用率（C18）　工农业生产中对废水的收集与重复利用量占总水量的比值，体现节水管理水平。

⑱ 节水技术与器具的发明（C19）　节水技术与器具体现节水科技发展水平。

⑲ 生活用水重复利用率（C20）　生活用水中对废水的收集与重复利用量占总用水量的比重。

（6）用水习惯指数（B6）

⑳ 当前用水水平（C21）　当前居民实际用水程度。

㉑ 生活舒适度（C22）　体现居民对供排水设施的要求程度。

㉒ 节约用水意识（C23）　体现居民节水意识与有效用水习惯的统计量。

11.2.4.4　权重的确定

（1）权重计算方法

为了准确地反映各影响因素对用水定额影响的重要程度，以便确切地综合修订用水定额，须选用一定的数量值来定量地描述各个因素的重要程度，称之为“权重”。在多指标决策问题的求解过程中，指标权重的确定具有举足轻重的地位，大部分多指标决策综合排序方法都涉及指标权重，因此，如何科学、合理地确定指标权重，直接影响评价结果的真实性和合理性。

目前关于权重的确定方法有很多种，常见的有专家估测法、频数统计分析法、均方差决策综合分析法、指标值法、层次分析法（AHP）、因子分析法、熵权法等。这些方法中，有的富有浓厚的主观色彩，使评价结果因人为因素影响过大而失真；有的较烦琐，操作难度大，实用性不强。经过分析比较，文章选用模糊层次分析法来确定指标权重。

① 模糊层次分析法的原理　AHP（Analytical Hierar-chy Process，AHP）方法是美国运筹学家萨迪（A. L. Saaty）于 20 世纪 70 年代提出的一种系统分析方法，是一种定性与定量相结合的决策分析方法。该方法 20 世纪 80 年代初开始引入我国。其基本出发点是：在一般决策问题中，针对某一目标，很难同时对若干元素做出精确的判断，将它们相对于目标的重要性以数量来表示，从而排出大小次序，为决策者提供依据。它较容易对任意两元素做出精确判断，并给出相对重要性之比的数量关系。假设有 N 个元素，对任意两因素 i 和 j 进行比较，$\boldsymbol{C}_{ij}$ 表示相对重要性之比，则由 $\boldsymbol{C}_{ij}$（i，$j=1$，$2\cdots N$）构成一个判断矩阵 $\boldsymbol{C}=(\boldsymbol{C}_{ij})_{N\times N}$，此矩阵实际上是对定性思维过程的定量化。

传统 AHP 方法的判断矩阵定量评价值采用萨迪提出的 1～9 标度方法，标度的含义如表 11-1 所列。

表 11-1　AHP 方法相对重要性判断标度

标　度	含　义	标　度	含　义
1	表示因素 i 与 j 相比，具有同样重要性	7	表示因素 i 与 j 相比，i 比 j 强烈重要
3	表示因素 i 与 j 相比，i 比 j 稍微重要	9	表示因素 i 与 j 相比，i 比 j 极端重要
5	表示因素 i 与 j 相比，i 比 j 明显重要	2、4、6、8	表示需要在上述两个标度之间折中确定

但是该方法在实际操作应用时采用九标度法，标度工作量大，使得专家在评判过程中容易产生厌烦情绪，因此很难得到满意的一致性判断矩阵；并且构造的判断矩阵需

要进行一致性检验，如果一致性检验不成立，需要调整判断矩阵，再检验，计算相当烦琐。

为了解决传统 AHP 中构造判断矩阵主观性强，需要进行一致性检验，计算繁杂的缺陷，采用模糊层次分析法。该方法构造判断矩阵时采用 0.5、1、0 三标度构造优先判断矩阵，比较符合人们的思维逻辑，使得专家在两两因素之间很容易做出决策，更容易建立起判断矩阵。同时由优先判断矩阵改造成的模糊一致性判断矩阵满足一致性要求，无需再进行一致性检验，使得计算过程大大简化。另外，蒋华等虽对传统 AHP 法进行了改进，但模糊层次分析法比改进层次分析法更简单，更容易掌握，且通过计算得到的结果更加合理和准确。

② 模糊层次分析法步骤

1）建立层次分析模型　将问题所含的要素分组，把每一组作为一个层，由高到低包括目标层、系统层和指标层等层次。

2）采用三标度法构造比较矩阵　判断矩阵表示针对上一层中的某元素而言，根据数据资料、专家意见和分析者的认识，加以平衡，评定该层次中各有关元素相对重要性的情况，确定每一层次上的各因素之间的重要性程度的三标度比较矩阵。

建立模糊判断矩阵（优先判断矩阵）：

$$F=(f_{ij})_{n\times n}$$

$$f_{ij}=\begin{cases}0.5, t(i)=t(j)\\1.0, t(i)>t(j)\\0, t(i)<t(j)\end{cases}$$

其中，$t(i)$ 和 $t(j)$ 分别表示因素 f_i 和 f_j 的相对重要程度。

3）对矩阵 F 求行和

$$q_i=\sum_{j=1}^{n}f_{ij}$$

并利用转化公式

$$q_{ij}=\frac{q_i-q_j}{2n}+0.5$$

将模糊判断矩阵 $F=(f_{ij})_{n\times n}$ 改造为模糊一致性判断矩阵 $Q=(q_{ij})_{n\times n}$。

4）指标权重计算　模糊一致矩阵每行元素的和（不含自身比较）

$$l_i=\sum_{j=1}^{m}q_{ij}-0.5, i=1,2,\cdots,m$$

不含对角线元素的总和

$$\sum_{i}l_i=m(m-1)/2$$

由于 l_i 表示指标 i 相对于上层目标的重要性，所以对 l_i 归一化即可得到各指标权重

$$w_i=l_i/\sum_{i}l_i=2l_i/[m(m-1)]$$

5）层次总排序　利用同一层次单排序的结果，就可以进一步计算出对更上一层次本层

次所有元素重要性的权重值，从而得到各评价指标的重要程度排序。

(2) 需水量预测影响因素权重计算

① 构造两两比较判断矩阵　根据模糊层次分析法赋权步骤，在参考了部分相关文献资料后，邀请了一些专家对选定指标给予相对重要性判断。构造的各判断矩阵见表 11-2～表 11-8。

表 11-2　P 城镇用水定额取值影响因素

P-B	B1	B2	B3	B4	B5	B6
B1	0.5	0	0	1.0	0.5	0
B2	1.0	0.5	0	1.0	O.5	0.5
B3	1.0	1.0	0.5	1.0	1.0	0.5
B4	0	0	0	0.5	0	0.5
B5	0.5	0.5	0	1.0	0.5	0
B6	1.0	0.5	0.5	0.5	1.0	0.5

表 11-3　B1 当地国民经济和社会发展情况指数

B1-C	C1	C2	C3	C4	C5	C6	C7
C1	0.5	1.0	1.0	1.0	0	0	1.0
C2	0	0.5	0	1.0	0	0	0
C3	0	1.0	0.5	1.0	0	1.0	1.0
C4	0	0	0	0.5	0	0	0
C5	0	1.0	1.0	1.0	0.5	1.0	1.0
C6	1.0	1.0	0	1.0	0	0.5	0.5
C7	1.0	1.0	0	1.0	0	0.5	0.5

表 11-4　B2 水资源充沛程度指数

B2-C	C8	C9	C10
C8	0.5	1.0	1.0
C9	0	0.5	0
C10	0	1.0	0.5

表 11-5　B3 气候因子影响指数

B3-C	C11	C12	C13	C14
C11	0.5	1.0	0	0
C12	0	0.5	0	0
C13	1.0	1.0	0.5	0.5
C14	1.0	1.0	0.5	0.5

表 11-6　B4 供水设施影响指数

B4-C	C15	C16
C15	0.5	1.0
C16	0	0.5

表 11-7　B5 节水管理水平及收费标准指数

B5-C	C17	C18	C19	C20
C17	0.5	0	0	1.0
C18	1.0	0.5	0	1.0
C19	1.0	1.0	0.5	1.0
C20	0	0	0	0.5

表 11-8 B6 用水习惯指数

B6-C	C21	C22	C23
C21	0.5	1.0	1.0
C22	0	0.5	0
C23	0	1.0	0.5

② 层次总排序 按模糊层次分析法原理及其步骤对层次 B、C 判断矩阵进行综合计算，得到层次单排序和层次总排序，见表 11-9。

表 11-9 层次单排序和层次总排序

层次 B	B1	B2	B3	B4	B5	B6	层次 C 总排序
	0.298	0.169	0.396	0.061	0.037	0.039	
层次 C							
C1	0.1667						0.0497
C2	0.0952						0.0284
C3	0.1667						0.0497
C4	0.0714						0.0213
C5	0.2143						0.0639
C6	0.1548						0.0461
C7	0.1310						0.0390
C8		0.3667					0.0620
C9		0.2666					0.0451
C10		0.3667					0.0620
C11			0.2084				0.0825
C12			0.1250				0.0495
C13			0.3333				0.1320
C14			0.3333				0.1320
C15				0.6667			0.0407
C16				0.3333			0.0203
C17					0.2083		0.0077
C18					0.2917		0.0108
C19					0.3750		0.0139
C20					0.1250		0.0046
C21						0.5386	0.0210
C22						0.2864	0.0112
C23						0.1750	0.0068

按表 11-9 所得各影响因素权重系数见图 11-2。

11.2.4.5 用水定额影响系数修订

定额修订是一个复杂的过程，定额产品繁杂、影响因素众多，所以不可能用统一的方法对所有用水定额进行修订。定额影响因素不确定、难量化、难分离的特点，意味着定额修订方法本身就是定性和定量的结合。

为了综合用水定额影响因素对用水定额的定量影响，用水定额修订在方法建模上要遵循一条原则：体现定额影响因子对定额的影响原则。修订方法和模型应体现定额影响因子对定额的影响，综合考虑修订前后定额影响因子的变化对定额进行修正。因此，采用同比变化来体现影响因素与用水定额的关系，同时结合模糊分析赋予其权重，得出影响系数（即综合同变化倍比），完成对计划管理定额的修订；通过查询各影响因素的同期增长系数，分析并赋予其权重，得出综合预测增长系数，细化其限值范围的取值，完成对规划设计定额的修订。

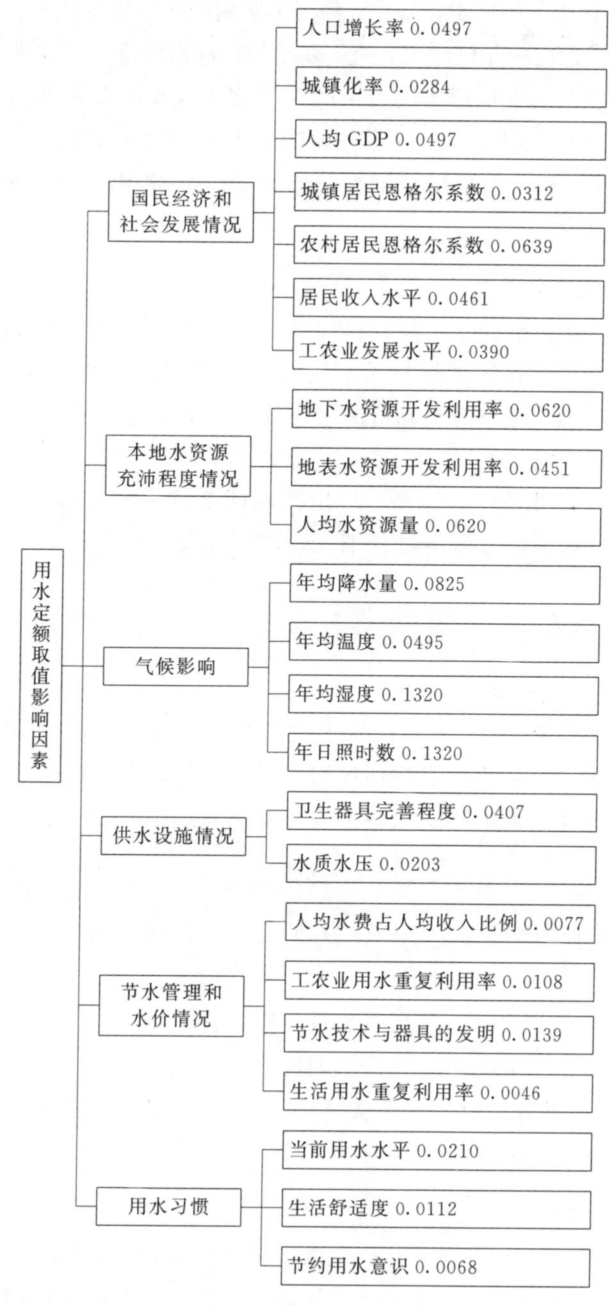

图 11-2　定额取值影响权重系数

(1) 同比变化系数修订法

用水同比变化修订法，是根据城镇发展和用水变化情况，综合行业用水主管部门和国家节能减排政策对水耗的要求，确定用水定额同比变化倍比，对定额进行修订的方法。

修订模型为：

$$V_2 = KV_1$$
$$K = (1+r)^n$$

式中，K 为同变化倍比；r 为同倍比因子；V_1 为初期值；V_2 为修订值。

此法的关键是同倍比因子的确定，采用定额因子影响因素平均变化率作为“同倍比因子 r”，然后利用 $K=(1+r)^n$ 求得同变化倍比 K，进一步求解定额修订值。用水同比变化修订步骤：

a. 确定同倍比因子。选取定额影响因子的年变化率，作为定额修订同倍比因子；b. 确定同变化倍比 K。根据 $K=(1+r)^n$ 计算各影响因子的同变化倍比；c. 对各因素的同变化倍比值进行分层赋权并加和，得到综合同变化倍比值；d. 利用综合同变化倍比值对计划管理用水定额进行修订。

（2）预测增长系数修订法

通过查询城镇总体规划设计、气象资料或者专家预估等因素，可以得到各影响因素的同期预测增长变化系数，并对各因素增长系数进行分层赋权、加和，从而得出综合影响系数值，即同期预测增长系数，通过对基础值的修订计算，最终得出水量预测值。

预测增长系数修订步骤：a. 查询各影响因素的同期预测增长系数；b. 通过对各影响因素的同期增长系数进行分层赋权、加和，得出需水同期预测增长系数；c. 利用需水预测同期增长系数对规划设计定额规范限值进行细化，修订规划设计定额。

11.2.4.6　用水定额取值

（1）计划管理用水定额修订

水资源短缺是人类在21世纪面临的重大挑战之一。在有限的水资源竞争加剧的年代，实行计划用水管理，采用经济手段有效地控制用水量，是促进节约用水的重要措施之一。因此，计划管理用水需反映当前的用水水平，故其基底值选用当下用水量。

$$Q_{修订}=Q_{当前}K_{综合}$$

式中，$Q_{修订}$ 为修订后的用水定额；$Q_{当前}$ 为当前的用水定域；$K_{综合}$ 为赋权后的同变化倍比。

通过查询城镇总体规划设计、气象资料或专家的预估等，可以得到各影响因素的年变化率，从而根据公式 $K=(1+r)^n$ 得出每个影响因素的同变化倍比，进一步对得出的同变化倍比（即 K_1，…，K_{23}）进行赋权、加和从而得出 $K_{综合}$，最终得出修订后的用水定额 $Q_{修订}$，从而对计划管理用水量进行指导。

（2）规划设计用水定额修订

当前，我国城镇给水专业规划设计用水以《室外给水设计规范》（GB 50013—2006）以及《城市给水工程规划规范》（GB 50282—1998）为依据，但随着城镇化率的提升、社会经济的发展、人民生活水平提高以及气候等因素的变化影响，用水定额会有变化。然而，以往经过查询规范，根据经验来确定的城镇用水定额，其值往往偏大，不够精确，需应用上述方法，对其进行赋权定量研究。

例如，《室外给水设计规范》（GB 50013—2006）规定居民生活用水定额和综合生活用水定额应根据当地国民经济和社会发展水平、水资源充沛程度、用水习惯，在现有用水定额基础上，结合城镇总体规划和给水专业规划，本着节约用水的原则，综合分析确定。在缺乏实际用水资料的情况下，可按表11-10和表11-11选用。

表 11-10　居民生活用水定额　　　　单位：L/(人·d)

城镇规模 用水情况	特大城镇 最高日	平均日	大城镇 最高日	平均日	中、小城镇 最高日	平均日
一	180～270	140～210	160～250	120～190	140～230	100～170
二	140～200	110～160	120～180	90～140	100～160	70～120
三	140～180	110～150	120～160	90～130	100～140	70～110

表 11-11　综合生活用水定额　　　　单位：L/(人·d)

城镇规模 用水情况	特大城镇 最高日	平均日	大城镇 最高日	平均日	中、小城镇 最高日	平均日
一	260～410	210～340	240～390	190～310	220～370	170～280
二	190～280	150～240	170～260	130～210	150～240	110～180
三	170～270	140～230	150～250	120～200	130～230	100～170

注：1. 特大城镇指市区和近郊区非农业人口在 100 万及以上的城镇；大城镇指市区和近郊区非农业人口在 50 万及以上，不满 100 万的城镇；中、小城镇指市区和近郊区非农业人口不满 50 万的城镇。

2. 一区包括湖北、湖南、江西、浙江、福建、广东、广西、海南、上海、江苏、安徽、重庆；二区包括四川、贵州、云南、黑龙江、吉林、辽宁、北京、天津、河北、山西、河南、山东、宁夏、陕西、内蒙古河套以东和甘肃黄河以东的地区；三区包括新疆、青海、西藏、内蒙古河套以西和甘肃黄河以西的地区。

3. 经济开发区和特区城镇，根据实际用水情况，用水定额可酌情增加。

4. 当采用海水或污水再生水等作为冲厕用水时，用水定额相应减少。

对于居民生活用水定额以及综合生活用水定额，由于下限是保证居民人均用水量的最低保证，故选用下限作为基底值，同时对其间差值（即跨度值）应用如上所述的同比变化以及赋权方法进行同比赋权变化，以一区特大城镇居民生活定额平均日用水量为例，其基值为 140L/(人·d)，据公式：

$$Q_{修订}=140+(210-140)\times R_{综合}$$

式中，$Q_{修订}$为修订后用水定额；$R_{综合}$为综合同期预测增长系数。

通过查询城镇总体规划设计、气象资料等因素，可以得到各影响因素的同期预测增长变化系数，并对其各因素增长系数进行分层赋权、加和，从而得出 $R_{综合}$值，通过计算最终得出 $Q_{修订}$值，做出较为精确的选择，作为指导规划设计用水量的依据。

11.3　预测城镇需水量的数学模型方法简介

本节集中介绍了主要的预测需水量的数学方法，概括性地描述了这几种方法的理论基础、应用特点以及使用步骤。

11.3.1　时间序列法

所谓时间序列预测法就是指在利用大量历史数据的基础上总结出预测对象随时间变化的规律，并利用这种规律，对预测对象的未来变化量做出预测。在城镇需水量预测中，由用水量数据构成随机序列，根据该随机序列体现的随机过程的特性，建立产生实际序列的随机过程的模型，然后用这些模型进行预测。时间序列预测方法在短期需水预测中应用较多，主要有移动平均法、指数平滑法、趋势外推法、马尔可夫法和博克斯-詹金斯法 5 种方法。

11.3.1.1　移动平均法

移动平均法是用一组最近的实际用水数据值来预测未来一段时间用水量的方法。移动平均法适用于即期预测。当用水量波动不太大，且不考虑季节因素影响时，移动平均法能有效地消除预测中的随机波动，是非常有用的一种方法。移动平均法根据预测时使用的各元素的权重不同，可以分为简单移动平均和加权移动平均。简单移动平均假设各时期需水量权重相同，在城镇需水预测中应用较少，在这里主要介绍加权移动平均。

加权移动平均法是通过历史用水数据的加权平均值来预测未来的需水量，如 y_n 为预测年需水量，过去 m 年用水量分别为 y_{n-1}、y_{n-2}、…、y_{n-m}，则其预测模型如下式所示：

$$y_n=(\alpha_1 y_{n-1}+\alpha_2 y_{n-2}+\cdots+\alpha_m y_{n-m})/m$$

式中，α_1、α_2、…、α_m 为各年数据的加权系数，这种方法简便易行，且移动平均法对原序列有修匀或平滑的作用，能够平滑掉数值的突然波动对预测结果的影响。但是，该方法需要大量的历史数据，在应用时，由于其平滑效果，会对实际数据变动不敏感。此外由于是平均值，不能很好地反映未来需水量变化趋势。总的来说，近期预测有一定的准确性，但不适用于长期预测。

11.3.1.2　指数平滑法

指数平滑法（Exponential Smoothing，ES）是布朗（Robert G. Brown）提出的，他认为由于时间序列所具有的稳定性和规律性，可以被合理地顺势推延，在这一过程中会更加注重加大近期资料的权重。实际上它就是在移动平均法基础上发展起来的一种时间序列分析预测法，它是通过计算指数平滑值，配合一定的时间序列预测模型对现象的未来进行预测。在城镇需水量预测中，指数平滑法以本期实际用水量与本期预测需水量为基础，引入一个简化的加权因子，即平滑系数，以求得平均数的一种指数平滑预测方法。其中，平滑系数 α 可以取 0～1 区间内的任意值。

指数平滑法在应用时，方法较为简单，只需要确定本期实际值、本期预测值以及平滑系数三项内容，但是指数平滑法不能很好地反映数据的变化趋势，存在一定的滞后性，不适合长期预测。

11.3.1.3　趋势外推法

趋势外推法（Trend Extrapolation）是根据过去和现在的发展趋势推断未来的一类方法的总称。首先由 R. 赖恩（Rhyne）用于科技预测。他认为，应用趋势外推法进行预测，主要包括以下 6 个步骤：a. 选择预测参数；b. 收集必要的数据；c. 拟合曲线；d. 趋势外推；e. 预测说明；f. 研究预测结果在制订规划和决策中的应用。

在城镇需水量预测中，先根据给定的历史用水量数据确定数据的变化趋势，利用各点数据估计参数，然后得出趋势方程，再用趋势方程进行预测。为了拟合数据点，实际中最常用的是一些比较简单的函数模型，如线性模型、多项式模型、指数曲线模型、对数曲线模型、乘幂模型、生长曲线模型。其趋势方程如下：

$$y=a+bt$$

$$y_t=a_1+a_2t+a_3t^2+\cdots+a_nt^n$$

$$y_t=a\mathrm{e}^{bt}$$

$$y_t=a\ln(t)+b$$

$$y_t=at^b$$

$$y_t=a\mathrm{e}^{b-ct}$$

趋势外推法在进行预测时，有一定的精度，但是结果不稳定。

11.3.1.4　马尔可夫法

马尔可夫分析法（Markov Analysis）又称为马尔可夫转移矩阵法，是指在马尔可夫过程的假设前提下，通过分析随机变量的现时变化情况来预测这些变量未来变化情况的一种预测方法。马尔可夫分析起源于俄国数学家安德烈·马尔可夫对成链的试验序列的研究。1907年马尔可夫发现某些随机事件的第 N 次试验结果常决定于它的前一次（$N-1$ 次）试验结果马尔可夫假定各次转移过程中的转移概率无后效性，用以对物理学中的布朗运动作出数学描述；1923 年由美国数学家诺伯特·维纳提出连续轨道的马尔可夫过程的严格数学结构；20 世纪 30～40 年代由柯尔莫戈罗夫、费勒、德布林、莱维和杜布等建立了马尔可夫过程的一般理论，并把时间序列转移概率的链式称为马尔可夫链。

马尔可夫分析法的一般步骤为：a. 调查目前的市场占有率情况；b. 调查消费者购买产品时的变动情况；c. 建立数学模型；d. 预测未来市场的占有率。

马尔可夫分析法的基本模型为

$$X(K+1)=X(K)\times P$$

式中，$X(K)$ 表示趋势分析与预测对象在 $T=K$ 时刻的状态向量；P 表示一步转移概率矩阵；$X(K+1)$ 表示趋势分析与预测对象在 $T=K+1$ 时刻的状态向量。

必须指出的是，上述模型只适用于具有马尔可夫性的时间序列，并且各时刻的状态转移概率保持稳定，若时间序列的状态转移概率随不同的时刻在变化，不宜用此方法。由于实际的客观事物很难长期保持同一状态的转移概率，故此法一般适用于短期的趋势分析与预测。

11.3.1.5　博克斯-詹金斯法

博克斯-詹金斯（B-J）法又称 ARMIA 模型，包括自回归模型（AR）、移动平均模型（MA）、自回归-移动平均模型（ARMA）。这三类模型均假设时间序列为零均值的平稳随机时间序列。ARMA 模型可以看作是自回归模型（AR）和滑动平均模型（MA）两者的结合，在实际应用中，由于 ARMA 模型具有另外两种模型共有的特性，因此其应用更为广泛。B-J 法将预测问题分为 3 个阶段，即模型识别；模型参数估计和模型的检验；预测应用。其流程见图 11-3。

11.3.2　人工神经网络法

人工神经网络是一种模仿动物神经网络行为特征，进行分布式并行信息处理的算法数学模型。这种网络依靠系统的复杂程度，通过调整内部大量节点之间相互连接的关系，从而达到处理信息的目的。人工神经网络具有自学习和自适应的能力，可以通过预先提供的一批相互对应的输入-输出数据，分析掌握两者之间潜在的规律，最终根据这些规律，用新的输入数据来推算输出结果，这种学习分析的过程被称为“训练”。本文将介绍以下 5 种人工神经模型在城镇需水量预测中的应用，分别是 BP 神经网络模型、RBF 神经网络模型、模糊神经网络模型、遗传神经网络模型以及小波神经网络模型。

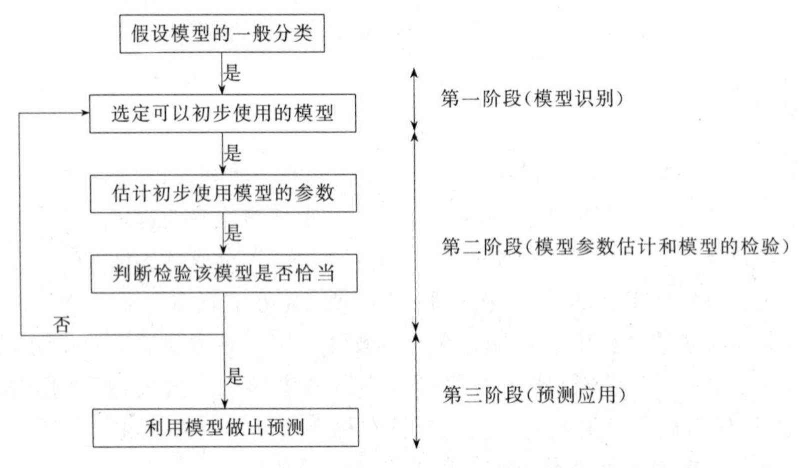

图 11-3　博克斯-詹金斯法预测流程

11.3.2.1　BP 神经网络模型

反向传播（Back Propagation，BP）网络是神经网络学习算法中的一种，它是一种基于工作信号正向传播，误差信号反向传播的人工神经网络。由于 BP 算法过程包含从输出节点开始，反向地向第一隐含层（即最接近输入层的隐含层）传播由总误差引起的权值修正，所以称为“反向传播”。

BP 网络学习过程由信息的正向传播和误差的反向传播两个过程组成。输入层各神经元接收来自外界的输入信息，然后传递给隐含层各神经元；隐含层是内部信息处理层，负责信息转换，根据信息变化能力的需求，隐含层可以设计为单隐层或者多隐层结构；最后一个隐层传递到输出层各神经元的信息，经进一步处理后，完成一次学习的正向传播处理过程，由输出层向外界输出信息处理结果。如果输出层得不到希望的传播，进入误差的反向传播阶段。误差信号按原来的神经元连接通路返回，在返回的过程中，逐一修改神经元权值，这一过程不断迭代，最终使得信号误差在允许范围内。

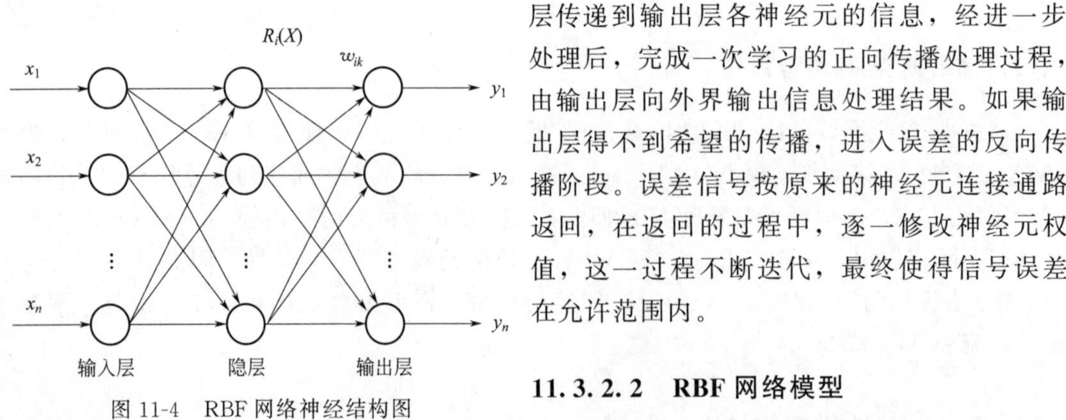

图 11-4　RBF 网络神经结构图

11.3.2.2　RBF 网络模型

在人工神经网络中，BF 神经网络的应用最为广泛，但是由于 BF 神经网络的误差反向传播算法收敛速度慢，并会出现局部极小值，因此，在这里我们介绍一种新的模型，即径向基函数（RBF）预测模型。RBF 神经网络是 J. Moody 和 C. Darken 于 20 世纪 80 年代末提出的一种以函数逼近理论为基础的三层前馈网络。它具有很强的生物学背景，模拟人的大脑皮层区域中局部调节及交叠的感受野（Receptive Field）。RBF 网络无论在逼近能力、分类能力和学习速度等方面均优于 BP 网络，能够避免局部收敛，实现快速全局收敛。RBF 网络模型的神经网络结构如图 11-4 所示。

11.3.2.3　模糊神经网络（FNN）模型

模糊神经网络就是具有模糊权系数或者输入信号是模糊量的神经网络。模糊神经网络有逻辑模糊神经网络、算术模糊神经网络、混合模糊神经网络 3 种模式。

对于逻辑模糊神经网络，可采用基于误差的学习算法，即监视学习算法；对于算术模糊神经网络，则有模糊 BP 算法、遗传算法等。该模型的拓扑结构见图 11-5。

实际上模糊神经网络结合了模糊系统和神经网络两者的特点，人工神经网络能模拟人脑结构的思维功能，具有较强的自学习和联想功能，人工干预少，精度较高，对专家知识的利用也较少。但其缺点是不能处理和描述模糊信息，不能很好利用已有的经验知识，特别是学习及问题的求解具有黑箱特性，其工作不具有可解释性，同时它对样本的要求较高。模糊系统相对于神经网络而言，具有推理过程容易理解、专家知识利用较好、对样本的要求较低等优点，但它同时又存在人工干预多、推理速度慢、精度较低等缺点，很难实现自适应学习的功能，而且如何自动生成和调整隶属度函数和模糊规则，也是一个棘手的问题。如果将二者有机地结合起来，可以起到互补的效果。模糊神经网络在城镇需水量预测中，具有良好的拟合精度、泛化能力和适应性，计算精度要明显优于其他传统预测方法。

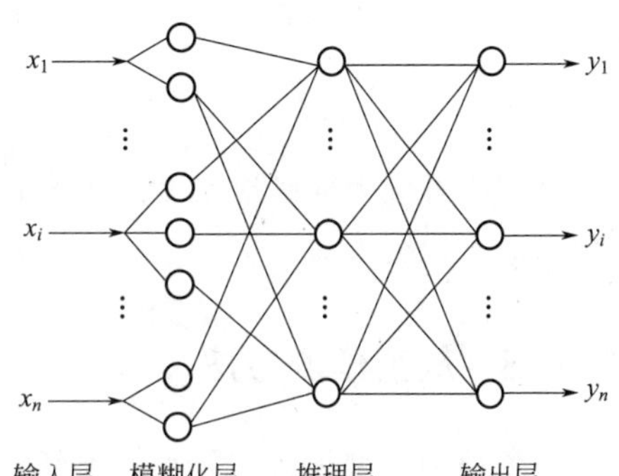

图 11-5　FNN 模型拓扑结构

11.3.2.4　遗传神经网络模型

遗传算法（Genetic Algorithms，GA）和人工神经网络（Artincial Neural Network，ANN）是两种重要的计算智能技术，ANN 计算速度快，局部寻优能力强，但易于陷入局部极小；GA 则具有其他算法所没有的自适应性、全局优化性和隐含并行性，但局部寻优能力不强。遗传神经网络模型就是将遗传算法于神经网络相结合的一种算法模型。

GA 与 ANN 的结合主要表现为两种方式：一种是辅助式结合，比较典型的是利用 GA 对数据进行预处理，然后用 ANN 求解问题，比如在模式识别中先利用 GA 进行特征提取，而后用 ANN 进行分类；另一种是合作式结合，即 GA 和 ANN 共同求解问题，主要集中在网络的权值与门阈值及网络结构的优化方面。

遗传神经网络模型就是将遗传算法于神经网络相结合的一种算法模型。BP 算法的训练是基于误差梯度下降的权重修改原则，这就不可避免地存在易落入局部最小点的问题；遗传算法善于从全局进行搜索，而对于局部的精确搜索则显得能力不足。将遗传算法和 BP 算法相结合可实现优势互补，有利于更好地解决问题。按照上述思想，网络的训练过程可分为两个步骤：一是采用遗传算法优化 BP 网络的初始权重；二是利用 BP 算法修改网络的权重。

11.3.2.5 小波神经网络模型

自 1992 年 Q. Zhang 提出以小波基函数作为神经元的激励函数，建立前馈式神经网络以来，小波神经网络（Wavelet Neural Networks，WNN）被广泛应用于故障诊断、模式识别、系统黑箱识别、预测等领域。WNN 是将神经网络隐结点的 S 函数由小波函数来代替，相应的输入层到隐含层的权值及隐含层的阈值分别由小波函数的尺度伸缩因子和时间平移因子所代替。该模型的拓扑结构见图 11-6。

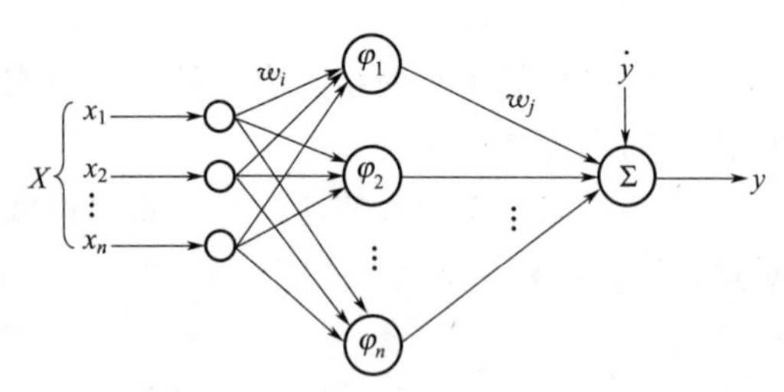

图 11-6 小波神经网络模型结构

小波神经网络集人工神经网络和小波分析优点于一身，既使得网络收敛速度加快、避免陷入局部最优，又有时频局部分析的特点。总之，该方法可较为准确地预测出区域需水量，有较好的拟合精度、泛化能力和适用性，计算精度要优于传统方法。

11.3.3 灰色预测方法

灰色预测模型是目前需水量预测中应用较多的一种模型，且随着该模型的改进和优化，其需水预测精度也得到了一定的提高，应用范围也更加广泛。

GM 模型即指灰色模型（Gray Model）。一般建模是用数据序列建立差分方程，而灰色建模则是用历史数据列作生成后建立微分方程模型。系统被噪声污染后会出现离乱的情况，离乱的数列被称为灰色数列，对灰色数列建立的模型，称为灰色模型。

灰色预测是对既含有已知信息，又含有不确定信息的灰色系统进行预测，就是对在一定范围内变化的与时间有关的灰色过程进行预测。灰色预测法的基本思想是通过鉴别系统因素之间发展趋势的相异程度，即进行关联分析，并对原始数据来寻找系统变动的规律，生成有较强规律性的数据系列，然后建立相应的灰色预测模型，对具有灰色系统特征的社会、经济等现象进行预测。

灰色预测是用灰色模型 GM（1，1）、GM（1，n）进行的定量预测，依据其功用和特征分为以下 5 类。

① 数列预测　该预测是指对某个事物发展变化的大小与时间所做的预测。例如，城镇需水量预测要求根据历史用水量数列预测未来某一时期需水量值的大小。这是我们主要使用的一种预测方法。

② 灾变预测　该预测是指对异常值的预测。主要预测异常值出现的时刻，而异常值的大小是事先给定的，这一类型常用于给水系统可靠性的预测之中。

③ 季节灾变预测　该预测是指发生在一年中某个季节或某个特定时区内的异常预测。它只是预测一年内某个特定时区灾变异常值出现的时刻。

④ 拓扑预测　该预测是指用 GM（1，1）模型预测未来发展变化的整个波形。

⑤ 系统预测　该预测是指对系统中包含的几个量一起预测，预测变量（因素）之间发

展变化的关系，预测系统中主导因素的作用。

灰色预测方法要求的历史数据少，不考虑分布规律，不考虑变化趋势，运算方便，易于检验，预测范围广，对于长、短期预测均适用。由于信息不全，当数据离散程度大时数据灰度也大，预测精度差，有时会出现较大偏差，甚至完全失效，因此该法不太适合于给水系统的长期后推若干年的预测。

11.3.4　回归分析法

客观事物之间常常存在着某种因果关系。回归分析法就是通过对数据的统计分析和处理，研究事物之间相关关系的方法。在城镇需水量预测中，通过分析历史数据的变化规律，建立自变量与因变量的回归方程式，确定模型参数，从而对未来需水量做出预测。

若已知需水量 q 和某影响因素 x 存在一定的相关关系，回归关系就是对每一个 x 的取值都有 q 的一个分布与之对应，此为一元线性回归模型。

需水量的变化往往不是某个因素在单独起作用，而是很多因素共同影响。多元线性回归模型就是指，根据现象之间的相关关系，建立多个自变量的回归模型，当变量间的结构关系在未来无限大变动时，通过自变量的预报值来求得预测对象的未来值。

由于在实际问题中，自变量与因变量之间存在的关系多为非线性的，对于这些非线性模型的研究，一般可分为两种情况，即已知曲线（公式）类型和未知曲线（公式）类型。

在应用回归模型预测方法的过程中，选择合适的自变量是预测成功的关键。对于自变量的选择，要依据两条准则：一是选择的自变量应该是与需水量密切相关的因素；二是所选择的自变量之间不能有较强的线性关系。

总体来说，回归模型在需水量预测中最显著的一个特点就是，该方法适用于长期的需水量预测，而对于短期需水量预测，由于影响因素多，数据波动较大，该方法一般不适用。

11.4　需水量预测数学方法决策体系

11.4.1　需水量预测数学方法决策树

通过需水预测数学模型法对比、分析，构建需水量预测数学模型预测体系，如图 11-7 所示，并通过树形图这种形式对选用需水量预测模型的决策过程进行明确清晰的体现。

在运用图 11-7 进行筛选数学方法进行需水量预测时，应注意以下问题。

1）需水量预测数学模型方法种类繁多，有些模型适用性较广，而有些改进模型可能只适应于某一种情况。本文选取时间序列法、灰色预测模型、人工神经网络以及回归模型预测法四大种类的方法进行预测，分类的依据为“是否需要探究影响因素与需水量的关系”或是“资料是否完备”。在这里需要强调的是，所谓“资料是否完备”指针对实际情况而言。若预测需水量，只有过去一段时间的需水量历史数据，而无其他影响因素（如气候、政策、特别事件等）的历史数据，则选用时间序列法和灰色预测模型进行需水量预测；反之，选择回归模型预测以及人工神经网络模型进行预测。

2）需水量预测，按需水量预测时间的长短可分为长期、中期和短期需水量预测。其中，长期为 6～10 年，中期为 1～5 年，短期为一年以内（包括按月、周、日、时进行的需水量预测）。本文即是在这样的分类基础上进行决策的。

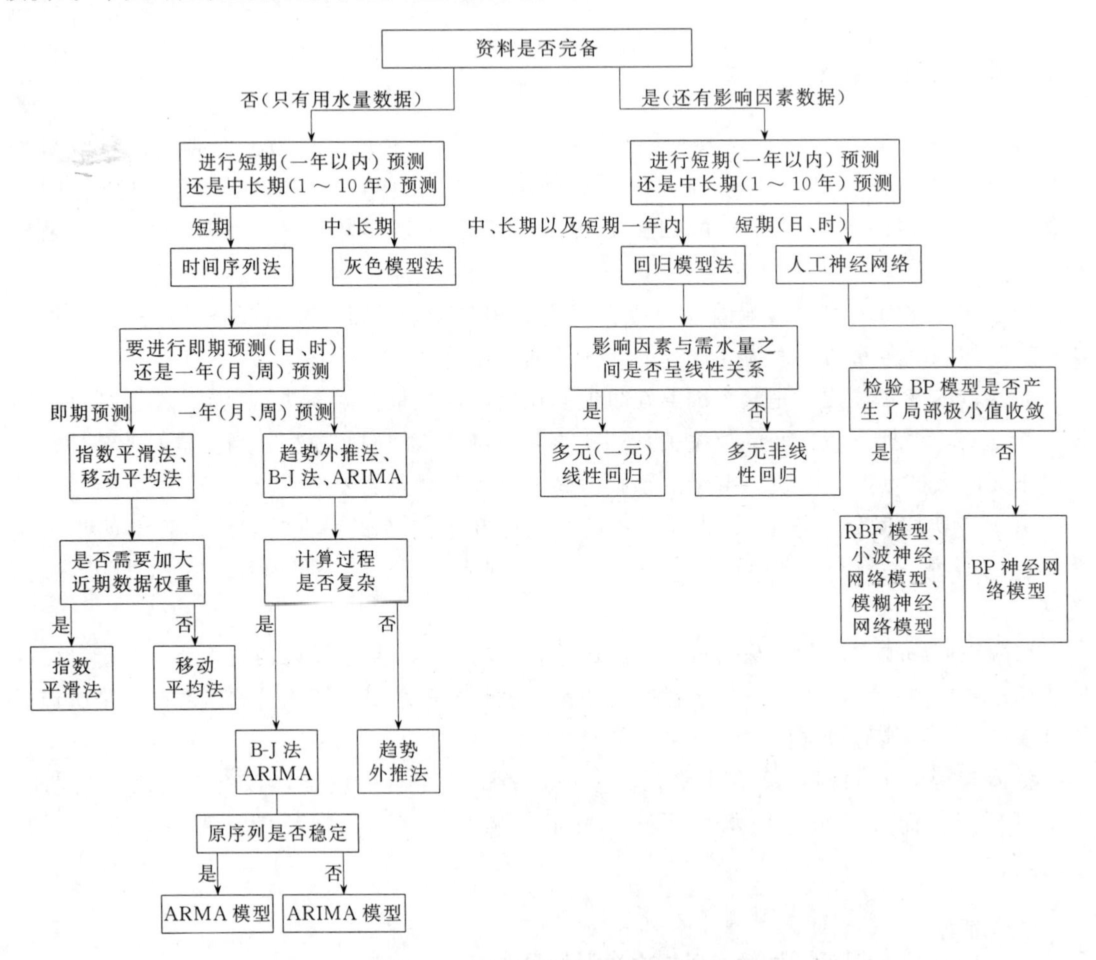

图 11-7 需水量预测数学方法决策树

3）在运用回归模型或人工神经网络法进行需水量预测之时，还有一个不可忽略的重要步骤，即对需水量各影响因素进行分析。对于回归模型法，目前应用较为广泛且有效的方法为逐步回归分析。简单来说就是，将因素逐个引入回归模型，引入的条件是该因素的偏回归平方和经检验是显著的。同时，每引入一个新的因素后，要对已选择的因素逐个进行检验，将偏回归平方和变为不显著的因素剔除，直到不能引入也不能剔除为止，这样就得到了最优的回归方程。具体计算方法较为复杂，采用计算机进行计算，具体步骤可查阅相关书籍，在此就不再赘述。此外，对于人工神经网络法输入因子的选取，可以采用简单相关分析法，即一种定量分析的方法。分别计算需水量与各影响因素的简单相关系数，选择那些与需水量相关程度高者作为自变量。一般相关系数小于 0.8 的因素视为相关程度不高，一般不纳入模型。对于其他一些拿不准的因素，可待模型检验合格后再做选择。

4）对于回归模型而言，选取了主要影响因素后，下一步就是确定影响因素与需水量之间是否呈线性关系，若呈线性关系，则选用多元（一元）线性回归模型进行预测；若呈非线性关系，则选用非线性回归模型。在实际需水量预测中，由于影响因素复杂多变，非线性模型应用较多。

5）在人工神经网络模型中，如我们所知，应用最为广泛的 BP 神经网络法，不仅收敛速度较慢，且容易出现局部极小值收敛。在选用需水预测模型中，我们可以先选择 BP 算法进行需水量预测，若是出现局部极小值问题或者收敛速度极慢的问题，调整预测方法，选择 BP 算法的改进模型，如 RBF 模型法、小波神经网络模型以及模糊神经网络模型等。需要注意的是，在进行未来需水量预测时，都要先用已有历史数据通过此决策过程检验误差并进行精度评价，只有预测结果在误差允许范围内，以及精度评价合格，才能用此模型进行未来需水量预测。如不合格，就要调整相应条件及相应值，直到符合要求再进行未来需水量预测。

6）指数平滑法是在移动平均法的基础上加大近期数据的权重，一般情况下，在需水量预测时，若是预测周期较短，近期数据影响则会较大，因此，选用指数平滑法要比移动平均法精确度高一些。当然，在实际应用中，我们一般可以使用两种方法同时预测，然后检验精度，以此选择最优预测方法。

7）对于趋势外推法和 B-J 法而言，相比于 B-J 法，趋势外推法较为简单实用，计算过程也较为简单。而 B-J 法的预测精度要明显高于趋势外推法，但 B-J 法的计算过程要烦琐得多，二者同样可以作为两种并行方法进行需水量预测，然后对比其优劣势。

8）对于 B-J 法和 ARIMA 非平稳序列法，二者主要的区别在于原始数列是否具有平稳性。序列的非平稳性就是指其存在较明显的不断增长的趋势和季节性周期变化趋势。对于需水量预测而言，要根据历史用水量数据构成的原始数列选择合适的方法进行预测。

9）对于采用多种方法的决策结果，比如灰色模型，还有多种改进模型，在精度检验过程中，可以通过对各种方法进行对比分析，得到最佳预测方法。

11.4.2　回归模型

回归分析法是结构分析法的一种，在众多的需水量预测方法中，结构分析法是需水量长期预测的有效方法。该方法从研究客观事物与影响因素的关系入手，分析影响预测对象的各种主要因素，建立预测对象与影响因素之间的简单关系模型，通过研究影响因素的变化规律间接反映预测对象的变化规律。

回归分析法常用的拟合函数有以下几种。

① 直线函数

$$y=ax+b$$

② 指数函数

$$y=a^x$$

③ 抛物线函数

$$y=ax^2+bx+c$$

利用以上函数可以对已知用水量建立模型，通过模型对未来年份的用水量进行预测，同时根据每种函数计算出该函数拟合的相关系数 R（$0<R<1$），对比各种函数的 R 值，其中较大者即为其对应的回归方程拟合较好，进而选取该方程对未来年份的年需

水总量进行预测。

回归分析方法是从用水系统的内部结构和特点出发，考虑的影响用水量的因素相对更为全面、充分和客观，比较适合于需水量的中长期预测。但回归分析方法对自变量的选择要求较高，对历史数据准确性要求也较高。

11.4.2.1　案例分析

（1）基本情况

郑州市位于河南省中部偏北，是河南省政治、经济、文化中心，全市总面积 7446.2km²。按照《郑州市城镇总体规划 2008—2020》的要求，郑州作为全省的政治、经济、文化中心，将把“经济中心”摆在第一位。全省城镇体系、产业体系建设要以郑州为中心，呈“向心型”布局。到 2020 年，把郑州建设成适宜创业发展和生活居住的现代化、国际化、信息化和生态型、创新型国家区域性中心城镇。

郑州是新兴的工业城镇，工业用水是实现经济快速、平稳发展的重要保障。根据郑州市的实际情况及资料，结合已有的需水预测结果分析，初步选择影响郑州市工业需水定额的影响因素：人均 GDP、降雨量等因素。图 11-8 为郑州市 1991～2003 年的工业产值和工业用水量。从图 11-8 中可以看出，1991～2003 年郑州市工业产值在不断增长，而工业用水量处于波动减少的趋势中。随着用水技术的不断革新，郑州市工业用水在近年内将一直处于缓慢下降的趋势中。

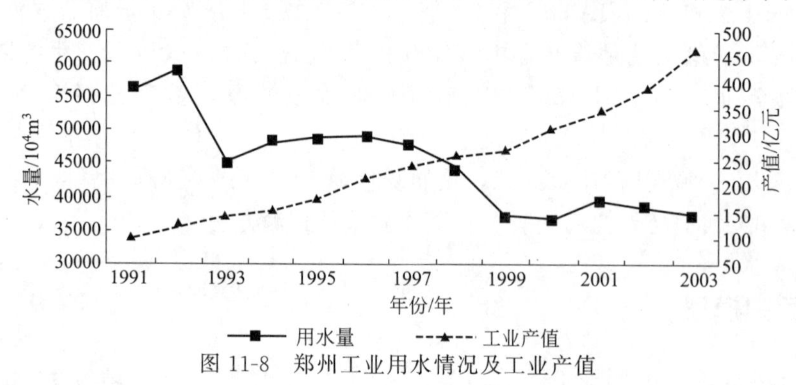

图 11-8　郑州工业用水情况及工业产值

（2）应用回归分析法预测

以郑州市 1991～2003 年的用水量资料为例，运用回归分析对 1991～2000 年的用水量进行回归分析，预测出 2001 年、2002 年、2003 年的用水量，并求出误差，结果如图 11-9 所示。

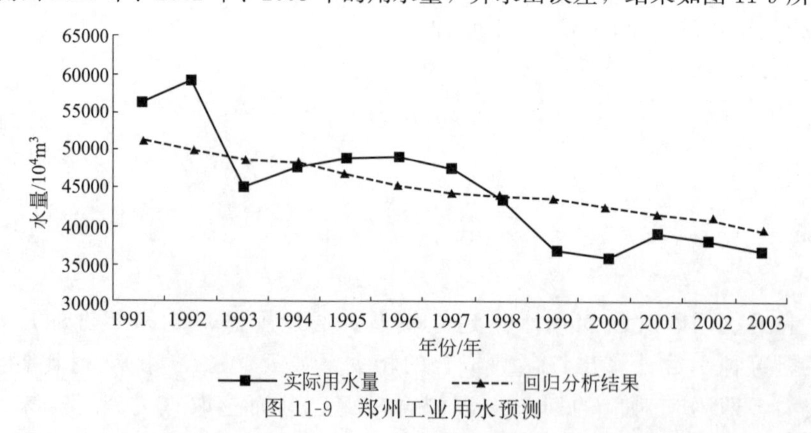

图 11-9　郑州工业用水预测

（3）加权处理

通过以上回归分析可以看出，该需水量预测方法对未来年份需水量的预测存在着一定的误差。为了减小这种误差而导致的预测数据的不准确性，根据现状年的模拟值和实际值，建立每种方法的权重，应用权重对每种方法的预测数据进行加权处理，得出新的预测结果。

权重的确定方法如下。

记第 i 种方法在第 j 年的预测值与实际值之差平方为 a_{ij}，用 $\widetilde{a}_i$ 表示第 i 种方法历年预测结果与真实值之差的平方和，表示为：

$$a_i = \sum_j a_{ij}$$

第 k 种方法的权值确定为：

$$\lambda_k = \frac{\sum_{i \neq k} \widetilde{a}_i}{\sum_i \widetilde{a}_i} \times \frac{1}{2}$$

这个权值有这样一些性质：

$$\sum_i \lambda_i = 1$$

且当第 i 种方法偏离真实值较远时，相应的权值就会变小，即预测的准确性就会增大，误差进而更小。根据回归分析法对未来年份的预测结果及其相对应的权重，得出综合处理方法，即综合处理方法预测的第 j 年的结果为：

$$R_j = R_{ij}\lambda_i + R_{2j}\lambda_2$$

由上述方法计算出的结果见表 11-12。

表 11-12　加权处理后的预测结果及其误差

年份/年	用水量/$10^4 m^3$	回归分析		加权处理后	
		结果/$10^4 m^3$	误差/%	结果/$10^4 m^3$	误差/%
2001	39612	42035	−6.1	38773	2.1
2002	38665	41298	−6.8	37500	3.0
2003	37271	40042	−7.4	36081	3.2

由表 11-12 中的预测结果可以看出，运用回归分析法得到的 2001 年、2002 年及 2003 年的预测结果的误差大概为 0.06～0.09，但经过加权处理后，其误差仅为 0.02～0.03，提高了预测结果的精度。由此可见，该方法对郑州市工业需水预测得到的结果优于回归分析法。

11.4.2.2　决策过程分析

从以上对郑州市基本情况的介绍可知，除基本的的历年用水量数据外，还提到了郑州市的人均 GDP 以及降雨量等影响工业用水量的因素，以 1991～2003 年的历史用水量数据为基础预测 2001 年、2002 年、2003 年的工业需水量，属于长期预测的范畴，由上一节的树状图可做出判断，选择回归分析法作为郑州市工业需水量预测的方法较为合理。但在需水预测数学方法实际应用中，当原始数据波动太大时常常先对数据进行加权处理，以增强数据的规律性，使得预测结果更加可靠。

在上述郑州市案例中，由于是对其进行中长期预测，而采用了回归分析模型，下面介绍当预测为短期预测时所采用的方法。

11.4.3 RBF神经网络模型

RBF神经网络是J. Moody和C. Darken于20世纪80年代末提出的一种以函数逼近理论为基础的三层前馈网络。它具有很强的生物学背景，模拟人的大脑皮层区域中局部调节及交叠的感受野（Receptive Field）。RBF网络无论在逼近能力、分类能力和学习速度等方面均优于BP网络，能够避免局部收敛。

11.4.3.1 案例分析

（1）基本情况

山西省是一个水资源严重缺乏的省份，1956～2000年年均水资源总量为$1.238\times10^{10}m^3$，占全国水资源总量的0.44%，2000年人均水资源量仅为$381m^3$/人，相当于全国人均的17.16%。要实现经济的快速发展，必须解决好水的供需关系，需水预测是制订供水决策的重要参考目标，可为水资源规划和管理提供必要的依据。需水预测需要研究用水现状及历年用水情况，充分考虑当地的产业结构、工业发展趋势及发展规划、城市和农村居民生活水平的提高、农业经济模式与发展规划、人口增长等多方面的因素。

RBF神经网络需水预测模型建立在历年用水量的基础上，经过样本学习，确定网络模型结构，因此在进行需水预测之前，应先对历年用水量进行分析。

总用水量包括生活用水、工业用水和农业用水。20世纪90年代以来，山西省用水总量从1990年的$6.021\times10^9m^3$增至2000年的$6.658\times10^9m^3$，增长率为10%。多年年均用水总量为$6.485\times10^9m^3$，其中城镇生活用水量为$3.69\times10^8m^3$、农村生活用水量为$3.87\times10^8m^3$、工业用水量为$1.423\times10^9m^3$、农业用水量为$4.306\times10^9m^3$，分别占总用水量的5.69%、5.96%、21.94%和66.41%。1990～2000年城镇生活、农村生活、工业、农业用水量见图11-10。

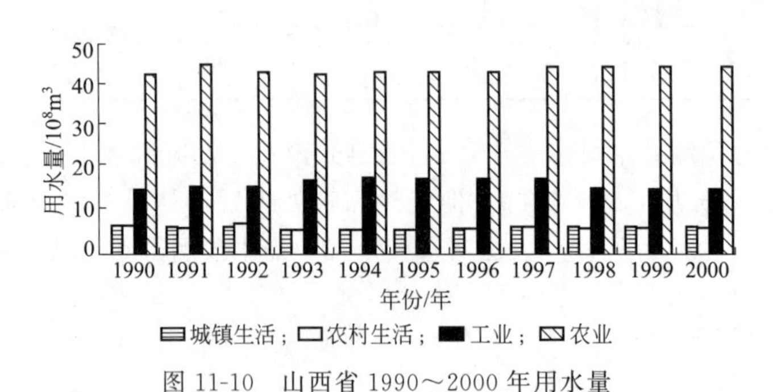

图11-10 山西省1990～2000年用水量

（2）需水预测方案比较

根据用水构成，需水预测分为工业需水、农业需水与生活需水3大类。工业需水与用水户的生产规模、产业性质、技术水平、用水效率、用水定额以及当地气候条件有关；农业需水与生产规模、作物品种、种植结构、灌溉制度、耕作习惯、用水效率、用水定额以及当地气候与土壤条件有关；生活需水与人口规模、居民生活习惯、居住条件、生活水平、文化素质、用水效率、用水定额以及当地气候条件有关。这里拟订了5种方案，选用不同的需水预测因子作为RBF神经网络需水预测模型的输入，输出均为城镇生活需水量、农村生活需水量、工业需水量和农业需水量。用 1990～1997 年的 8 年用水量数据训练网络，用 1998～2000 年 3 年的数据对预测结果进行检验。RBF 神经网络需水预测模型的输入节点数为所选因子数。模型运行前，要将样本的输入和输出进行归一化处理。

(3) 预测结果及分析

经方案比选，采用 RBF 神经网络需水预测模型的结构为 17-8-4，即输入层节点 17 个，经最近邻聚类学习算法计算得到隐含层节点数为 8，输出层节点为 4 个。用训练好的网络预测 1998 年、1999 年和 2000 年的需水量，需水预测误差见图 11-11。

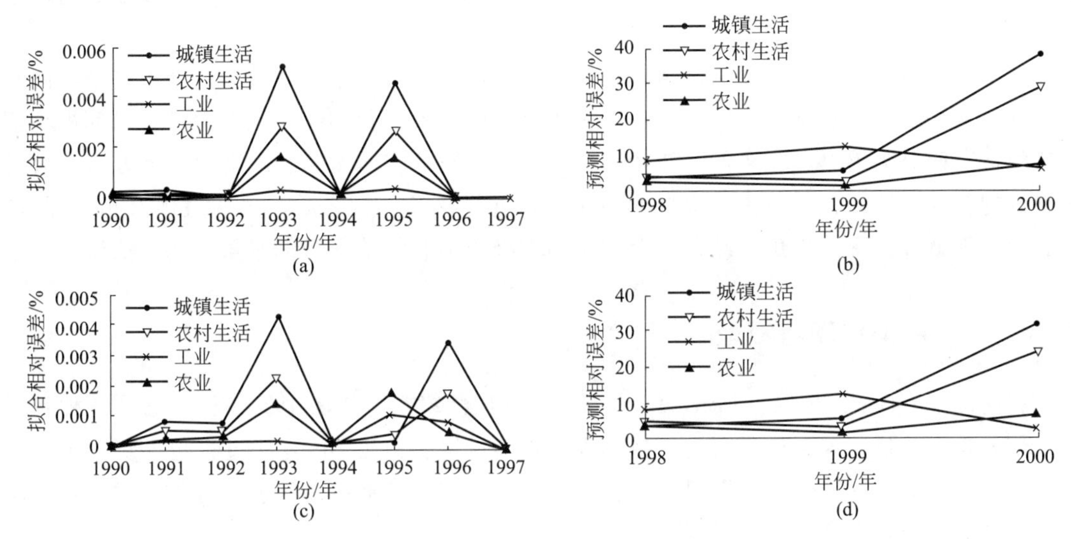

图 11-11　RBF 神经网络拟合与预测误差

1998 年、1999 年和 2000 年城镇生活需水预测相对误差分别为－3.28%、－5.41%和－5.97%；农村生活需水预测相对误差分别为－3.44%、－3.05%、－6.18%；工业需水预测相对误差分别为 7.60%、13.35%和 11.44%；农业需水预测相对误差分别为 2.38%、1.79%和－0.16%。最大的相对误差为 13. 35%，见表 11-13。

根据 4 项需水预测结果，得到 1998～2000 年总需水量分别为 $67.739\times10^8m^3$、$67.744\times10^8m^3$、$67.518\times10^8m^3$，这 3 年的实际总需水量分别为 $65.933\times10^8m^3$、$65.559\times10^8m^3$、$66.582\times10^8m^3$，总需水量预测的相对误差分别为 2.74%、3.33%、1.41%。由此可见，RBF 神经网络用于需水预测的效果很好。

表 11-13　RBF 神经网络预测模型

年份/年	实际用水量/10^8m^3			预测需水量/10^8m^3					相对误差/%			
	城镇生活	农村生活	工业	农业	城镇生活	农村生活	工业	农业	城镇生活	农村生活	工业	农业
1998	4.391	4.240	14.026	43.276	4.247	4.094	15.092	44.306	－3.28	－3.44	7.60	2.38
1999	4.491	4.223	13.314	43.531	4.248	4.094	15.092	44.310	－5.41	－3.05	13.35	1.79
2000	4.475	4.334	13.482	44.291	4.208	4.066	15.025	44.219	－5.97	－6.18	11.44	－0.16

11.4.3.2　决策过程分析

由决策树状图可知，在预测方法决策过程中，根据预测结果是否产生了局部极小值收敛而分为 BP 神经网络预测和 RBF、模糊神经网络预测、小波神经网络预测两大类方法。本文在不同影响因素的条件下对比分析预测结果，并对其精密度进行比较，最终选出适合的影响因素作为预测条件，得出如下结论。

a. 虽然遗传算法能以较大的概率获得全局最优解，但在寻优过程中可能会陷入局部最优，无法获得全局最优解，应用文中提出的改进遗传算法，可从收敛速度和解的质量两方面提高 GA 的性能。

b. BP 网络的学习算法存在训练速度慢，易陷入局部极小值，全局搜索能力差等缺点，本文应用径向基函数神经网络（RBF），其在逼近能力、分类能力和学习速度等方面均优于常用的 BP 网络。

对于上述山西省需水量预测，由于预测结果会产生局部极小值收敛而选择了基于径向基函数神经网络的需水量预测方法。在实际应用过程中，根据预测结果是否会产生局部极小值收敛的情况而分为 BP 神经网络法和 RBF、小波神经网络、模糊神经网络两大类方法，后者所包含的三种方法，在对各预测模型的预测结果进行比较分析之后，选取最优预测值即可。那么，下面就介绍一下当预测结果不会产生局部极小值收敛情况时的水量预测方法选择。

11.4.4　BP 神经网络模型

反向传播（Back Propagation，BP）网络是神经网络学习算法中的一种，它是一种基于工作信号正向传播，误差信号反向传播的人工神经网络。由于 BP 算法过程包含从输出节点开始，反向地向第一隐含层（即最接近输入层的隐含层）传播由总误差引起的权值修正，所以称为“反向传播”。

11.4.4.1　案例分析

（1）基本情况

石河子市位于新疆准噶尔盆地南缘，是个由军人选址、军人设计、军人建造的城市。全市面积为 7529km^2，其中石河子市行政区划 460km^2，建成面积 30km^2。2005 年石河子市总人口为 590115 人。2010 年年底，石河子市总人口为 67.34 万人，人口出生率和自然增长率分别由 2005 年的 6.26％和 1.5％下降为 2010 年的 4.16％及 0.85％，出生人口性别比保持在正常范围内。石河子地区主要以农业为主，各地年平均气温在 6.5～7.2℃，北部地区气温低，南部地区气温高。一年中的最高气温出现在 7 月，平均气温 25.1～26.1℃，其中北部地区高于南部地区；最低气温出现在 1 月，石河子地区为灌溉农业区，年降水量为 125.0～207.7mm，一年中降水较多的月份，北部地区主要出现在 7 月、5 月、6 月和 4 月，降水量为 13.0～20.0mm；南部地区出现在 4 月、5 月、7 月和 6 月，降水量为 21.7～27.6mm。历史上日最大降雨量出现在 1999 年 8 月 14 日，达 39.2mm；日最大降雪量出现在 2000 年 1 月 3 日，达 19.6mm。

石河子市地处西北干旱内陆河流域，水资源短缺已经成为制约石河子市经济建设和城镇发展的重要因素。为了实现石河子市经济社会的可持续发展和水资源的有效利用，必须对城镇需水做出准确的预测。在表 11-14 中列出了石河子市 1991～2000 年的用水量与其影响因素值。

（2）影响因素筛选

BP 神经网络的输入神经元是影响城镇需水量的主要因素，主要包括城镇的人口数量、工业产值、人均国民生产总值、用水重复率、万元用水量、人均日用水量、人均年收入水平。需水量作为输出神经元（表 11-14）。BP 网络的输入值是以上 7 个因素的实测值。

表 11-14　石河子市 1991～2000 年用水量与其影响因素

年份/年	年末户籍人口/万人	工业生产总值/亿元	人均国内生产总值/元	人均收入水平/元	人均日用水量/(L/d)	万元产值用水量/m^3	重复利用率/%	总用水量/$10^6 m^3$
1991	22.58	16.24	2175	1018	127	201	28	56.95
1992	22.93	17.54	2501	1192	120	187	31	60.88
1993	23.16	18.94	2951	1345	131	165	35	55.66
1994	23.87	20.46	3483	1699	125	153.6	39	57.33
1995	24.47	22.30	4110	1971	129	147	41.6	60.91
1996	25.07	23.97	5260	2560	130	144	43	65.15
1997	25.70	26.37	5734	2758	134	140.5	48	68.95
1998	26.34	29.01	6307	3029	140	138	49.2	60.07
1999	27.00	31.99	6938	3322	136	137	51	74.55
2000	27.67	35.75	7764	3513	139.1	135	53	72.44

（3）预测结果分析

在该案例中，选取了模糊模式识别与 BP 神经网络相结合的模型，以模糊识别模型为基础建构网络拓扑结构。首先计算出影响石河子市需水 7 个主要因素（与 BP 神经网络同）的相对隶属度，将其作为网络的输入；同时网络的输出层各神经元的输出值分别为需水量的相对隶属度，最后将需水量相对隶属度这样的“模糊信息”转化为需水量的“确定性信息”，训练结果及 2005 年的预测结果见表 11-15。

表 11-15　BP 神经网络模型和模糊神经网络模型训练结果比较　　单位：$10^6 m^3$

年份/年	实际值	模糊神经网络模型		BP 神经网络模型	
		模拟值	相对误差/%	模拟值	相对误差/%
1991	56.95	56.03	1.62	55.76	2.09
1992	60.88	59.62	2.06	59.26	2.65
1993	55.66	56.25	1.06	56.88	2.19
1994	57.33	57.68	0.60	58.23	1.56
1995	60.91	61.34	0.70	62.24	2.18
1996	65.15	64.47	1.05	63.84	2.02
1997	68.95	69.13	0.26	70.14	1.73
1998	60.07	62.36	3.82	62.98	4.85
1999	74.55	74.18	0.49	73.41	1.53
2000	72.44	73.08	0.88	72.86	0.58
2005		78.65		79.42	

由表 11-15 可知，针对石河子市需水量时间序列变化不单调的情况，BP 神经网络的最大相对误差为 4.85%、平均相对误差为 2.14%；模糊神经网络的最大相对误差为 3.82%、平均相对误差为 1.25%。BP 神经网络和模糊神经网络包含了影响需水的诸多因素，并不仅局限于时间序列的外推；在应用于石河子市需水的实证研究中，比较模糊神经网络和 BP 神经网络的训练结果，发现模糊神经网络优于 BP 神经网络，其相对误差较小、变化平缓、稳定性高。

11.4.4.2　决策过程分析

为了能够更好地泛化全局最优问题，许多学者提出了很多针对性的办法，主要包括以下三方面的改进：一是提高网络的训练速度；二是提高训练精度；三是避免落入局部极小点。

上述关于石河子市需水量的预测，为了解决以上三个问题，选取了模糊神经网络法和BP神经网络法分别进行预测，将其结果进行比较，由于模糊神经网络在训练结果方面容易陷入局部极小点，使得预测结果出现较大误差，相比之下，BP神经网络不会产生局部极小值收敛，很好地避免了这个问题，使得预测结果误差大大减小。

由BP神经网络需水预测模型的实例分析可以看出，神经网络在需水预测中有着巨大的开发潜力与应用前景，虽然其还有一定的不足之处，但是随着大数据量、不同类型地域、不同水文要素的应用分析研究，以及与不同水文预报模型的组合应用研究，加之在需水预报中的实践检验，其神经网络技术在水文预报领域中的应用将更趋完善。

在进行城镇需水量预测时，采用模糊神经网络和BP神经网络的方法能够取得良好的模拟结果，虽然在进行模型训练时所需的数据相对较多、计算量大、模型复杂，但模型训练结果精度高，与实际数据贴近度大，包含了更多影响需水的因子，是今后预测发展的主要方向之一。在所需数据相对完备时，建议采用神经网络与其他方法的组合进行城镇需水的研究。

以上所阐述的回归模型和人工神经网络都是在除了历史用水量数据以外，还知道相关影响因素的条件下选取的，对于仅知道历史用水数据的情况，又该如何选择较合适的需水量预测方法呢？下面就这种情况进行分析。

11.4.5　灰色模型

灰色预测模型是目前城镇需水量预测中应用较多的一种模型，且随着该模型的改进和优化，其需水预测精度也得到了一定的提高，应用范围也更加广泛。

灰色预测是对既含有已知信息，又含有不确定信息的灰色系统进行预测，就是对在一定范围内变化的与时间有关的灰色过程进行预测。灰色预测法的基本思想是通过鉴别系统因素之间发展趋势的相异程度，即进行关联分析，并对原始数据来寻找系统变动的规律，生成有较强规律性的数据系列，然后建立相应的灰色预测模型，对具有灰色系统特征的社会、经济等现象进行预测。

11.4.5.1　案例分析

（1）基本情况

承德市位于河北省东北部，滦河之北，处于华北和东北两个地区的连接过渡地带，地近京津，背靠蒙辽，省内与秦皇岛、唐山两个沿海城市以及张家口市相邻。地势由西北向东南阶梯下降，因此气候南北差异明显，气象要素呈立体分布，使气候具有多样性。全市总人口372.96多万，其中包括满族、蒙古族、回族、朝鲜族等少数民族25个，人口130万；总面积为39548km^2，其中市区面积为18.6km^2，它是燕北地区的政治、经济、文化中心。

同时，承德市是一个经济比较落后的地区，工业用水的重复利用率较低，农田灌溉取水定额较高，整体用水效率相对较低。1995～2004年平均用水量为9.94×10^8m^3，总体上呈增长的趋势。承德市现有人口372.96万人，2004年总用水量为11.3×10^8m^3，其中，生活

用水 $1.5820\times10^8\text{m}^3$，占总用水量的 14%；第一产业用水 $8.475\times10^8\text{m}^3$，占总用水量的 75%；第二产业用水 $1.017\times10^8\text{m}^3$，占总用水量的 9%；生态用水 $2.26\times10^7\text{m}^3$，占总用水量的 2%。

(2) 水量预测

通过研究承德市近年来各行业用水的变化规律，对未来水资源的需求趋势进行科学预测，可以为承德市水资源的科学利用和合理开发提供依据，为节水措施的实施提供支持，为供水决策和水利投资提供参考，为水资源的可持续利用和发展提供保证。

为了尽可能提高模型精度，选择代表性一致且时间较近的需水量数据组成系列，根据 1995～2004 年 10 年间的用水量资料建立灰色预测模型，用于对未来不同水平年的需水量进行预测。承德市的历史用水量数据见表 11-16。

表 11-16 承德市实际用水量序列表　　单位：10^8m^3

年份/年	1995	1996	1997	1998	1999	2000	2001	2002	2003	2004
用水量	8.93	9.0	9.41	9.30	9.67	10.1	10.31	10.54	10.78	11.31

用 MATLAB 软件编制了预测计算应用程序，根据相关公式求得 B 与 Y，得：

$$\hat{a}=[0.0271,8.5390]^{\mathrm{T}}$$

进一步计算得：

$$\hat{x}^{(1)}(k+1)=\left[8.93+\frac{8.539}{0.0271}\right]\mathrm{e}\,0.0271k-\frac{8.539}{0.0271}=324.02e0.0271k-315.09$$

求得 $X^{(1)}$ 后，利用式子，还原计算可得到拟和预测值，见表 11-17。由计算得：

$$\overline{x}^{(0)}=9.935,\overline{e}=0.09,S_1=0.641317,S_2=0.011956,0.6745S_1=0.432568$$

$MAPE=2.12$，$C=S_2/S_1=0.018642$，$p=1$

表 11-17 承德市用水量预测值及检验差

时间	1995	1996	1997	1998	1999	2000	2001	2002	2003	2004
原始值/10^8m^3	8.93	9.00	9.41	9.30	9.67	10.10	10.31	10.54	10.78	11.31
预测值/10^8m^3	8.93	8.90	9.14	9.38	9.66	9.92	10.19	10.48	10.76	11.09
残差序列 e	0	0.1	0.27	−0.08	0.01	0.18	0.12	0.06	0.02	0.22
$\lvert e^{(i)}-\overline{e}\rvert$	0.09	0.01	0.18	0.17	0.08	0.09	0.03	0.03	0.07	0.13
相对误差/%	0	1.1	2.8	0.9	0.1	1.8	1.2	0.6	0.2	1.9

由表 11-17 可以看出，相对误差小于 10，利用相关公式计算可知，后验差比值小于 0.35，小误差概率大于 0.95。因此，模型的精度为 1 级，属于高精度预测，预测值与原始值吻合。通过模型公式预测得到承德市 2010 年需水量为 $13\times10^8\text{m}^3$，2020 年为$17\times10^8\text{m}^3$。

(3) 预测结果的合理性分析

灰色模型预测方法与常规的用水定额预测方法比较，在 2010 水平年灰色模型预测值为 $13\times10^8\text{m}^3$，定额预测值为$(12.86\sim15.32)\times10^8\text{m}^3$；2020 水平年灰色模型预测值为 $17\times10^8\text{m}^3$，定额预测值为$(15.06\sim18.25)\times10^8\text{m}^3$。灰色模型方法预测成果介于用水定额法不同保证率预测成果之间，说明总体预测值是合理的。

11.4.5.2 决策过程分析

该案例分析了承德市 1995～2004 年的用水量状况，并以此为依据建立了 GM (1, 1)

模型预测其未来不同水平年的用水量，并分析了各时期的用水情况，可以为承德市水资源的科学利用和合理开发提供依据，为节水措施的实施提供支持。

由于灰色模型自身的弊端，在实际应用中，多使用改进后的灰色模型对区域需水量进行预测，使得预测结果的准确性大大提高。通过对各预测模型的预测结果进行比较分析，选取最优预测值。

灰色模型方法利用近10年的实际用水资料，通过建立模型、模型检验和模型预测等环节，分析得出不同水平年及各年份的用水量预测值，可以得到以下结论：a. 灰色模型方法利用一定时期的用水序列，反映了用水量变化的总体趋势，建立的模型满足预测需求，具有方便快捷的特点；b. 灰色模型方法过多地依赖历史数据，不能反映随着技术发展和政策措施对用水的影响因素，而且预测年限不宜过长；c. 灰色模型预测方法虽不能反映丰枯水年的差别，但可用于水资源量的宏观控制，可为有关部门科学决策提供依据。

在上述决策过程中，当仅知道历史用水量数据的时候，既可选择灰色模型又可选择时间序列方法作为预测方法，区分这两者的关键在于预测时间的长短。当需水量预测为中长期时，可考虑灰色模型，如上述承德市需水量的预测实例。但是，当需水量预测为短期预测时，根据树状图可知，可以考虑使用时间序列方法作为需水量预测方法。下面，就针对这种情况进行决策介绍。

11.4.6 时间序列法

所谓时间序列是指按时间顺序排列的一组数据，广义而言即指一组有序的随机数据，既可指按时间先后顺序排列的随机数据，也可以指按空间的前后顺序排列的随机数据，还可以指按其他物理量顺序排列的随机数据。时间序列分析方法属于统计学范畴，通过研究、分析和处理时间序列，提取出系统的相关信息，从而揭示时间序列本身的结构与规律，认识系统的固有特性，掌握系统与外界的联系，推断出系统在将来的变化和行为。因此，时间序列分析方法已经不仅仅是一种数据处理的方法，它已演变为一种系统分析研究的方法。随着时间序列分析方法的不断成熟，其在社会生活、经济、生产以及国防建设中都有广泛应用。

11.4.6.1 案例分析

(1) 基本情况

唐山坐落在华北平原北部，河北省东部，地处环渤海湾中心地带。总面积13472km^2，人口706万。市区面积3874km^2，市区人口295万；其中建成区面积152km^2，人口157万。唐山是全国较大城市之一。

唐山市降水量充沛，各县（市）年平均降水量在620～750mm。经济方面，农业农村经济全面发展，果菜、乳业、瘦肉型猪、板栗、花生、水产品6大龙型经济规模不断壮大，农业产业化经营率为57%。工业已形成煤炭、钢铁、电力、建材、机械、化工、陶瓷、纺织、造纸等10大支柱产业，机电一体化、电子信息、生物工程、新材料四个高新技术产业群体扎实起步。作为全国重要的能源、原材料工业基地，唐山现有开滦、唐钢、冀东水泥、机车车辆、三友碱业、唐山陶瓷等一大批大型骨干优势企业。对外开放初步形成了全方位、多层次、宽领域格局。累计实际利用外资19.2亿美元；2006年，全市进出口总额达到34.6亿美元。

（2）规划建设用地规模

人均建设用地综合指标的选取因素主要遵循国家关于节约用地、严格保护耕地的国策。结合城市性质以及河湖水系和生态廊道的保护要求，并综合考虑人均指标的现状特征，提出合理城市建设指标。

唐山中心城区现状人均用地指标为 109.91m^2，按《城市用地分类与规划建设用地标准》（GB 50137—2011）的要求，现状处于国标的Ⅳ级指标级别内的城市规划指标级别可以取值在Ⅲ、Ⅳ类。

根据唐山市中心城区建设用地利用现状和未来集约利用土地的要求，本次规划指标取值在Ⅲ类。至 2020 年规划期末，唐山中心城区人均建设用地标准约为 95.47m^2。因此到 2020 年，唐山中心城区建设用地规模约为 210km^2。

《城镇给水工程规划规范》要求分别采用城镇单位人口综合用水量指标法和分类用地用水量预测方法对数学模型得出的用水量预测值进行修正校核，以得出精确的用水量预测结果。

经调研，中心城区 1999～2008 年的总用水量、用水人口及人均综合用水量见表 11-18。

表 11-18　中心城区 1999～2008 年的总用水量、用水人口及人均综合用水量

年份/年	总用水量/10^4m^3	用水人口/万人	人均综合用水量/[L/(人·d)]
1999	14233.86	73.37	531.51
2000	14181.17	74.55	519.74
2001	13040.60	75.74	471.71
2002	11926.07	76.95	424.62
2003	11631.91	78.18	407.63
2004	11405.90	79.43	392.34
2005	10957.06	80.70	371.99
2006	9947.16	81.99	332.39
2007	9457.71	85.40	303.41
2008	10116.79	88.96	310.72

由表 11-18 可绘得人均综合用水量随时间变化的曲线，如图 11-12 所示。

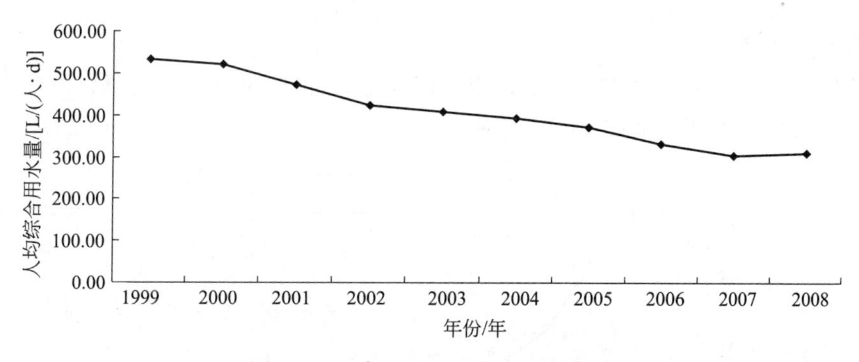

图 11-12　中心城区用水量变化曲线

从图 11-12 可看出：1999 年以来，人均综合用水量有逐年下降趋势，但下降趋势逐渐减小；2005 年以后，人均综合用水量渐趋平稳。

通过对上述规划区人均综合用水量源数据进行分析，研究建立了时间序列指数平滑模型，对规划区用水量进行预测。

（3）数据处理

人均综合用水量原始数据随时间的变化曲线图反映了人均综合用水量变化的总体趋势。但是作为离散数据，其中必然存在或大或小的波动，并且会存在一些异常值。如果直接用存在波动或异常值的原始数据进行水量预测，就会造成模型误差过大、预测值不准确等影响。因此，在建模前对原始数据进行光滑处理以减弱波动，消除异常值是十分必要的。

对于中心城区的人均综合用水量预测，采用SPSS统计分析软件中的Smoothing光滑处理法对建模前的原始数据进行光滑处理。Smoothing光滑处理即计算原始序列的T4253H平滑序列。

T4253H是一种复合光滑法，它先对数列依次做4次移动中位数（Running Median）处理，计算范围（Span）分别为4、2、5、3；然后以Hanning权重再做移动平均处理。此方法对一般序列均有显著的处理效果，通过能把异常值剔除，从而使序列变得更为平滑。但此方法要求原序列含有大于三个的记录，而且序列中不能含有缺失值。经SPSS光滑处理所得结果见表11-19。

表11-19 SPSS平滑处理后的用水量 单位：L/（人·d）

年份/年	人均综合用水量	光滑处理后的值
1999	531.51	531.51
2000	519.74	506.12
2001	471.71	471.42
2002	424.62	435.68
2003	407.63	409.31
2004	392.34	388.72
2005	371.99	364.92
2006	332.39	338.15
2007	303.41	318.39
2008	310.72	310.06

数据处理后数据的变化波动变缓，数据对远期的预测影响减小。将上述处理后的光滑序列作为新的源数据进行建模。

（4）需水量预测

将光滑处理后的人均综合用水量数据作为因变量，经SPSS统计分析软件建模，得到时间序列指数平滑拟合模型，如图11-13所示。

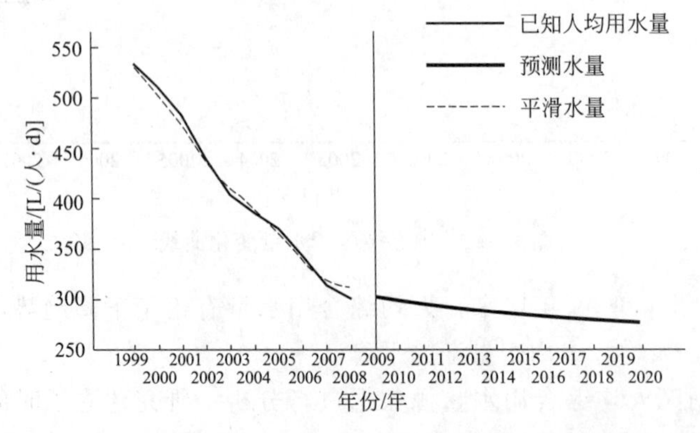

图11-13 指数平滑预测结果

根据时间序列指数平滑模型的预测结果，该市 2020 年的人均综合用水量为 278.32 L/(人·d)，而该市 2020 年规划人口为 220 万人，由此可得该市 2020 年集中供水量为：

$$278.32\times10^{-3}\times220=61.23\times10^{4}\,m^{3}/d$$

规划区 2020 年再生水回用量为 $46\times10^{4}\,m^{3}/d$，2020 年中心城区预测用水量见表 11-20。

表 11-20　综合影响因素的灰色模型用水量预测值　　单位：$10^{4}\,m^{3}/d$

集中供水量	再生水回用量	预测用水量
61.2	46	107.2

由表 11-20 可知，时间序列指数平滑模型预测得出的 2020 年唐山市中心城区用水量为：$107.2m^{3}/d$。

由此可见，时间序列指数平滑模型对中心城区人均综合用水量的预测有非常好的效果。

11.4.6.2　决策过程分析

在上述案例中，选用了指数平滑模型进行水量预测，在用水量数据单一的情况下，时间序列法对短期水量预测有较好的预测效果，一般即期预测常选用指数平滑法和移动平均法。

总体来说，时间序列法预测需水量，需要大量的历史数据，且要对历史数据做较为复杂的统计分析，以提高预测精度，使预测结果有一定的精确性。但是时间序列法也有其弊端，即由于是在大量历史数据上所做预测，因此适合于较为精确的短期预测，对于需水量长期预测并不适用。

11.5　总结与展望

11.5.1　总结

需水量既有一定的规律性又有很强的随机性。未来某一时刻的需水量，通常与过去的需水量、现在的运行状况及过去、现在、未来的气象因素以及时间尺度等密切相关，因此模型的建立必须要考虑多方面的影响因素，例如时间、季节的变化，气温、日照、降雨量的不同，远近期的预测要求的不同等。诚然，这些影响因素给需水量预测工作带来了很多困扰。

本文在分析大量文献资料的基础上展开。在需水量预测定额法方面，针对城镇需水量预测构建了影响因素权重体系，能够科学进行用水定额修订和需水量的预测。在影响因素权重体系中，以权重体系为基础，针对目前城镇规划设计用水参照的《室外给水设计规范》(GB 50013—2006）和《城市给水工程规划规范》（GB 50282—1998）中确定的定额方法及其限值以及计划管理配套水价使用的用水定额，利用模糊层次分析法分析用水量各影响因素的权重比例，同时运用同比变化系数修订法与同期预测增长系数修订法，分别开发了现状用水量×同变化倍比系数的城市用水量计划管理定额修订方法和用水定额×同期预测增长系数的城市用水量规划设计定额修正方法，其中规划设计用水定额以规范下限值为基数，对其限值进行修正，避免了采用定额数值的随意性，使预测结果进一步精确。

在需水量预测数学方法方面，通过比较分析各种需水预测数学方法的特点，主要选取了灰色模型、时间序列法、回归分析以及人工神经网络四种方法建立了决策树模型。该模型在模糊聚类分析基础上，针对节点模型嵌套了数学决策方法，避免了选择数学预测方法的盲目性，提高了城镇需水量数学预测的效率和准确性，为不同城镇、不同年限、不同规模甚至是不同类别的需水量预测提供了相应的依据。

需要指出的是，本次研究在数学方法方面主要针对灰色预测、时间序列、人工神经网络以及回归分析四种大类方法，正如我们所知，还有更多的方法对各类需水预测有一定的针对性并且具有相当的准确性，因此此项研究还有待进一步完善和发展。

除此以外，本文的研究也存在一些不足，比如对影响因素权重的细化不够，数学模型预测方法决策过程不够精细，案例分析不够充分等，还有待进一步完善。

11.5.2 展望

需水预测是水资源配置的基础，是未来确定各地初始水权的重要依据。科学合理的需水预测是城镇合理规划、更好更快和谐发展的一项至关重要的基础性工作，对于我国城镇化发展具有重大的意义。

本项研究技术和研究思路会对未来城镇需水量预测的发展提供更为广阔的思路，具有很好的发展前景。

参考文献（略）

【案例评述】需水预测，是联系水资源供需双方的纽带，是用水决策、水工程投资时的重要参考指标，涉及城乡经济模式和发展趋势。本项目根据需水量常用数学预测方法，建立了决策树模型，并针对用水规模、规划阶段、预测精度、历史数据要求等方面采用模糊聚类等数学分析方法进行节点归类。

长期以来，我国在用水需求的预测上一直过于“超前”，过去许多预测结果都已经被事实证明偏大。为了适应水资源紧缺并将长期持续的局面，改变需水粗放式预测研究思路，精确预测发展各阶段以及计划管理用水量等情况，提高水资源利用率，准确地估计出规划期用水量和合理的计划管理用水量，建立精细化需水预测技术体系变得十分必要。

第 12 章 社会调查报告类课外作品——以美丽乡村建设中的生态环境问题研究[1]为例

引言

中共十八大报告提出："要努力建设美丽中国，实现中华民族永续发展"，这是我国第一次提出"美丽中国"概念，它强调必须树立尊重自然、顺应自然、保护自然的生态文明理念，明确提出了包括生态文明建设在内的"五位一体"社会主义建设总布局。充分体现了中国共产党以人为本、执政为民的理念，顺应了人民群众追求美好生活的新期待，符合当前的世情、国情。然而，要实现美丽中国的目标，美丽乡村建设是不可或缺的重要部分。

在 2013 年中央一号文件中，第一次提出了要建设"美丽乡村"的奋斗目标，进一步加强农村生态建设、环境保护和综合整治工作。事实上，农村地域和农村人口占了中国的绝大部分，因此，要实现中共十八大提出的美丽中国的奋斗目标，就必须加快美丽乡村建设的步伐。加快农村地区基础设施建设，加大环境治理和保护力度，营造良好的生态环境，大力加大农村地区经济收入，促进农业增效、农民增收。统筹做好城乡协调发展、同步发展，切实提高广大农村地区群众的幸福感和满意度。只有这样，才能早日实现美丽中国的奋斗目标。

本次调研对象——布里村，隶属河北省保定市，是我国 20 世纪初留法勤工俭学的发祥地，是典型的具有红色爱国精神的代表地区，蔡培森在此地注入的"业精于勤"的精神是我们中华民族的宝贵财富。针对布里村农村厕所情况、污水处理情况和垃圾处理情况展开调研，是提出农村面貌改造提升的重要根据。

随着全面建设小康社会步伐的加快，农村基础设施滞后问题正在逐步引起各级党委政府重视，纷纷提出系统性的解决措施。目前，环境设施建设在农村基础设施建设中问题较为严重，农村污水和垃圾绝大多数未经处理就随意排放和堆放，对农村环境造成了严重的污染，甚至影响了农村饮水安全，因此在今后很长一个时期应把污水处理、垃圾集中处理等农村环境设施建设放在重要地位。同时，加大对建立和健全农村环境保持长效机制的财政支持力度，确保农村环境设施完备、长效保持机制健全，使环境改善效果显著。

---

[1] 该报告被评为 2015 年河北省大学生和青年教师"体验省情、服务群众"创新创业主题实践活动优秀调研报告，获奖人员：李炜、张萌、王垚、张晶、刘政、赵世奎、齐红宇、张桢、贾鑫、殷子璇。

12.1　研究背景与发展历程

12.1.1　研究背景

12.1.1.1　政策背景

2007年中共十七大报告提出："要建设生态文明，基本形成节约能源资源和保护生态环境的产业结构、增长方式、消费模式。"在理论上提出三重生态观，逐步实现自然生态、类生态和内生态的健康持续发展与圆融和谐发展。中共十八大将生态文明提到一个前所未有的战略高度，从建设"美丽中国"的高度把生态文明置于贯穿五大文明建设的始终，要求全党全社会加快推进生态文明建设。

2015年3月23日，中央财经领导小组第九次会议审议研究了《京津冀协同发展规划纲要》。中共中央政治局2015年4月30日召开会议，审议通过《京津冀协同发展规划纲要》。纲要指出，推动京津冀协同发展是一个重大国家战略，核心是有序疏解北京非首都功能，要在京津冀交通一体化、生态环境保护、产业升级转移等重点领域率先取得突破。

厕所是人们生活中不可缺少的基础卫生设施，是反映社会变迁和人类文明进步程度的一个重要标志。农村改厕被世界卫生组织列为初级卫生保健的八大要素之一，我国也把农村改厕列为国民经济社会发展的重要指标。

生活污水是人们日常生活中排出的废水，生活污水处理的方法与技术，关系到水资源是否能做到再利用，农村是否能营造一个良好的水环境。

垃圾处理成为影响农村环境质量的重要因素。如今，我国生活环境遭到严重破坏，人们逐渐意识到环保的重要性。同时，国家政策逐渐倾向于绿色、环保，以建设社会主义新农村。

2013年中共中央在《关于加大改革创新力度加快农业现代化建设的若干意见》的文件中强调要"围绕城乡发展一体化，深入推进新农村建设""中国要美，农村必须美"。文件指出，繁荣农村，要加大农村基础设施建设力度，提升农村公共服务水平，全面推进农村人居环境整治。

12.1.1.2　生态环境背景

随着社会经济的发展，人们的生活水平不断提高，城市工业化有向农村转移的趋势，农村的环境状况日益恶化；另外，农村的环境一直被人们忽略，生态环境遭到严重的破坏。不仅是工业污染，生活污水、垃圾污染也日益严重，愈演愈烈的农村环境污染已经成为新农村建设中急需解决的重大社会课题。

本次调研显示，布里村环境目前存在以下问题：环卫设施缺乏，村中垃圾随意堆放，坑塘周围尤为严重；破损的围墙、乱堆的柴草、废弃的建筑物都严重影响了村庄中的环境；燃料利用不合理，居民生活燃料主要以柴草和煤粉为主，没达到节能的目的，同时燃烧后的气体对环境污染较大。

农村生活垃圾随意弃置，任意露天堆放，不但造成土地资源浪费，还容易污染土壤。残留的毒害物质在土壤里难以降解挥发，能杀死土壤中的微生物，改变土壤的性质和结构，阻碍植物根系的生长和发育，从而严重影响农作物生长，导致粮食减产。生活垃圾处理不当，造成水环境严重破坏，存在疾病传播的危险隐患。

世界卫生组织资料显示，在发展中国家，80%的疾病是由不卫生不安全的水与恶劣的环境卫生条件造成的。要减少疾病发生、提高健康水平，最行之有效的措施就是使农村居民得到卫生安全的饮用水和良好的居住环境。在我省大部分地区，厕所是最容易造成肠道传染病的地方。如果不将粪便进行有效收集和处理，很容易污染水源、土壤、蔬菜、瓜果等，人们食用受污染的水、蔬菜、瓜果，就很有可能患上腹泻、痢疾、伤寒、霍乱、甲型肝炎等疾病，还可能造成蛔虫、钩虫、血吸虫等病的发生和流行。

12.1.2 厕所发展历程

12.1.2.1 国外厕所发展史

一直以来，美索不达米亚被称为文明的摇篮，当地的居民是最早开始处理人类排泄物问题的人群。公元前3世纪，美索不达米亚的统治者在自己的宫殿中修建了6个厕所，从而树立了清洁的典范。公元前2000年的希腊克里特岛人使用的是有蓄水池和排水口的厕所，当时的埃及人、希腊人和罗马人也都用上了这样的厕所。直到200年前，英国人约翰·哈林顿带来了马桶工艺上的伟大变革，他发明了现在常见的冲水马桶，设计中包括一个蓄水池、一个储水箱和一个启动冲水系统的把手。19世纪，冲水马桶已在整个欧洲广泛使用。到了1883年，陶瓷质地的冲水马桶实现了市场化，成为使用最广的卫生用具。当时，马桶甚至也变成了像高级餐具一样的物品，其外观越来越奢华。一直到20世纪，这种趋势才被人们彻底摒弃。工业的发展更加趋向于对马桶工艺的改进，现在的冲水马桶已经变成了一个集卫生环保、巧妙设计、高新科技和艺术造型于一身的物品。

12.1.2.2 国内厕所发展史

考古发掘表明，我国已知最早的厕所，发现在西安一个氏族部落的遗址中，距今已有5000多年的历史。在北京郊外的房山县发掘的燕国国都的遗址中也发现了厕所的遗迹，距今有3000多年了。根据考古发掘的证明，厕所的使用从西周以后就比较普遍了。明清两代，建设并使用厕所的情况在南方要好于北方。到了清朝末年，由于西方列强的进攻，国门打开，国人在痛苦的现实中看到了差距，同时也认识到了卫生的重要性，加上一些先进的中国人不懈的努力，中国开始从沿海城市进行近代化的城市建设，开始修筑马路，铺垫街道，修筑下水道，建立公共厕所等市政设施，并逐渐向全国扩散。

发展到现代，农村厕所文明大大落后于世界平均水平。按照联合国的评估，中国农村厕所的卫生状况排在四流水平，同几个最穷的国家并列。农村的厕所大多是用土坯或山上的碎石块垒砌的四面围墙式、有顶或无顶、只有1m^{2}左右。最简陋的厕所用玉米秆、芦席、破塑料等做围墙。高档一点的砖混结构厕所，大多是多坑位的公共厕所，坑位之间有1m左右的矮墙，用以隔挡。每个坑位的长方形便坑下面是很深的粪坑，这为的是可以积存更多的排泄物。

另外，没有门的简陋厕所在农村随处可见，厕屋内外的人能相互看见，看见了还可以打招呼甚至是聊天。有的农村厕所分男女，中间有一矮隔墙，有的厕所则就一个坑，男女都用一个厕所。人们在如厕时，必须先在厕所外面咳嗽一声，里面若是也回应一声咳嗽，证明有人占用。也有粗心大意之人忘了咳嗽就擅自闯进厕所，可农村人对此习以为常。

随着季节的不同，农村厕所对如厕之人还有不同的考验。夏天高温炎热，蛆爬满地，让人无从下脚，夜晚如厕蚊虫叮咬很严重。有时如厕刚刚蹲下，苍蝇便向臀部群起而攻之。冬天则寒风刺骨，身体冻得冰凉。遇上下雨天，厕水四溢，如厕更是胆战心惊。厕中浮渣物泛起时，排泄出的粪便坠入粪水中，其反冲力将粪水溅得到处都是，令人狼狈不堪。

一些富裕起来的地区，村民在居家装修方面舍得投入，但在厕所问题上却认为没必要，认为厕所就应该是脏的、臭的；一些人家即使将厕所贴瓷砖铺水泥，但对粪便无害化处理认识不够，看起来漂亮的厕所也不一定是无害化厕所。总体来说，河北省大多数的农村经济条件落后，有很多的农民无经济能力建设无害化卫生厕所。

12.1.3 生活垃圾处理发展历程

12.1.3.1 国外生活垃圾处理发展史

城市垃圾处理的历史几乎和城市一样古老。大约公元前2500年，古印度城市摩亨佐·达罗就出现了极为先进的垃圾运输体系，每家每户的住宅都有专门的垃圾滑运道，通过它把垃圾滑入屋外的排水沟中，继而又连入下水道系统被排出城市。进入到古典时代，城市文明欣欣向荣。古希腊的城市规划已经包含了一套成熟的垃圾处理系统。通过排水系统，整个城市的垃圾被源源不断地排到城市边缘。古罗马的城市市政闻名于世，自然少不了一套水上垃圾运输系统。在著名城市规划理论家芒福德看来，罗马城的大排水沟是罗马工程中最古老的纪念物，它至今仍在使用，已经连续使用了超过2500年。但是，那时候垃圾的处理方式相对原始，罗马的城郊有一连串敞开的大坑，粪便和各种废弃物都被不加处理地丢弃在那里。整个中世纪，乡村及城市的卫生系统相比于古罗马都严重倒退。1539年，法国国王弗朗索瓦一世相继颁布了敕令，禁止市民在街道倾倒垃圾，由此确立了法国的卫生政策。而今，国外发达国家城市生活垃圾处理技术已有几十年的发展历史，生活垃圾处理方式也随着处理技术和经济的发展而变化，目前国外发达国家的生活垃圾处理方式主要有填埋、焚烧、堆肥和回收利用。

12.1.3.2 国内生活垃圾处理发展史

我国垃圾处理技术虽然起步较晚，但是在很早以前已经开始对垃圾进行了一定的简单处理，也会以各种方式重复利用本来已经丧失了使用功能的物品，吃剩的饭菜被用来喂猪，穿烂的衣服被剪碎成为抹布，或者被改成棉被。即便是屎尿这样污秽之物，也通过堆肥成了有用之物，几千年来，中国的耕地便是通过这种方式保持着肥力。据《韩非子·内储说》："殷之法，刑弃灰于道者""殷之法，弃灰于道者断其手"。城市居民如果将垃圾倾倒在街上，就会受到断手的刑罚。可以想见，这样严酷的法律，可能反映了当时的垃圾问题已经到了非常严峻的程度。但是同样表示在那时候人们已经意识到了垃圾的危害。可惜在以后的几千年来，各个时期的统治者均没有重视垃圾问题。如今，随着科技的发展，环境问题越来越被人们所关注，垃圾处理问题也渐渐引起人们的重视。目前我国城市垃圾处理的技术对策是：以卫生填埋和高温堆肥技术为主，提倡有条件的城市特别是沿海经济发达地区发展焚烧技术。近几年各城市开始进行垃圾焚烧处理的基础研究和应用研究工作，开发了包括NF系列逆燃式、RF系列热解式、HL系列旋转式小型垃圾燃烧炉及一批医院垃圾专用焚烧炉，并建设了一批中小型城市简易焚烧厂（站）。1985年，深圳引进日本三菱公司焚烧成套技术与装备，建成了我国第一座大型（300t/d）现代化垃圾焚烧发电一体化处理厂，为我国开展城市垃圾焚烧装置国产化工作打下了基础。客观分析近几年我国城市垃圾构成变化，可以说，随着我国经济的发展和人民生活水平的提高，城市垃圾中可燃物、易燃物含量明显增加，热值显著增大，一般经过分类、分选等预处理后，垃圾热值已接近发达国家城市垃圾的热值。因此我国一些城市，特别是沿海经济发达地区已具备了发展焚烧技术的基础。但是总体来说我国大多数地区，特别是农村地区，垃圾处理依然是一个很严峻的问题，仍需要进一步研究探索，找出一个适合我国的垃圾处理方式。

12.1.4　生活污水处理发展历程

12.1.4.1　国外生活污水处理发展史

国外回用污水处理起步于20世纪早期，美国的加利福尼亚最先提出污水的回收与再利用，并于1918年公布了第一项有关污水回用的规章。最早的回用污水处理工程是20世纪20年代末，亚利桑那州和加利福尼亚州将污水处理后回用于农田灌溉。1942年马里兰州的巴尔的摩市将Back River经过活性污泥和加氯杀菌后产生的16200m^3/h的水供给伯利恒钢铁厂用于工业生产。城市污水回用处理始于1960年，10年后形成规模。

12.1.4.2　国内生活污水处理发展史

国内污水处理发展史与国外污水处理发展史大同小异，早期污水处理方式同样以排放为主，但是由于我国早期污水几乎全是生活污水，且污染程度较低，排放相对合理，并未引起严重灾害。直到近代，我国大门被国外侵略者强行打开，由于战争和一些工业的发展，我国水质才开始面临一系列挑战。现代以来，我国工业迅猛发展，但是污水治理并没有跟上，由于污水的随意排放等原因，不论是地表水还是地下水，水质均有所下降。近年来，我国对污水的处理力度持续加大，建造了一些污水处理站。污水处理站的作用是对生产、生活污水进行处理，使其达到规定的排放标准。这是保护环境的重要设施。工业发达国家的污水处理站已经很普遍，而我国村镇的污水处理站很少，但今后会逐渐多起来。要使这些污水处理站真正发挥作用，还需要靠严格的排放制度、组织和管理体制来保证。目前国内较先进且普遍的污水处理技术为生物降解。

12.2　调研概述

12.2.1　调研内容

以河北省保定市布里村的厕所、垃圾与污水处理方式为调研对象，通过对布里村进行点面结合的调查和合理分析，再综合考虑当地的气候条件、经济发展状况、不同经济结构对农村厕所及垃圾与污水处理的发展要求，综合已有的研究成果，提出合理建议，并建立科学的推广方式。为河北省农村环境改善、居民健康水平的提高做出优秀典型示范。

本次调研主要从农民基本信息、村庄公共基础设施建设、各家厕所概况、环保意识四个方面来进行调研和分析布里村厕所及垃圾与污水处理现状。其中，农民基本信息可以显示接受调查者的地区位置、常住人口、家庭收入等情况，为意见的提出提供参考条件。村庄公共基础设施的建设可以反应该村的环境状况、经济发展水平，反映布里村的现有状况。厕所直接表现每户厕所、排水管道的基本设施建设和卫生情况等，可以为生态卫生厕所的改造和垃圾、污水处理提供借鉴。农民环保意识的调查可以在一定程度上反映农民的改造意愿问题，为卫生生态厕所及合理处理垃圾、污水的宣传推广提供依据和方向。

12.2.2 调研意义

1）通过实地调研，了解布里村经济发展与生态环境，对本地厕所概况、垃圾及污水处理方式做出较详细的了解，并提出改造的合理化建议。

2）深入了解农村水质情况、管网结构、垃圾与污水处理方式，对农村生活垃圾与污水处理技术问题的解决提出可参考意见。

3）加快推进农村生态厕所改造、垃圾与污水处理设施建设是深化美丽乡村建设的必然要求，可以说对农村的建设发展提出了更高层次的要求，也是绿色发展的直接体现，更是提升广大群众生活品质的民心工程。

4）该研究可以为我国其他地区村庄的厕所改造、垃圾与生活污水处理方式提供示范和参考。

12.2.3 调研方法与路线

本次调研采用的方法和技术路线见图 12-1。

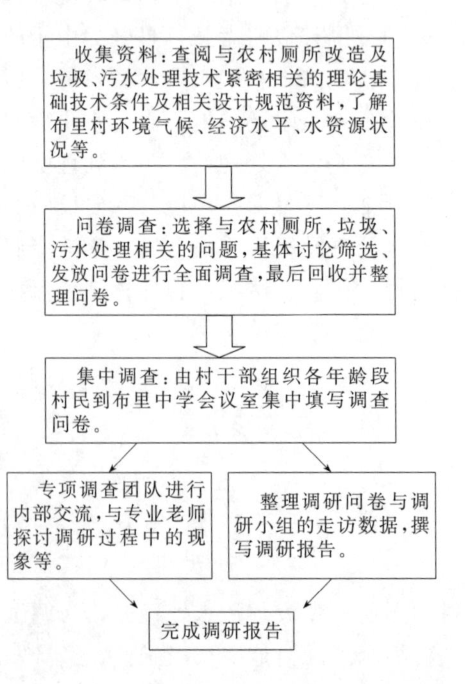

图 12-1 布里村调研路线图

12.3　布里村村域概况

12.3.1　布里村地理位置

河北省保定市高阳县地处华北平原，位于河北省保定市东南部，距北京、天津、石家庄分别为 150km、180km、150km。北靠华北明珠白洋淀与安新交界，西与清苑毗邻，南与蠡县、肃宁接壤，东与河间、任丘相接。在东经 115°38′～115°39′和北纬 38°30′～38°46′，南北宽 28.5km，东西长 30km，总面积 472km^2。

布里村隶属河北省保定市高阳县西演镇，东邻崔家庄，西南接莘桥，北和赵堡莘庄毗连。村庄位于镇域中部，村庄距离西演镇区约 4.81km。始建于 1917 年 8 月的—留法勤工俭学预备学校旧址位于该村东南部（图 12-2）。

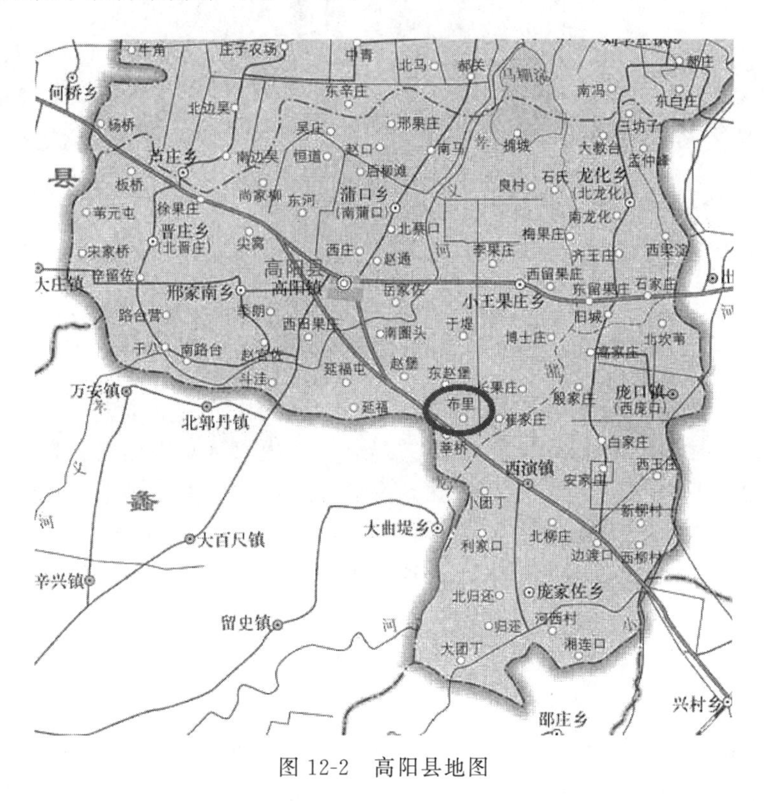

图 12-2　高阳县地图

12.3.2　布里村背景

1915 年 6 月，留法勤工俭学会先后在北京、天津、保定地区开设留法预备学校（班），布里村留法工艺学校是开设最早的一所，为留法勤工俭学做准备。1917 年，李石曾到布里村面晤段子均，商议筹备留法勤工俭学会预备学校之事，决定于布里村建立第一所留法勤工俭学会预备学校。同年夏天，李石曾、段子均在布里村创办第一所留法勤工俭学预备学校，校名为布里村留法勤工俭学会预备学校。1918 年暑期，学校迁入新校址，改名为布里村留法工艺学校（见图 12-3），蔡元培为学校题写了“业精于勤”的匾额。蔡和森、赵世炎、周恩来等在勤工俭学期间，着重考察资本主义社会，接触工人群众，研究工人运动、研究社会主义思潮和马克思主义，为中国共产党的成立做了思想舆论的准备。

图 12-3 留法工艺学校旧址

12.3.3 布里村自然条件

12.3.3.1 气候

布里村属东部暖温带半干旱半湿润季风气候，大陆性季风气候特点显著，四季分明。境内累计年平均日照时数为 2637.8h，四季温差显著，境内累计年平均气温为 11.9℃，全年一月份最冷，平均气温为－5.1℃，7 月最热，平均气温为 26.3℃。境内年平均地面温度为 14.4℃。境内累计年平均降水量为 512.2mm，降水集中在 7、8 月份，1 月份降水最少。境内常年东北风最多，4～6 月份大风日数最多，风速较大，对夏秋作物形成灾害。累计年平均无霜期为 205 天。

12.3.3.2 水文

境内河流均属大清河水系，村域属子牙河、大清河南北水系两大冲积、洪积扇群所构成的大型扇间洼地的一部分，地下水呈多层次、多水质和自西向东递降的梯度结构，含水层为粉细砂与亚黏土、淤泥质亚黏土交互成层而构成的浅层承压含水组。含水层呈条带状分布，地板埋深在 130～150m。境内水质为咸水区，由地表至深层其矿化度为 3～16g/L，水化学类型均为 Cl-Na 型。5 月至 6 月初，地下水位最低，地下水埋深为 8～10m；至 8、9 月相交时，地下水位达最高值，埋深为 3～6.5m。

12.3.3.3 土壤类型

境内土壤主要为氯化物硫酸盐盐化潮土，因地质、土质及耕作条件和施肥水平不同，境内土壤肥力为东南部肥力区。东南部肥力区：土质黏重，潜在肥力较高，但盐碱危害亦重。

土壤有机质含量为 0.6%～1.6%，全氮含量为 0.054%～0.098%，速效磷含量平均值为 21.5×10^{-6}。

12.3.3.4　地质、地貌

村域地质基底为华北古地台的一部分，区域内被一套巨厚的海相灰岩、白云岩夹薄层砂泥岩及松散的河流相沉积物所覆盖。地质发育为中生界。

村域属西柳断鼻群构造带，多为第三系构造群，被一组西掉反向断层切割而形成。断鼻倾向东北，剖面上呈垒、堑相间的构造格局。

12.3.4　人口情况

布里村现有人口 2531 人，全部为农业人口。该村现有劳动力 1768 人，主要从事农业生产劳动。

布里村村民以种植业为家中主要收入来源的家庭占 56.45%，种植的农作物主要为玉米、小麦，20.96%的村民以服务业为收入来源，少部分家庭以养殖业、种养殖业、工业、外出打工为收入来源，各占 3.23%、4.84%、3.23%、11.29%，如图 12-4 所示。

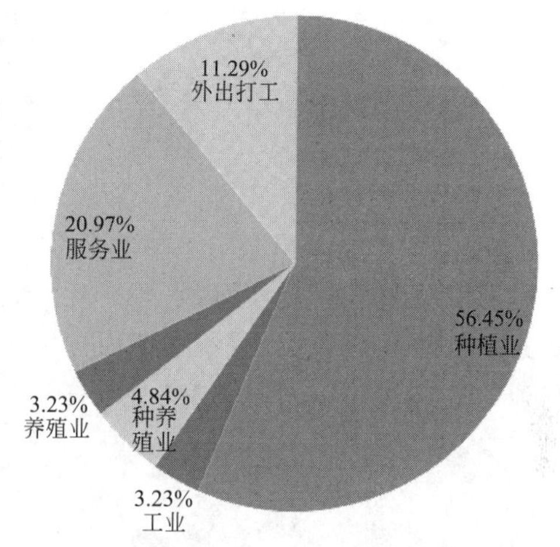

图 12-4　布里村家中主要收入来源

12.3.5　经济生产状况

该村总种植面积为 959 亩，主要种植小麦、玉米。近年来，经济作物种植面积逐步扩大，主要是麻山药和棉花。种植区域主要分布在村庄的东部。该村的商业服务业规模较小，主要服务于本村，用于满足村民基本生活需求。

12.4　布里村农村厕所及相关条件现状分析

12.4.1　家中厕所情况

① 类别　家庭的厕所状况能反映出家庭生活的质量。几十年来，中国老百姓家庭中的厕所已有了根本性的变化，但是，布里村村内多数的农户使用传统旱厕，设施条件还比较落后。

② 位置　农村卫生间一般属于自建卫生间，卫生间搭建位置直接影响了该村的村貌。调查数据显示，布里村 69.05%的家庭选择将厕所建在院子内，19.35%的家庭选择将厕所建在室内，具有独立的卫生间，6.45%的家庭选择将厕所建在院子外，并有 3.23%的家庭选择将厕所建在其他地方，如图 12-5 所示。

③ 材料　布里村村民家庭厕所建造以砖砌为主，砌筑完成后在墙面抹水泥，也有部分

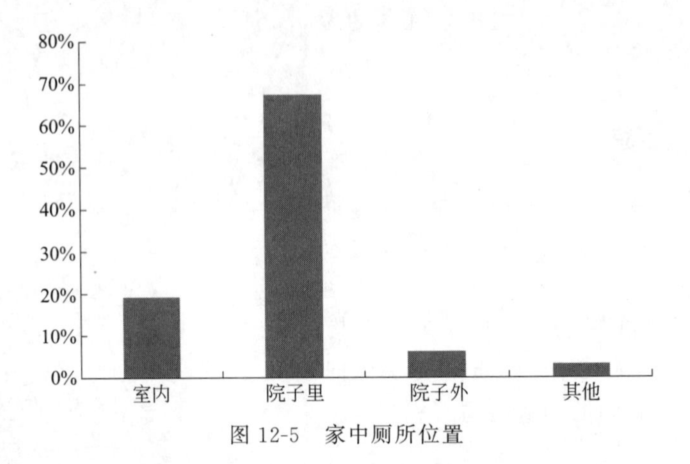

图 12-5　家中厕所位置

家庭的厕所砌筑土墙，使用水泥板。据统计，厕所为砖砌结构的占 59.68%，其中，9.68%的家庭在砌筑完成后，采用在墙面抹水泥的措施。厕所为土墙砌筑的占 6.45%，由水泥板搭建的占 17.74%，如图 12-6 所示。

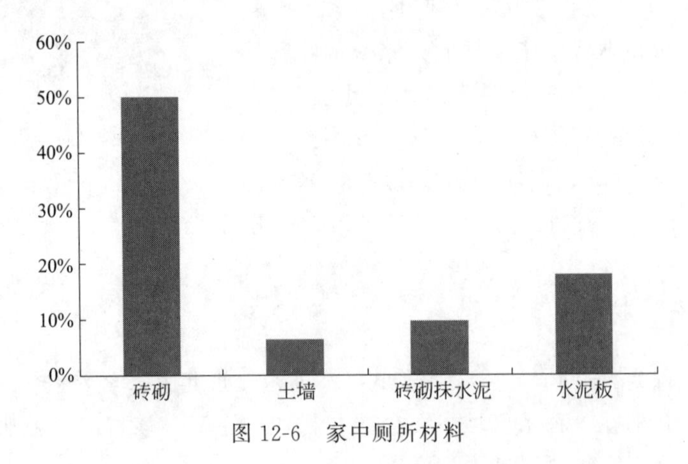

图 12-6　家中厕所材料

④ 满意度　对卫生间的满意度，是布里村的村民的幸福指数的依据之一。17.74%的村民表示很满意当前家庭厕所情况，46.77%的村民基本满意当前厕所情况，20.97%的村民认为当前厕所情况有待改善，14.52%的村民不满意当前家庭厕所状况，如图 12-7 所示。

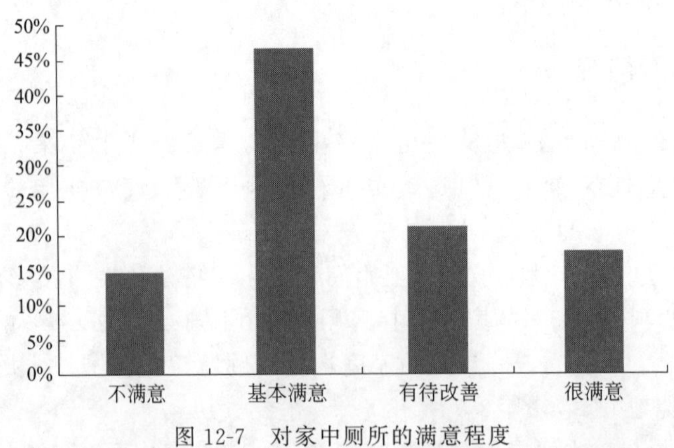

图 12-7　对家中厕所的满意程度

⑤ 废纸处理情况　上厕所完毕后，废纸的处理情况反映出村民的文明程度，关系到垃圾处理分类情况。51.61％的村民家中厕所备有专用的废纸篓，如厕后将废纸投入纸篓中；45.16％的村民表示会将废纸顺手投入厕所坑内；其余 3.23％的村民选择将废纸采用其他方式处理，如图 12-8 所示。

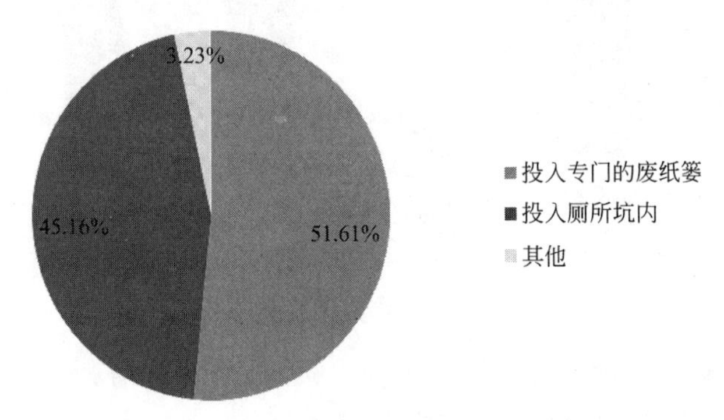

图 12-8　上厕所后废纸的处理

12.4.2　厕所处理情况

① 厕所粪便清理　关于厕所粪便的清理，由专人收费处理的占 32.25％，由各户自行清理的占 67.74％。统计结果表示，布里村没有对户厕定期清理的集中安排，均由各户自行安排，如图 12-9 所示。

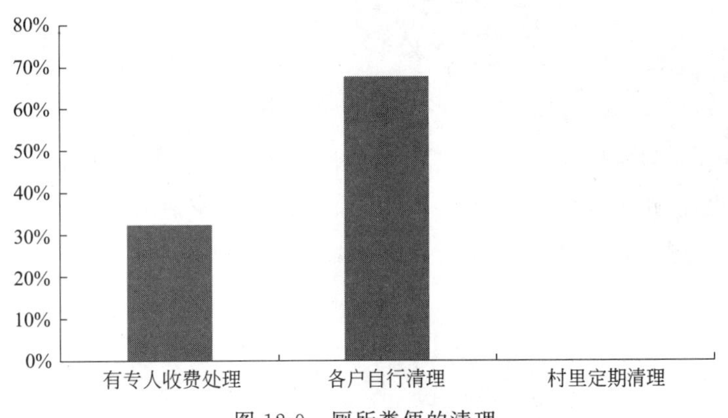

图 12-9　厕所粪便的清理

② 粪便处理情况　由于布里村村民主要依靠种植业为生，所以该村厕所清理出的粪便，主要用于对田地的沃肥。直接肥田存在很大安全隐患，不利于杀死粪便中的寄生虫，可能导致肠道传染病的发生。村民选择沃肥的方式不一，主要有各户自行沃肥、村里集中沃肥和直接肥田。其中，32.25％的家庭选择自行沃肥，9.68％的家庭选择村里集中沃肥，32.25％的家庭将清理出的粪便直接肥田，还有 25.81％将清理出的粪便用作其他用途，如图 12-10 所示。

③ 厕所消毒时间　厕所如果不能及时消毒，会孳生蚊蝇和其他有害物质，所以厕所的消毒尤为重要。调查问卷中将消毒时间定为 4 个时间段：0.5～1 个月消毒一次的家庭占

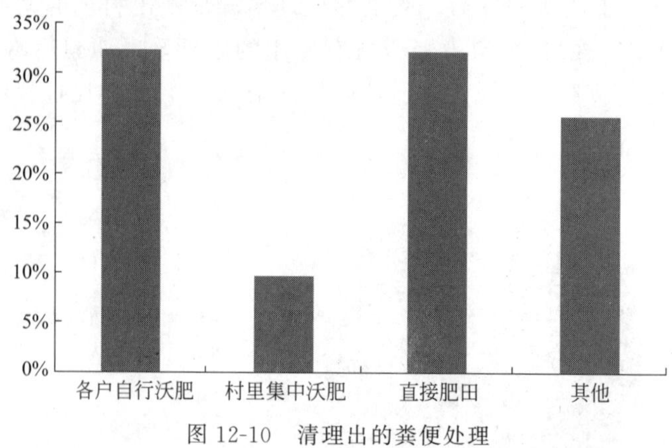

图 12-10　清理出的粪便处理

19.35%，1～3 个月消毒一次的家庭占 38.71%，3～6 个月消毒一次的家庭占 9.68%，0.5～1年消毒一次的家庭占 32.26%，如图 12-11 所示。

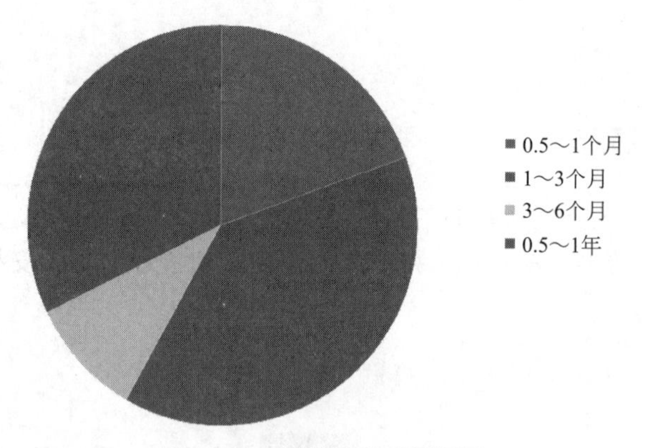

图 12-11　厕所消毒时间间隔

④ 生活垃圾倒入厕所情况　家庭生活垃圾倒入厕所的情况反映当地村民垃圾处理意识。有 16.13%的家庭将生活垃圾均倒入厕所中，14.52%的家庭经常将生活垃圾倒入厕所，17.74%的家庭偶尔将生活垃圾倒入厕所，51.61%的家庭从不将生活垃圾倒入厕所，如图 12-12 所示。

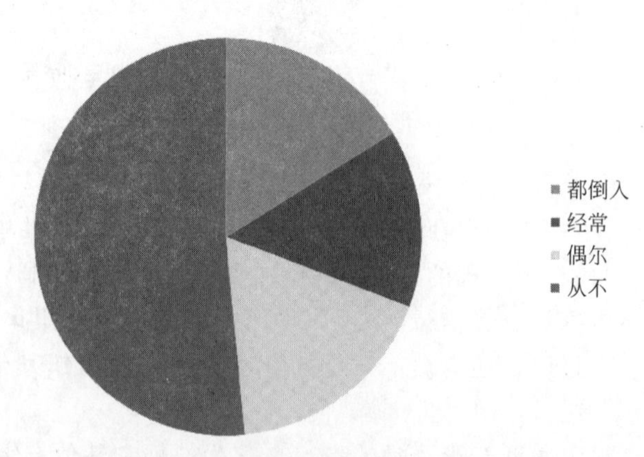

图 12-12　家中生活垃圾倒入厕所情况

12.5　布里村农村厕所改造技术措施

12.5.1　厕所基本情况及改造要求

布里村水冲厕所较少，村民家中厕所主要位于院子内部，只有少数家庭的厕所位于室内。其材质主要为砖砌。上完厕所后人们会选择把废纸投入专门的废纸篓或扔进厕所坑内，在一段时间后进行清理。其清理主要是各户自行清理，一些人员请专人进行收费处理。

家中生活垃圾一半有分类处理意识，其他人会选择经常或偶尔将生活垃圾倒入厕所。大多数人一年内对厕所消毒 2～4 次，只有少数人经常对厕所进行消毒。各户粪便用于施肥，直接肥田。小部分人选择村里集中沃肥。

而农村厕所示范工程建造原则为：地上部分做到有门、有窗、有墙、有顶、有通风，厕内清洁、无臭。地下部分做到通过特殊结构，能使粪便中的寄生虫卵和致病微生物得到有效灭活处理，且厕坑及储粪池无渗漏。器具部分做到就地或就近取材、方便使用、便于管理、无动力消耗或微动力消耗。粪便及其处置过程做到无害化、稳定化、资源化。

12.5.2　改造技术

通过查阅农村厕所改造的相关资料和实地走访，了解到现在国内比较成熟的农村厕所类型主要有以下 6 种：粪尿分集式卫生厕所、双瓮漏斗式厕所、三格式化粪池卫生厕所、三连通沼气式卫生厕所、通风改良双坑式厕所、完整上下水道水冲式厕所。

12.5.2.1　粪尿分集式卫生厕所

粪尿分集式卫生厕所是指采用粪尿不混合的便器把粪和尿分别进行收集和处理利用的厕所。该型户厕是一种粪便无害化、防蚊蝇、无臭、节水、粪肥可利用的新型厕所。该类型生态厕所有以下特点：第一，基本不用水冲，仅排尿部分用 100～200mL 水即可，在缺水地区尤其实用；第二，粪便每半年到一年清理一次，尿需要不定期清理，清理周期取决于储尿器的大小；用肥操作上减轻劳动量；第三，由于基本不用水冲，同时尿不进入粪坑，大大减少了粪坑容积。五口之家只需 0.6m^3 的厕坑即可，粪坑建于地面上，不需要挖坑，大大降低了厕所造价（图 12-13）。

12.5.2.2　双瓮漏斗式厕所

双瓮漏斗式厕所是一种结构简单、造价较低的卫生厕所。通过埋置于地下的瓮体储存、酵化人体的排泄物，具有密封储存、厌氧发酵、杀死粪便中的细菌、寄生虫卵等作用，可以达到无臭、无蝇蛆，干净、卫生的效果，发酵处理后的粪便可以直接施用于菜地、农田，是优质环保型无害化有机肥料。储粪瓮由防腐材料制成，中间鼓、两头尖，一前一后两个瓮之间有倾斜的导粪管连接。该类型生态厕所有以下特点：结构简单。造价低，取材方便。改善环境卫生效果好，蝇蛆密度下降，肠道传染病发病率减小；经济效益高，很受欠发达农村群众欢迎（图 12-14）。

图 12-13 粪尿分集式卫生厕所

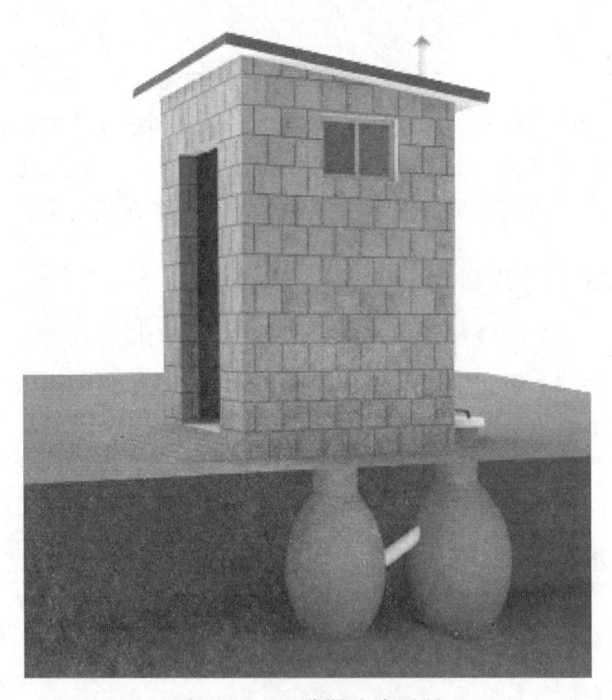

图 12-14 双瓮漏斗式厕所

12.5.2.3 三格式化粪池卫生厕所

三格化粪池卫生厕所是一种应用较广的卫生厕所。从名称上可以看出，这种厕所化粪池是三格式结构的。该厕所由厕房、便器和三格化粪池等几部分组成，其核心部分是三格化粪池。三格化粪池结构特点是化粪池分成三格，第一格、第二格和第三格容积比为 2∶1∶3。

按照主要功能，三格依次为截留沉淀与发酵池、再次发酵池和储粪池。三格之间有两个过粪管相连，化粪池加盖封闭。其特点是：第一，该类型生态厕所推广的适应性强，材料易取，取粪符合农民的习惯，适宜在农村推广使用；第二，按三格化粪池标准设计施工者，其粪便无害化处理效果易达到国家卫生标准要求；第三，建造技术难度小，具有简单的施工经验和一般知识，稍加培训即可自行建造；第四，经济实用，造价不高，农民负担不重，使用和管理简便且卫生、保肥（图 12-15）。

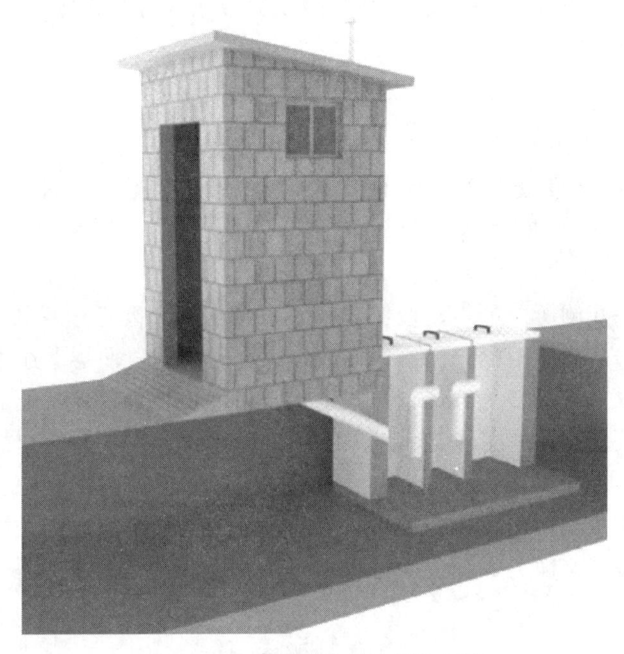

图 12-15　三格式化粪池卫生厕所

12. 5. 2. 4　三连通沼气式卫生厕所

农村户用沼气池厕所以旋流布料自动循环型高效沼气池为基础，在池盖和进料口之上建造长方体蹲便器式厕所，在蹲便器后厕的抽渣池内安装沼液冲厕装置。在沼气池地表之上建造猪或牛圈。牲畜粪入口设在抽渣池一侧。厕所为小口径瓷质蹲便器式厕所。蹲便器下粪口对准沼气池进料口，直接下排粪尿。厕台一侧带有沼气池的抽渣活塞系统。厕所位于沼气池的进料口和抽渣池之上。现在一些地方建造的太阳能暖圈是覆盖在沼气池地上部分的塑料拱棚。目前农业部在中国农村大力推行的“一池三改”生态家园模式，可以说是三连通式沼气池卫生厕所的延续与发展。其主要建设内容是以农户为基单元，将建沼气池与改圈、改厕、改厨结合起来，利用沼气做饭、照明、洗浴；利用沼液、沼渣种植无公害农作物、养鱼等，综合效益明显，深受农民欢迎。

12. 5. 2. 5　通风改良双坑式厕所

通风改良坑式厕所是我国西北地区推广的一种卫生厕所。该厕所对于干旱少雨、气候干燥地区具有较强的实用性。通风改良坑式厕所主要由厕坑、蹲台板、通风管和地上部分组成。

通风改良坑式厕所可在自然条件下，使粪便长期酵解后成为屑殖质，粪便中的病源微生物、寄生虫卵逐渐被杀灭，达到粪便无害化的效果。根据厕坑的数量，通风改良坑式厕所又可分为单坑式、双坑式和多坑式，其中双坑式厕所较为普遍。储粪坑壁可用砖或石块、土坯等砌；如果地下是较深的黏土层，不会塌陷，也可不用砖石等砌壁。厕坑底部也可用三合土夯实，厚度为100mm，在地下水位较高的地区，为防渗漏，可在三合土层上面再铺砌砖，并抹20mm厚的水泥砂浆。该种生态厕所的特点是：第一，通风、防蝇、防臭效果好；第二，技术简单，造价低廉；第三，便后不需水冲洗，能较好地满足卫生的要求，适用于少雨干旱地区。

12.5.2.6 完整上下水道水冲式厕所

完整下水道水冲式厕所是城市中常用的一种卫生厕所。这种厕所在城市家庭中普遍使用。近年来随着社会发展，城市郊区和农民新村的建设步伐日益加快，完整下水道水冲式厕所在农村居民家庭的应用逐渐增多，目前已成为农村改厕中很普遍的一种卫生厕所类型。

完整下水道水冲式厕所由厕房、便器、冲水水箱、下水管道、集中式化粪池等几部分组成。厕房设置在楼房户内，根据户型不同面积，大小也不同。便器普遍采用蹲式或坐式陶瓷便器。蹲式便器冲水水箱一般为分体壁挂式手拉阀门冲水装置。坐式便器冲水水箱一般为连体式手按阀门冲水装置。完整下水道水冲式厕所的下水管道由一家一户的支管道和单元主管道组成。粪便在便器内被水冲入支管道，经主管道汇入集中处理化粪池。

完整下水道水冲式厕所的建造与楼房住宅的设计建造是同步进行、同步完成的。这种厕所清洁、无臭味、便器干净、粪便集中进行无害化处理，效果很好（图12-16）。

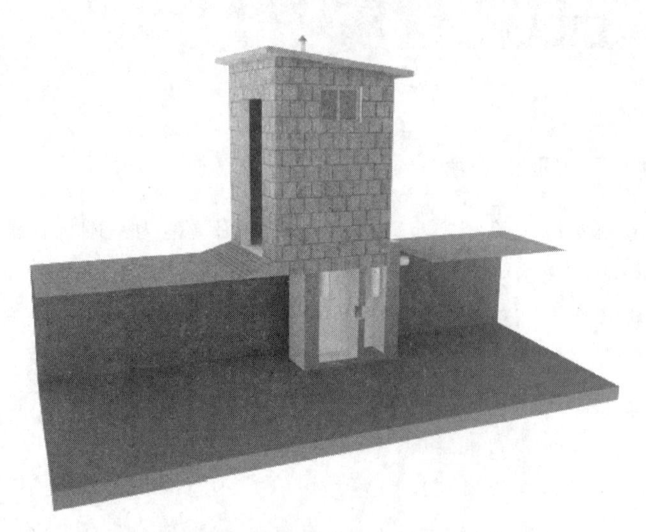

图12-16 完整上下水道水冲式厕所

12.5.3 应用建议与评价

12.5.3.1 粪尿分集式卫生厕所

粪尿分集式卫生厕所是利用粪、尿不同的生物特性，分别收集、处理、利用。把数量较多且不含病原体的尿直接利用，把数量较少、含病原体较多的粪便单独收集进行无害化处理，可以防蝇、无臭、使粪便无害化，不污染外环境。该类厕所适用于以果木、粮食、蔬菜种植或外出打工为主要经济来源的地区。其优势如下。

第一，这一类地区没有牲畜养殖，只需对人体排泄物进行处理，粪尿分集式卫生厕所比三连通沼气式厕所、三格式化粪池卫生厕所节省空间。

第二，种植业为主的地区草木灰来源丰富，可以将粪便进行脱水干燥，可以节省太阳能板的设计，更加经济；以外出打工为主的地区则需推广配备太阳能板的厕所。

第三，经粪尿分集式厕所处理过的粪便无臭、松散，是优良的土壤改良剂，同时是优质的农家肥，尿可以经稀释后直接入田使用，实现生态上的循环。

第四，这种厕所基本不用水冲，排尿部分仅需少量水，每次100～200mL即可，这点对缺水地区尤为可贵，可以在缺水地区推广。

12.5.3.2 双瓮漏斗式卫生厕所

双瓮漏斗式卫生厕所主要由一前一后两个瓮和两瓮之间连接的过粪管组成。粪尿同时进入前瓮，在前瓮内充分厌氧发酵、沉淀分层，粪渣、粪皮被过粪管阻拦，寄生虫沉淀，中层过粪，使粪液进入后翁粪池储存，后瓮需盖上水泥盖板，以便防水防雨。使用特点如下：

首先，两瓮埋于地下，后瓮内严禁进入过多水，所以双瓮漏斗式厕所主要适用于土层厚、雨量中等的温带地区。主要在我国淮河流域，黄河中、下游及华北平原地区推广。在干旱少雨的西北、西南地区也有不少推广使用者。

其次，结构简单，造价低，取材方便，改善环境卫生效果好，可以降低蝇蛆密度，降低肠道传染病的发病率。另外，对推广地区的经济结构没有很高要求，种植业、养殖业、服务业地区均可推广，所以很受群众欢迎。

12.5.3.3 三格式化粪池卫生厕所

三格式化粪池卫生厕所主要是由依次排列的三个坑池以及连接相邻两坑的导粪管组成。第一格、第二格、第三格的容积比为2∶1∶3，主要其功能依次可称为截留沉淀与发酵池、再次发酵池和储粪池。通过第一格发酵分层，寄生虫卵沉淀，过粪管截留粪渣、粪皮，采取中层过粪形式，从过粪管进入第二格，继续发酵，残余的寄生虫卵继续沉淀，再经过粪管进入第三格储存粪液。即三格化粪池主要是利用过粪管阻拦粪渣粪皮、粪便厌氧发酵、寄生虫卵自然沉淀的原理，对粪便进行无害化处理。使用特点如下。

第一，三格式化粪池卫生厕所厕屋以下部分需设置三个粪池，占地空间较大，适用于有较大庭院的户落。

第二，相对其他类型卫生厕所，三格式化粪池卫生厕所容积大，可以储存的粪尿量较大，适用于家庭人口较多的家庭或村庄公共厕所。

第三，三格式化粪池卫生厕所对推广地区的经济结构基本没有要求，种植业、养殖业、旅游、服务业地区均可推广。除了处理人的排泄物以外，还可以对少量牲畜粪便进行处理，方便了牲畜粪便的处理。

第四，三格式化粪池卫生厕所每次用完之后需用少量水冲一下，故有一定耗水量，在水资源充沛地区比较适宜。

12.5.3.4　三连通沼气式卫生厕所

农村户用沼气池厕所是以旋流布料自动循环型高效沼气池为基础，在池盖和进料口之上建造长方体蹲便器式厕所，在蹲便器后厕的抽渣池内安装沼液冲厕装置；在沼气池地表之上建造牲畜圈的一种生态厕所。适用条件如下。

第一，基于厌氧发酵需要一定的温度，三连通沼气式卫生厕所一般适用于中国黄、淮河及秦岭以南的农村地区。如果在寒冷地区使用，则只需要处理好冬季防冻问题，例如沼气池建在暖棚内。

第二，沼气池式厕所占地较多，且相对其他种类生态厕所建造成本高，人体排泄物、牲畜粪便都可以作为沼气池的发酵底物，池内发酵后的沼液又可作为优良的有机肥，非常有利于促进农业发展，适宜在以种植业、养殖业为主的地区推广使用。

12.5.3.5　通风改良双坑式厕所

通风改良双坑式厕所，是由两个结构相同又互相独立的厕坑组成。先使用其中的一个，当该厕坑粪便基本装满后用土覆盖将其封死，再启用另一个厕坑。第二个厕坑粪便基本装满时，将第一个坑内的粪便全部清除重新启用，同时封闭第二个厕坑，这样交替使用。在清除积粪时，坑中的粪便自封存之日起已至少经过0.5～1年的发酵消化，完全达到无害化的要求，成为腐殖质，可安全地用作肥料。

适用条件如下。

1）为了让粪坑内的粪尿厌氧发酵以达到无害化处理，当该厕坑粪便基本装满后要用土覆盖将其封死，故在干旱少雨、气候干燥的地区有较强的实用性。

2）通风改良双坑式厕所可以同时对人体排泄物和牲畜粪便进行处理，发酵好的无害化粪便是优质的农作物肥料，所以在以种植业、养殖业为主的地区适宜推广使用。

3）由于设有两个坑，通风改良双坑式厕所的占地面积较大，在庭院面积较大的户落比较容易推广。

12.5.3.6　完整上下水道水冲式厕所

完整上下水道水冲式厕所每次使用完之后都要用水冲厕，以保持卫生器具的干净。其建造条件为：推广地区水资源充沛且具备市政给排水条件。

12.6　布里村农村厕所改造问题及对策

农村改厕被世界卫生组织列为初级卫生保健的八大要素之一，我国也把农村改水改厕列为农村经济社会发展的重要指标。改革开放以来，我国农村社会发生重大变迁，但厕所的无害化改造相对滞后。我国的社会主义现代化建设和全面建设小康社会的进程在加快，农村的发展是其薄弱环节，农村环境卫生改善的重点是厕所改造。农村厕所改造关系到农村卫生、农民健康以及社会主义新农村建设目标的实现。然而，由于受到厕所在农民心目中的地位低、农村人口文化水平相对不高等因素影响，农村改厕势必会遇到一系列阻力。

12.6.1　开始阶段

12.6.1.1　观念问题及转变对策

在调研走访中，团队成员发现，提起农村厕所改造，大部分村民们都不太感兴趣，觉得没必要。

由于受千百年的传统观念的影响，许多农民没有真正认识到农村改厕给他们带来的真正好处。首先，农民的卫生意识不高，由于疾病发作的延时性，很多农民意识不到改厕与预防疾病之间的密切关系。造成厕所在农民心中的定位较低，远远没有衣食住行那么迫切和重要，更何况现在农民衣食住行医等并不是完全无忧的。其次，大多数农民认为，厕所就应该是脏的、臭的，自己住的房子都没舍得破费装修，更没有必要把钱和物投入到厕所上。即使是比较富裕的地区，盖起了洋楼、供上了自来水，效仿城市一样追求所谓的现代生活，也只是在外观上对厕所进行包装，贴瓷砖、修房顶，没有考虑过修建生态厕所。再次，农民对于改变现状的要求不强。由于农村很多年轻劳动力外出打工，留在家中的大多是一些老年人和孩子。老人思想趋于保守，不易接受新事物，很少有改变现状的要求。

对于这种问题，应加大宣传力度，转变农民落后的观念，除经济问题与传统旧观念、旧习惯外，一些农村群众还比较缺乏改厕方面的卫生意识，这也是影响农村改厕工作的一个主要因素。因此，加强农村健康教育知识的宣传教育势在必行。农村改厕是改变千百年来落后观念的一场革命，为此，对农村改厕进行广泛深入的宣传是十分重要的。具体可以从以下方面入手。

1）做好各村镇领导的开发工作，使各级领导真正认识到农村厕所卫生是关系到农村环境卫生，关系到提高农民生活质量的大事。首先村镇领导起带头作用，向村民发动号召。同时在农民群众中寻找先进积极分子，树立典型，利用榜样的力量，带动其他农民广泛参与。

2）加大宣传力度，开展健康教育把农村改厕与乡村文明和社会主义新农村建设以及实现全面小康社会紧密结合起来，提高农村基层干部的工作热情，鼓励农民积极参与。可采取多种形式，如电视、广播、报纸、黑板报等，向农民宣传改厕的好处和长远意义；也可以编写通俗易懂的科普读物，分发到农民手中。

3）开展卫生宣传，改变村民落后的卫生意识和生活习惯，让他们认识到使用卫生厕所可以有效防止肠道传染病及寄生虫病的传播和流行，可以营造良好的卫生环境，从而有效减少疾病的发生。

4）向农民宣传卫生厕所的巨大优势，即产生的经济、社会、生态、卫生等效益，让农民切实意识到改厕的必要性，认识到农村卫生厕所改革已经成为社会发展与文明进步的迫切要求，成为乡村文明与社会主义新农村建设的客观需要。

5）将修建卫生厕所纳入农村先进个人、生态村镇等荣誉的评选条件机制中，以此提高广大村民的积极性。

12.6.1.2　技术保障问题及对策

建造卫生厕所是一项有技术性的工作，改厕工作面广，技术要求严格，涉及卫生技术、工程建设等领域。需要专业的施工技术人员对修建人员进行培训。但是，目前农村厕所的修建一般由农民自行组织或请村里的泥瓦匠给修建，他们的知识水平普遍不高，大部分人看不懂图纸，只是按照自己的想法把厕所建起来。施工过程存在漏洞，容易造成厕所密闭性不好、产生漏水、堵塞、发臭、过粪管截留不符合要求等问题，这样建成的厕所不仅不能起到卫生环保的作用，长期达不到人们预期的生态效果，还会大大降低人们的积极性，严重制约农村改厕的发展进程。

为解决技术报章问题，应加强专业人员对农村改厕的技术指导，选拔政治素质高，事业心强，业务水平过硬的专业技术人员直接对乡镇和村干部进行卫生厕所技术培训，讲授具体的施工方法。树立典型，示范带动，及时收集总结改厕项目工作中的好典型、好经验，通过组织参观学习，召开现场会、经验交流会等各种形式加以宣传推广，积极培养农村改厕技术骨干队伍。各乡镇领导、农民共同成立改厕小组。形成以各级政府组织为依托，以技术工人为骨干，以农民群众为主体的全面改厕系统，并做好跟踪服务。

12.6.1.3 资金问题及对策

农村改厕工作是一项群众性、技术性、科学性比较强的工作，必须有专职人员对修建者进行培训或直接由专职人员修建，所以资金是保证农村改厕顺利进行的关键。但是，我省农村经济发展不均衡，许多地区经济发展慢，农民生活水平比较低，厕所改建，对于他们来说是很大的负担。这也就降低了农民的积极性，阻碍了改厕工作的正常推进。

根据我国国情，要建造卫生厕所，应走国家支持，地方补贴，农民自筹相结合之路。倡导“民办公助、多方筹资”“谁受益、谁出钱”的原则，配以中央财政对我省农村改厕的政策支持和资金资助，各级政府应适当提供地方配套资金，并积极拓宽筹资渠道，鼓励个人和社会力量投资改厕。公助资金可以通过“以奖代补”的形式发放，多改多补，以调动基层和广大农民的改厕积极性。由此形成“政府主导，乡镇支持，农民自筹”的改厕局面，从而让农民真正得到实惠，切实感受到改厕的好处。

12.6.2 运行阶段

12.6.2.1 使用维护问题

实践证明，要使农村卫生生态厕所真正发挥作用，农村卫生生态厕所的正确使用和维护是关键。但是有些地方只注重建设厕所，却忽视了科学管理与使用，致使改厕的效应未能充分发挥出来。对已经推广建造生态厕所的农村地区的调查显示，改造后的厕所常常出现以下情况：有的户厕内环境差，手纸堆积，清扫不及时，蹲便器上有盖不盖，形同虚设；有的粪尿分集式厕所用后不及时用覆盖料覆盖或量不够，有的用水或尿流入储粪坑，有的直接用水冲洗沾染在便器上的粪便等，严重影响了粪便的无害化效果，散发出的臭味较大，更不知多长时间清理粪池。

究其原因可能是生态卫生设施建设好时间不长，且未对农户开展健康教育，其观念上还未完全接受。也可能是由于有些村民对卫生厕所的使用与管理工作没有跟上，致使无害化卫生厕所的作用没有得到很好的发挥，直接影响粪便处理的无害化效果。

通常说改厕是“三分建，七分管”，厕所设施按要求改建或新建之后，要有合适、正确的使用方法，才能维持设施长期发挥效益。厕所维护的好坏与农户对生态卫生厕所使用方法的掌握有关，只有掌握了厕所的正确使用方法，才能正确使用卫生厕所，粪便才能达到无害化。因此，各地要结合新农村建设和改厕活动，及时做好生态厕所正确使用的宣传教育工作，可以成立乡村卫生厕所管理小组，进行定期或不定期帮助村民进行故障检查、维修，及时指出生态厕所使用中存在的问题，使日常管理真正落到实处，切实做到建管并重，讲求实效，逐步把卫生厕所的日常管理变成农民的自觉行动和自觉意识，逐步巩固使用效果。还可以在村内定期进行评比，对使用管理好的农户给予奖励。带动大家强化使用卫生厕所的文明卫生习惯。

12.6.2.2　示范推广问题

为了鼓励、调动广大农户加入到改厕的队伍中，各乡镇可以成立改厕委员会，由各乡镇领导牵头，专业技术人员提供技术指导，改厕模范户进行沟通宣传，让农民切实了解改厕的诸多益处。同时改厕委员会可以提供安装服务。

12.7　布里村生活污水处理及相关条件现状分析

12.7.1　村民家庭用水现状

村民家庭用水量及生活污水类型，直接影响布里村的用水量及污水处理方式。如果污水处理方式不当，会造成水资源不能循环使用，严重的可能导致水体富营养化、水中溶解氧减少、水生生物大量死亡等。

① 用水量　布里村村民家庭的月用水量在5t以下的占79.03%，在5t以上10t以下的占20.97%，如图12-17所示。

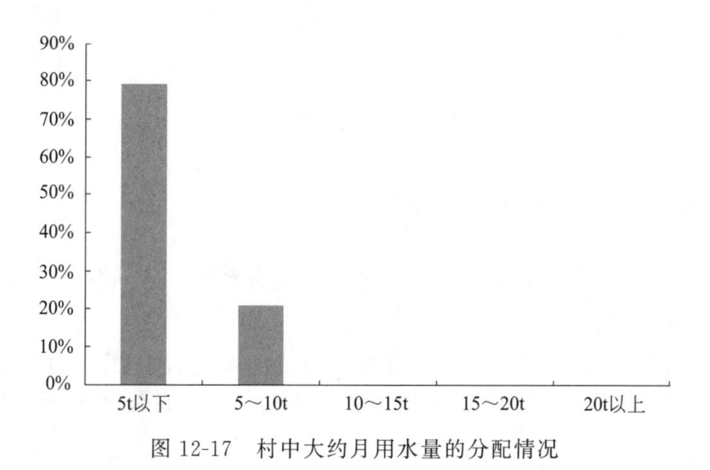

图12-17　村中大约月用水量的分配情况

② 生活污水类型　布里村村民的生活用水，9.68%用于灌溉院内外菜地，38.71%用于淋浴、盥洗用水，51.61%用于饮用，如图12-18所示。

12.7.2　村民家庭主要排水方式

村民家庭的主要排水方式反映了村民的污水处理意识情况，直接影响生活污水的处理方

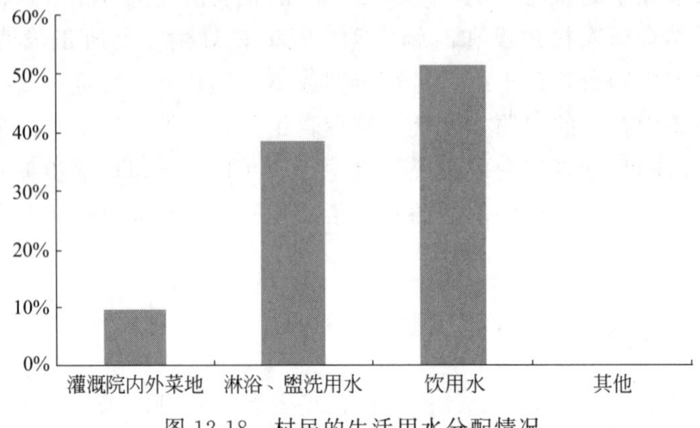

图 12-18　村民的生活用水分配情况

式选择。

对于生活污水的处理，25.81%的村民选择泼洒的方式，20.97%的村民选择排入天然排水沟，29.03%的村民选择排入下水管道，24.19%的村民选择排入人工开挖的污水井，如图 12-19 所示。

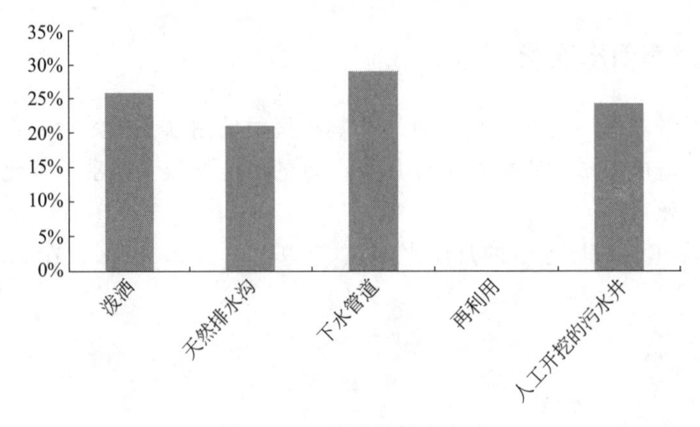

图 12-19　村民的排水方式

12.7.3　居住地周围地表水水质问题

对地表水环境进行评价，及时发现居住地周围地表水的水质问题，并提出针对性的预防及防治措施，是改善布里村水环境的重要保障。

据统计，有 41.94%的村民认为居住地周围地表水水质存在黑臭的问题，35.48%的村民认为水生生物减少，22.58%的村民认为水生植物大量生长，如图 12-20 所示。

12.7.4　居住地周围地表水质不理想的原因

造成布里村地表水水质不理想的原因有很多，包括工业排污、生活污水、周围农田土壤随雨水排入、水体自身水量减少、生活垃圾随意倾倒等。其中生活污水排放为影响地表水水质的主要因素，其次，工业排污和生活垃圾倾倒对水质的影响较大，周围农田土壤随雨水排入及水体自身水量减少对水质的影响较小，如图 12-21 所示。

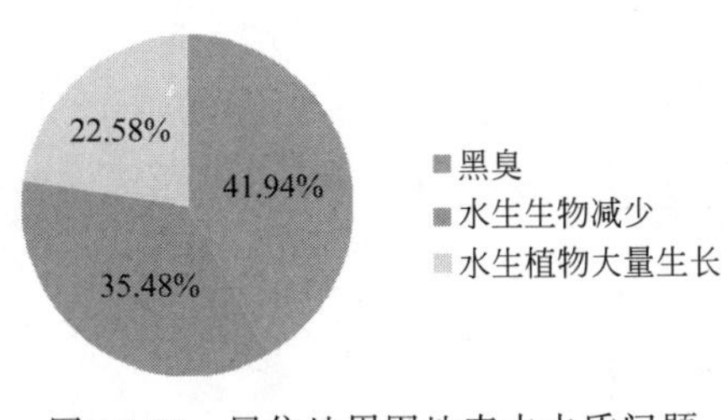

图 12-20　居住地周围地表水水质问题

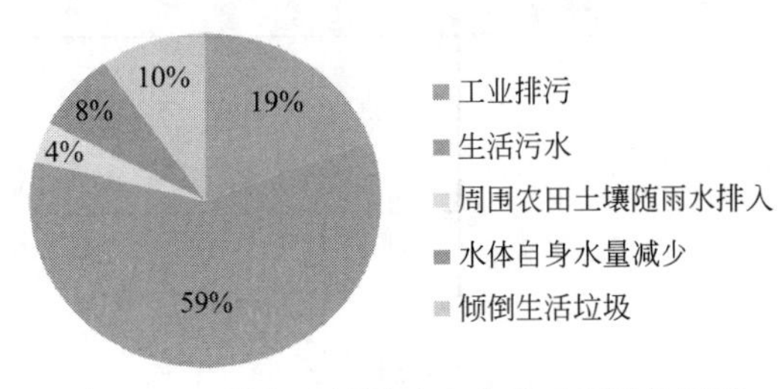

图 12-21　居住地周围地表水质不理想的原因

12.8　布里村生活污水处理技术措施

12.8.1　生活污水处理基本情况及改造要求

通过以上调查数据分析及实地调研，可以发现：第一，布里村没有完善的污水收集和处理设施，产生的生活污水和部分工业废水几乎是未经处理直接排入水体的，造成布里村水体的严重污染；第二，居民地周围地表水质污染较重，污水长期直接排入水体，水体的流动性小，环境容量有限，造成水体丧失了应有的功能，严重破坏了布里村的整体环境和景观，产生了水体黑臭、水生生物减少、水生植物大量生长的现象；第三，布里村村民缺乏水资源循环利用意识，造成生活用水浪费。

布里村排水工程规划为：排水实行雨污分流制。

污水排放：各个农户设置化粪池，污水由化粪池自然净化溢流，后排入排水管道，再由排水干管统一排入村庄外围。

雨水排放：由路旁排水沟统一汇集排入村庄内坑塘，补充地下水。

12.8.2　排水系统

12.8.2.1　室内排水

室内排水主要由用水卫生器具，如盥洗槽、洗脸盆、地漏、大便器等收集生活污水，然后通过器具排水管连接出户管排至室外。

12.8.2.2　户内排水

农村居民使用旱厕时，宜将厨房、淋浴、盥洗等排水简单处理后可向院内菜地倾倒（图 12-22）。

12.8.2.3　户外排水

农村居民使用水冲厕所时，应将生活污水排入化粪池系统，进行农用或进行其他处理（图 12-23）。

12.8.2.4　村落排水

污水和雨水的收集应实行分流制，污水通过管道或暗渠收集并进行集中处理后排放，雨

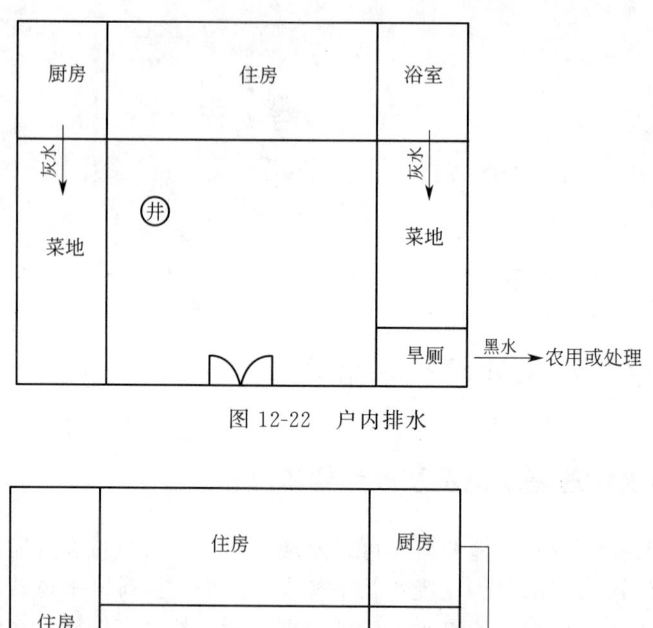

图 12-22　户内排水

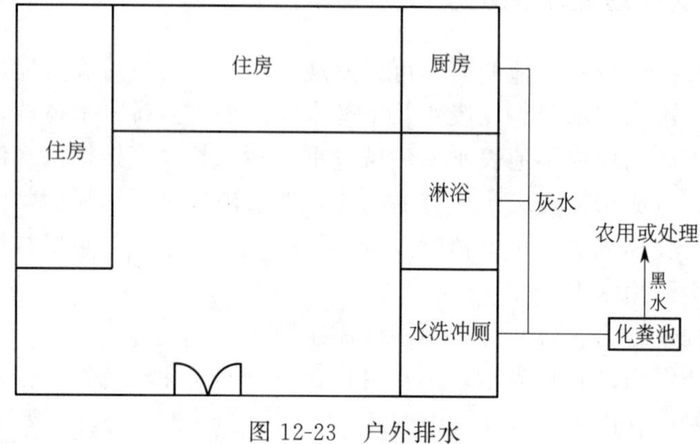

图 12-23　户外排水

水应充分就地入渗或利用明渠排至就近的河流或池塘。

12.8.3　污水处理与资源化技术

污水资源化又称废水回收，是把工业、农业和生活废水引到预定的净化系统中，采用物理的、化学的或生物的方法进行处理，使其达到可以重新利用标准的整个过程。这是提高水资源利用率的一项重要措施。

农村生活污水的随意排放对农村的生态环境构成了严重威胁，因地制宜地研发适合农村分散式生活污水处理的新技术与新工艺是解决农村水污染问题的关键所在。

12.8.3.1　生物滴滤池

生物滴滤池是将普通生物滤池和地下渗滤系统相结合的产物。它将颗粒滤料的物理过滤与生物过滤相结合，在有效截留生活污水中颗粒物、悬浮物的同时，削减生活污水中的溶解污染物；在池底土壤的渗滤作用和毛细管作用下，污水向四周扩散，通过过滤、沉淀、吸附和微生物的降解作用，使污水得到持续净化，同时也回灌补充了地下水资源。该技术具有以下特征：第一，可对污水就地收集、就地处理与就地回用，每个村户各成系统；第二，易于建设、便于维护、建设投资小、费用低；第三，处理系统完全设于地下，由于地下温度变化小，系统净化效果受季节、气候变化的影响较小；第四，处理水可作为再生水回用于农灌、绿化等；第五，对进水负荷的变化有一定的适应能力（图 12-24）。

生物滴滤池的特点：a. 占地面积小，无需更换填料，处理负荷大，缓冲能力强；b. 风压小，能耗小，更适应处理大风量的有机废气；c. 采用逆流式工艺，即废气从填料的底部向上，循环水从上部流向下部，并汇集至营养箱；d. 特种惰性填料，便于挂膜。

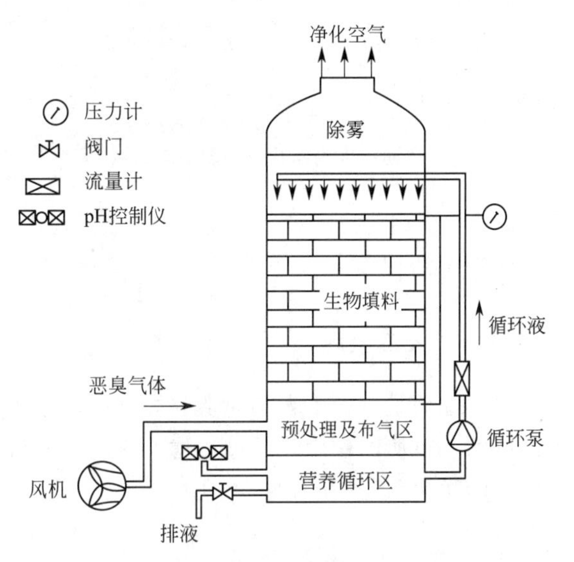

图 12-24　生物滴滤池

12.8.3.2　化粪池

化粪池是一种利用沉淀和厌氧发酵原理去除生活污水中悬浮性有机物的污水处理设施，属于初级的过渡性生活污水处理构筑物，在消除病原体、减少污染等方面曾经发挥了巨大的作用。化粪池的功能是接收、储存家庭生活污水。它除了能截留生活污水中的粪便、纸屑和病原虫等杂质以外，还可以减轻污水处理厂的负荷和减轻对水体的污染。生活污水进入化粪池经过 12～24h 的沉淀，可去除 50％～60％的悬浮物。沉淀产生的污泥经过 3 个月以上的厌氧消化，会使污泥中的有机物分解成稳定的无机物，易腐败的生污泥转化为稳定的熟污泥，改变了污泥的结构，降低了污泥的含水率。定期将污泥清掏外运，填埋或用作肥料（图 12-25）。

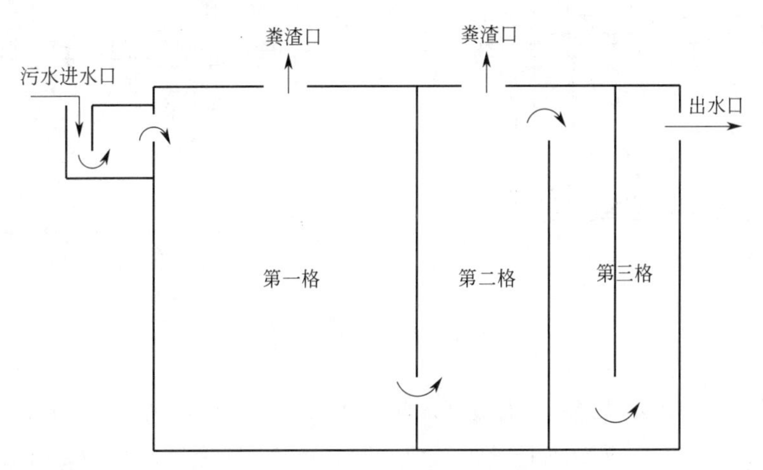

图 12-25　典型三格化粪池结构示意

12.8.3.3　生物净化槽

生活污水生物净化槽是依据沼气发酵原理，采用厌氧发酵技术和兼性生物过滤技术相结合的方法，在厌氧和兼性厌氧的条件下将生活污水中的有机物转化成甲烷、二氧化碳和水，达到净化生活污水的目的，并实现资源化利用。生物净化槽作为污水资源化单元和预处理单

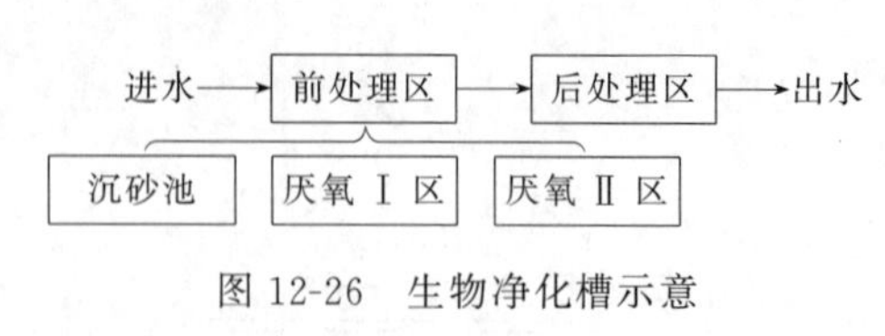

图 12-26 生物净化槽示意

元，其副产品是含有多种营养成分的优质有机肥，如果直接排放会对环境造成严重的污染，可回用到农业生产中，或后接污水处理单元进一步处理。生物净化槽具有设备简单、适用水质范围广、投资及运行费用少、占地面积小、处理效果好、中水可回收等优势，应用此技术对分散式、小规模的污水排放点源进行就地净化和开展循环利用具有明显的优势（图 12-26）。

12.8.3.4 人工湿地

人工湿地是一种由人工建造并控制的污水处理系统，它利用自然生态系统中物理、化学和生物的三重协同作用，通过过滤、吸附、共沉、离子交换、植物吸附、微生物分解等实现对污水的净化（图 12-27）。

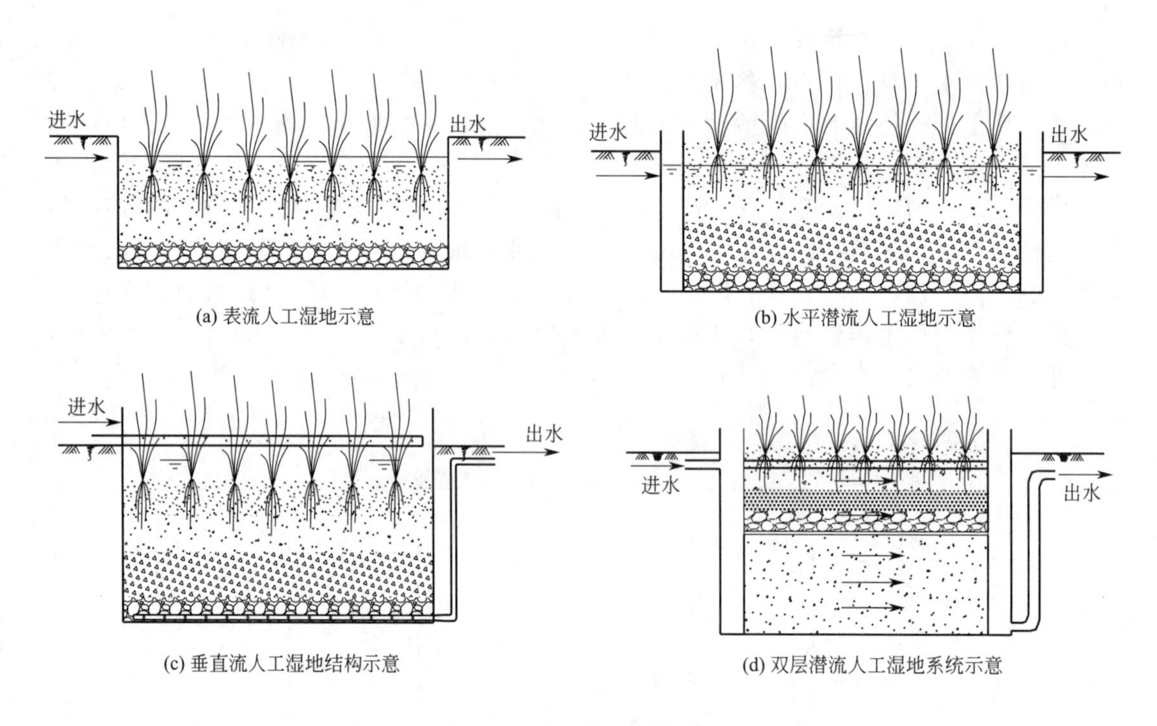

(a) 表流人工湿地示意

(b) 水平潜流人工湿地示意

(c) 垂直流人工湿地结构示意

(d) 双层潜流人工湿地系统示意

图 12-27 人工湿地系统示意

人工湿地是在一定长宽比及地面坡降的洼地中，由土壤和填料混合组成填料床，污水可以在填料缝隙中流动，或在床体的表面流动，并在床体表面种植具有处理性能好、成活率高、抗水性能强、生长周期长、美观且具有一定经济价值的水生植物，形成一个独特的生态环境，对污水进行处理的污水处理系统。

人工湿地是一个综合的生态系统，具有缓冲容量大、处理效果好、工艺简单、投资少、运行费用低等特点，它应用生态系统中物种共生、物质循环再生原理，结合功能与结构相协调原则，在促进污水中污染物质良性循环的前提下，充分发挥资源的生产潜力，防止环境的再次污染，获得污水处理与资源化的最佳效益。

12.8.3.5　稳定塘

稳定塘又名氧化塘或生物塘，是一种利用水体自然净化能力处理污水的处理设施，主要借助了水体的自净过程进行污水的净化。其工艺特点为：第一，结构简单，出水水质好，投资成本低，无能耗或低能耗，运行费用省，维护管理简便；第二，负荷低，污水进入前需进行预处理，占地面积大，处理效果随季节波动大，塘中水体污染物浓度过高时会产生臭气和孳生蚊虫；第三，适用于干旱、半干旱地区，资金短缺、土地面积相对丰富的农村地区。可考虑采用荒地、废地、劣质地以及坑塘和洼地等建设稳定塘处理中低污染物浓度的生活污水。

12.8.3.6　生物接触氧化池

生物接触氧化池是生物膜法的一种，是在池体中填充填料，污水浸没全部填料，氧气、污水和填料三相接触过程中，通过填料上附着生长的生物膜去除污水中的悬浮物、有机物、氨氮、总氮等污染物的一种好氧生物技术。生物接触氧化池的优点主要有：结构简单，占地面积小；污泥产量少，无污泥回流，无污泥膨胀；生物膜内微生物量稳定，生物相丰富，对水质、水量波动的适应性强；操作简便、较活性污泥法的动力消耗少；对污染物去除效果好。生物接触氧化池的缺点主要有：建设费用较高；可调控性差；对磷的处理效果较差，对总磷指标要求较高的农村地区应配套建设出水的深度除磷设施（图 12-28）。

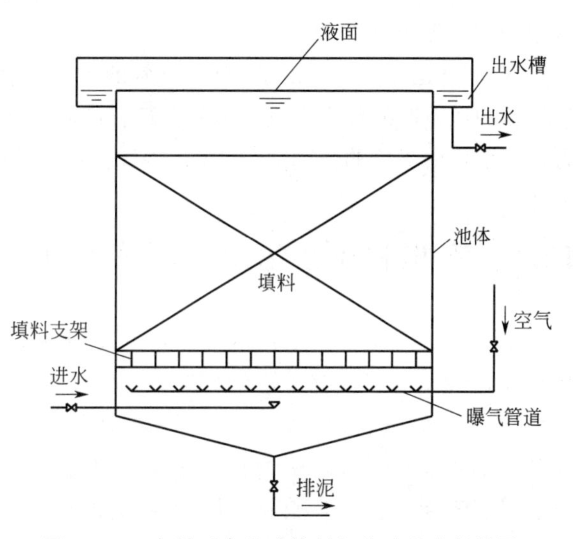

图 12-28　内循环直流式接触氧化池基本结构图

12.8.3.7　膜生物反应器（MBR）

膜生物反应器综合了膜处理技术和生物处理技术的优点。超、微滤膜组件作为泥水分离单元，可以完全取代二次沉淀池。超、微滤膜截留活性污泥混合液中微生物絮体和较大分子有机物，使之停留在反应器内，使反应器内获得高生物浓度，并延长有机固体停留时间，极大地提高了微生物对有机物的氧化率。同时，经超、微滤膜处理后出水质量高，可以直接用于非饮用水回用。系统剩余污泥少，且具有较高的抗冲击能力（图 12-29）。

其工艺特点如下。

① 出水水质好　由于采用膜分离技术，不必设立沉淀、过滤等其他固液分离设备。高效的固液分离将废水中悬浮物质、胶体物质、生物单元流失的微生物菌群与已净化的水分开，不需经三级处理即可直接回用，具有较高的水质安全性。

② 占地面积小　膜生物反应器生物处理单元内微生物维持高浓度，使容积负荷大大提高，膜分离的高效性使处理单元水力停留时间大大缩短，占地面积减少。由于 MBR 将传统污水处理的曝气池与二沉池合二为一，并取代了三级处理的全部工艺设施，因此可大幅减少

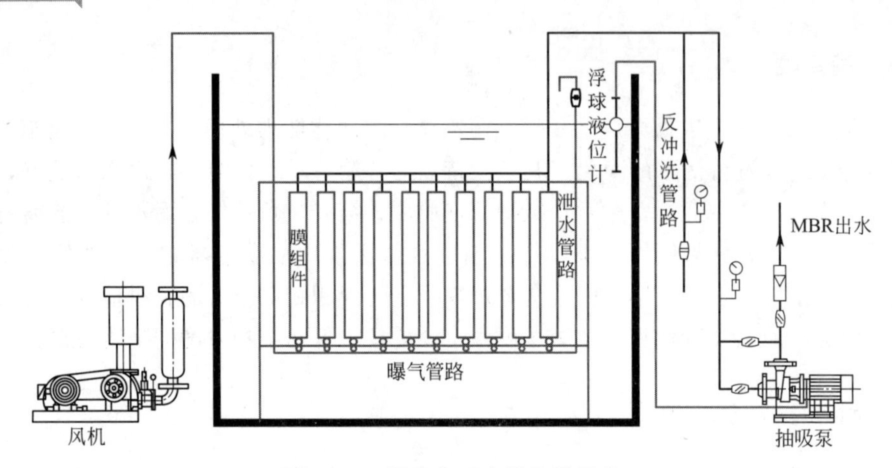

图 12-29　膜生物反应器流程示意

占地面积，节省土建投资。

③ 节省运行成本　由于 MBR 高效的氧利用效率和独特的间歇性运行方式，大大减少了曝气设备的运行时间和用电量，节省电耗。同时由于膜可滤除细菌、病毒等有害物质，可显著节省加药消毒所带来的长期运行费用，膜生物反应器工艺不需加入絮凝剂，降低运行成本。

12.9　布里村生活污水处理技术改造问题及对策

据调查，布里村生活污水并无特别复杂污染物质，由于生活污水直接排入水体，造成水体污染，致使水体中有机污染物增多，致使水中鱼类生物死亡，水体也会泛臭。其次，生活污水中还包含一些致病细菌，所以需要经过一定的处理后才能外排。生活污水已经成为布里村环境的重要污染源之一，引起河道水体变黑发臭、蚊蝇满天飞。而且生活污水中的病菌虫卵容易引起疾病传播，威胁农民的身体健康。

经过走访调查发现，布里村村民文化水平普遍偏低，认为生活污水是否处理无关紧要，再加上生活污水处理技术改造需要一定的资金投入，在布里村进行的生活污水改造技术必定要面临一系列挑战。

12.9.1　开始阶段

12.9.1.1　观念问题及转变对策

在调研走访中，团队成员发现，提起生活污水处理技术改造，大部分村民们认为，只要污水没有流入自家院子就不算污染。

由于生活污水的危害没有直接体现到村民身上，许多村民没有真正认识到村内污水得不到治理给村民带来的危害。首先，农民的卫生意识不高，由于疾病发作的延时性，很多农民意识不到污水处理与预防疾病之间的密切关系，造成生活污水在农民心中的定位较低，远远没有衣食住行那么迫切和重要。农民对于改变现状的要求不强。由于农村很多年轻劳动力外出打工，留在家中的大多是一些老年人和孩子。老人思想趋于保守，不易接受新事物，很少有改变现状的要求。

另外，由于生活污水处理设施建设的资金需要由村民自行筹集一部分，部分村民会产生厌反心理、抵触情绪。

面对这种情况我们必须做好宣传工作并联合乡镇领导加强对村民的教育工作。

1）做好各村镇领导的开发工作，使各级领导真正认识到生活污水处理能够改良农村环境卫生，做提高农民生活质量的良心工程。由村镇领导对村民进行号召。

2）加大宣传力度，将生活污水处理与美丽乡村建设联系起来，定期挨家挨户走访，教育。以广播、播放科教片等形式在村内做长期宣传，并带动布里村有文化有威望的村民参与进来一起宣传。

3）选取典型，首先将生活污水处理带入部分村民家中，使村民切实感受到生活污水得到处理后带来的好处，以点带面，最后把整个布里村村民带动起来。

12.9.1.2　技术保障问题及对策

生活污水处理是一项技术性工作，要求严格，涉及卫生技术、工程建设等领域。需要专业的施工技术人员对修建人员进行培训。同时，生活污水处理工程很大一部分要求村民自己完成。但是村民的知识水平普遍不高，大多看不懂图纸，只是按照自己的想法进行改造，施工过程中容易存在漏洞，达不到人们预期的效果，大大降低人们的积极性，严重制约布里村生活污水处理的发展进程。

为解决可能出现的技术问题，应加强专业人员对布里村村民的技术指导，选拔政治素质高，事业心强，业务水平过硬的专业技术人员直接对乡镇和村干部进行技术培训，讲授具体的施工方法。成立培训检测小组，定期对村民进行培训，检测工程进度、质量并做好跟踪服务。

12.9.1.3　资金问题及对策

农村的生活污水处理是一项群众性、技术性、科学性比较强的工作，应有专职人员直接参与，所以资金必须得到保证。但是布里村经济发展水平还不是很高，农民生活水平比较低。完全由村民筹集资金进行生活污水改造不符合实际情况，资金问题得不到解决必将妨碍生活污水处理工作的顺利进行。

根据布里村的实际情况，彻底进行生活污水处理，应走国家支持，地方补贴，农民自筹相结合之路。倡导“民办公助、多方筹资”“谁受益、谁出钱”的原则，配以当地政府经济补贴、政策优惠，政府适当提供布里村配套资金，并积极拓宽筹资渠道，鼓励当地商人个人投资。在生活污水处理完成后开展花卉、水产养殖，收益归村集体及投资人所有。由此形成“政府主导，乡镇支持，农民自筹”的局面，从而让农民真正得到实惠，切实感受到生活污水处理带来的好处。

12.9.2　运行阶段

12.9.2.1　使用维护问题

实践证明，要想真正解决布里村生活污水问题，生活污水处理后得到正确的使用和维护是关键。如果只重视建设不注重科学的管理、使用，本工程就成了一项劳民伤财的形象工程。由于布里村村民文化水平较低，很难在无人指导的情况下自主运营污水处理设备，我们有必要派遣专业指导人员长期驻扎布里村，为村民进行日常指导。

通常说改厕是“三分建、七分管”，在完成建设后，我们必须及时做好生活污水处理的宣传教育工作，并切实加强监管，成立监管小组，不定期帮助布里村村民进行故障检查、维修，使日常管理真正落到实处，切实做到建管并重，讲求实效，逐步把生活污水处理的日常管理变成农民的自觉行动和自觉意识，逐步巩固使用效果。还可以在村内定期进行评比，对使用管理好的农户给予奖励，提高大家的积极性。

12.9.2.2 示范推广问题

单单布里村的污水得到处理，是不可能在根本上解决污水问题的。为了鼓励、调动布里村周边村镇加入到污水处理的队伍中，应该联合乡镇干部，由各乡镇领导牵头，组织人员到布里村学习工作经验，专业技术人员提供技术指导，让农民更详细地了解污水处理带来的诸多益处。

同时，借助网络信息媒体，做专访，扩大布里村污水处理的影响力度。

12.10 布里村生活垃圾处理及相关条件现状分析

12.10.1 固体垃圾构成现状

布里村生活垃圾中，果厨类垃圾占垃圾总量的38.71%；购买物品用塑料和物品上自带的纸质包装占垃圾总量的51.61%，是如今农村生活垃圾的主体部分；废旧衣物或家具占垃圾总量的9.68%。统计结果显示，村民家庭中的泥土、树叶等垃圾只有极少的一部分，如图12-30所示。

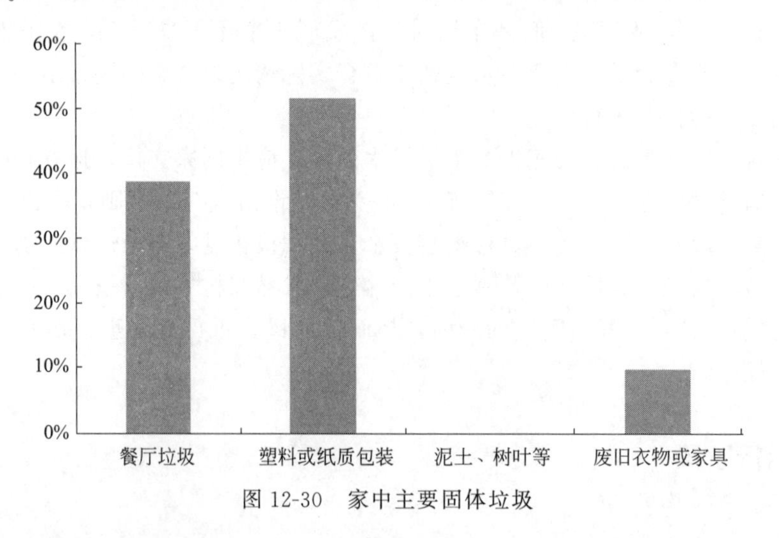

图12-30 家中主要固体垃圾

12.10.2 垃圾处理情况

① 家庭生活垃圾处理方式 布里村家庭生活垃圾主要有3种处理途径，分别为焚烧、

院外空地堆放、村内集中处理。采用焚烧处理方式的村民占 9.68%，采用堆放处理方式的占 61.29%，交给村内集中处理的占 29.03%，如图 12-31 所示。

② 秸秆处理方式　据了解，目前，秸秆的利用率越来越高，不仅粉碎后秸秆还田，而且养殖场也需要大量秸秆。秸秆还是工业原料，广泛用于造纸、制造建材、酒精和一次性包装盒等。它还可作为新型能源，利用秸秆发酵制取沼气、生产新型燃料等。秸秆综合利用发展的潜力越来越大，途径也非常广泛。

据统计，对于秸秆的处理情况，16.13%的村民将秸秆在田间焚烧，12.90%的村民将其随意弃置，70.97%的村民将其烂在田里做肥料。对于将秸秆交给秸秆收集站、发酵秸秆产生沼气、使用秸秆做饭的处理方式，并无人选择，如图 12-32 所示。

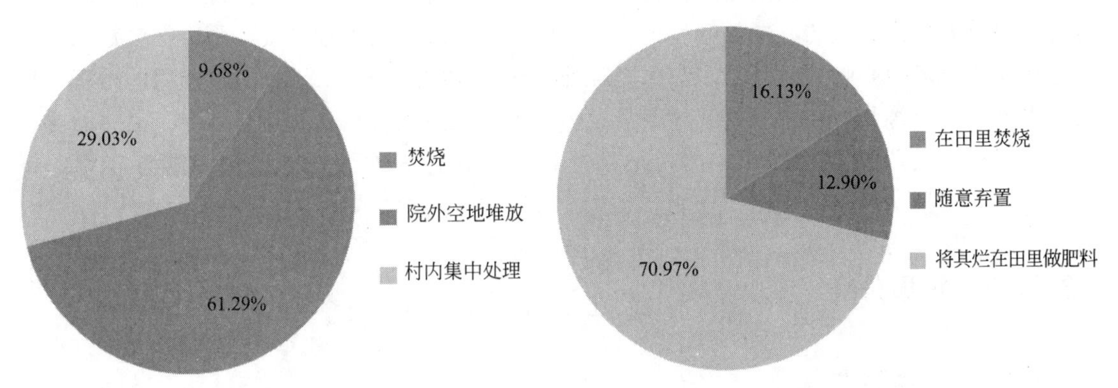

图 12-31　村民家中垃圾的主要处理方式　　图 12-32　收割后秸秆的处理方式

③ 家中禽畜养殖废弃物的处理方式　由于布里村以种植业为主，所以一些人会选择将禽畜的粪便堆积用作农肥，但是绝大部分的人随意弃置粪便，无处理意识。加工粪便生产有机肥、建禽畜粪便收集站、发酵禽畜粪便制沼气的处理方式，在村中并未普及。经了解，该村无禽畜养殖点，如图 12-33 所示。

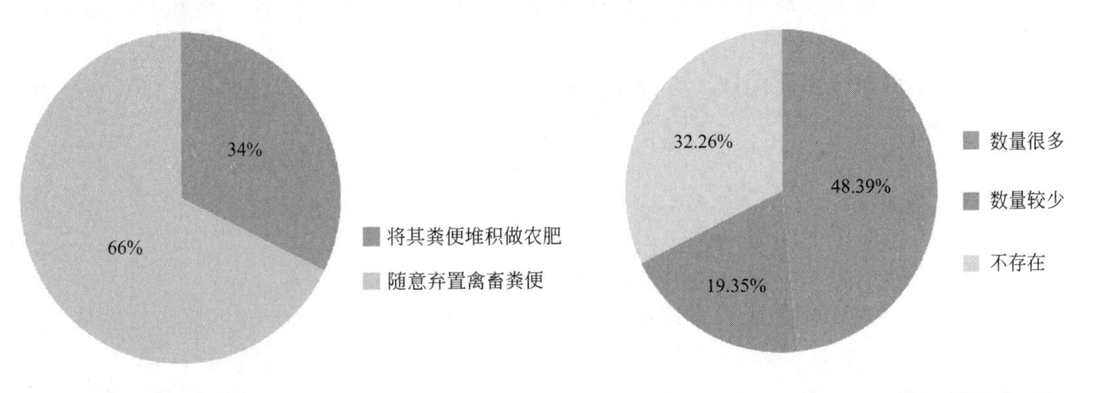

图 12-33　禽畜养殖废弃物的处理方式　　图 12-34　家周围是否有固体垃圾影响环境

12.10.3　环保情况

在家周围是否有固体垃圾影响环境的调查中，67.74%的家庭周围存在固体垃圾，其中，48.39%有大量垃圾，19.35%有较少垃圾；只有 32.26%的家庭周围不存在固体垃圾，如图 12-34 所示。

12.11　布里村生活垃圾处理技术措施

12.11.1　生活垃圾处理基本情况

环卫设施匮乏。村中垃圾随意堆放，坑塘周围尤为严重。

燃料利用不合理。居民生活燃料主要以柴草和煤粉为主，没有达到节能的目的，秸秆未得到有效利用，同时燃烧后的气体对环境污染较大。

对垃圾的处理方式多数人会选择在院外空地堆放，少数人将垃圾运往村内集中处理，同时有一部分人选择焚烧的方式处理垃圾。由于院外堆放垃圾的处理方式，所以在多数家庭周围存在固体垃圾的影响。而且很多户家庭院外存在大量的垃圾。对于家中收割后的秸秆，村民基本上会选择将其烂在田里做肥料。只有少数人会选择焚烧秸秆和随意丢弃。家中的禽畜养殖废弃物中的粪便，大约 1/3 的村民选择将其堆积作为农肥，其他村民随意弃置禽畜粪便。

12.11.2　垃圾分类

12.11.2.1　分类要求

垃圾分类应根据镇村环境卫生专业规划要求，结合布里村垃圾的特性和处理方式选择垃圾分类方法。

1）采用焚烧处理垃圾的区域，宜按可回收物、可燃垃圾、有害垃圾、大件垃圾和其他垃圾进行分类。

2）采用卫生填埋处理垃圾的区域，宜按可回收物、有害垃圾、大件垃圾和其他垃圾进行分类。

3）采用堆肥处理垃圾的区域，宜按可回收物、可堆肥垃圾、有害垃圾、大件垃圾和其他垃圾进行分类。

12.11.2.2　分类操作

1）垃圾分类应按本地区垃圾分类指南进行操作。

2）分类垃圾应按规定投放到指定的分类收集容器或地点，由垃圾收集部门定时收集，或交废品回收站回收。

3）垃圾分类可参照国家现行标准《城市环境卫生设施设置标准》(CJJ 27) 的要求设置垃圾分类收集容器。如图 12-35 所示。

4）垃圾分类收集容器应美观实用，与周围环境协调；容器表面应有明显标志，标志可参照现行国家标准《城市生活垃圾分类标志》(GB/T 19095) 的规定。分类垃圾收集作业应在环卫作业规范要求的时间内完成。

5）分类垃圾的收集频率，宜根据分类垃圾的性质和排放量确定。

6）大件垃圾应按指定地点投放，定时清运，或预约收集清运。

可回收物
废纸、废金属、废塑料、玻璃等

厨余垃圾
剩菜、剩饭、骨头、菜根、
茶叶等

不可回收物
包括除上述两种以外的,其他废
弃物

图 12-35　垃圾分类

7）有害垃圾的收集、清运和处理，应遵守环境保护主管部门的规定。

12.11.3　垃圾处理及资源化技术

垃圾处理流程见图 12-36。

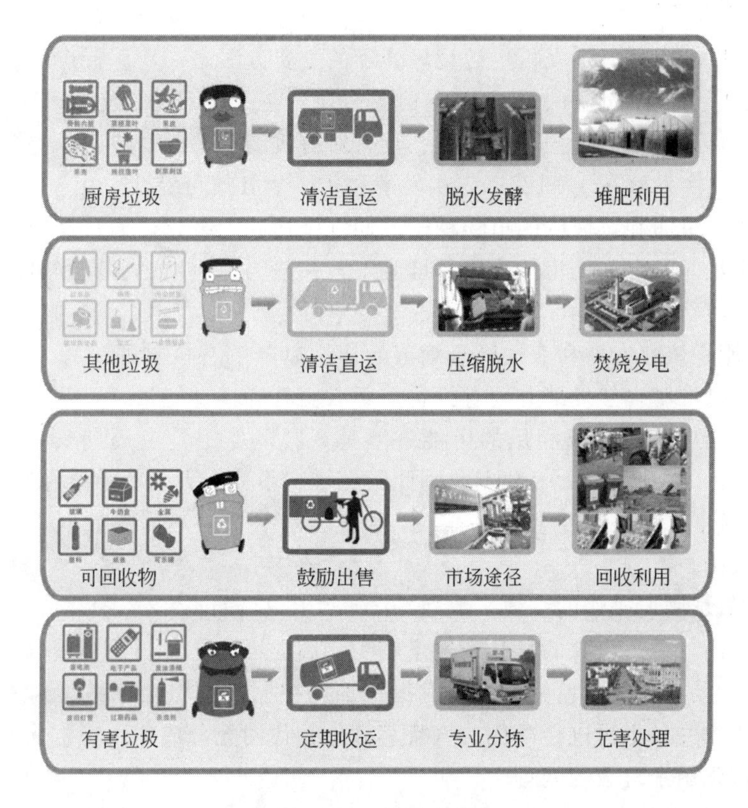

图 12-36　垃圾处理

12.11.3.1　垃圾卫生填埋

农村生活垃圾卫生填埋为生活垃圾的最终处置方法之一。其特点及优化手段为：第一，卫生填埋技术成熟，作业相对简单，在不考虑土地成本和后期维护的前提下，建设投资和运行成本相对较低；第二，卫生填埋占用土地较多，臭气不容易控制，渗滤液处理难度较高，生活垃圾稳定化周期较长，生活垃圾处理可持续性较差，环境影响时间长，卫生填埋场填满封场后需进行长期维护，重新建设需占用新的土地；第三，对于拥有富余土地资源且具有较好的污染控制条件的地区，可采用卫生填埋方式实现生活垃圾无害化处理；第四，采用卫生填埋技术，应通过生活垃圾分类回收、资源化处理、焚烧减量等多种手段，逐步减少进入卫生填埋场的生活垃圾量，特别是有机物数量。

12.11.3.2　垃圾焚烧处理

农村生活垃圾焚烧处理是农村生活垃圾处理的主要方法之一。其特点及优化手段为：第一，焚烧处理设施占地较少，稳定化迅速，减量效果明显，生活垃圾臭味控制相对容易，焚烧余热可以利用；第二，焚烧处理技术较复杂，对运行操作人员素质和运行监管水平要求较高，建设投资和运行成本较高；第三，对于土地资源紧张、生活垃圾热值满足要求的地区，可采用焚烧处理技术；第四，采用焚烧处理技术，应严格按照国家和地方相关标准处理焚烧烟气，并妥善处置焚烧炉渣和飞灰。

12.11.3.3　垃圾堆肥

农村生活垃圾堆肥处理是农村生活垃圾处理的主要方法之一，其特点及优化手段如下。

1）好氧堆肥是在通气良好、氧气充足的条件下，依靠专性和兼性好氧微生物的生命活动使有机物得以降解的生化过程。好氧堆肥具有对有机物分解速度快、降解彻底、堆肥周期短的优点。一般一次发酵在4～12d，二次发酵在10～30d便可完成。由于好氧堆肥温度高，可以杀灭病原体、虫卵和垃圾中的植物种子，使堆肥达到无害化，而且好氧堆肥的环境条件较好，不会产生难闻的臭气，目前采用的堆肥工艺一般为好氧堆肥。但好氧堆肥必须维持一定的氧浓度，运转费用较高。

2）厌氧堆肥是依赖专性和兼性厌氧细菌的作用以降解有机物的过程。厌氧堆肥的优点是工艺简单，通过堆肥自然发酵分解有机物，不必由外界提供能量，运转费用低，若对所产生的甲烷处理得当，还有加以利用的可能。但是，厌氧堆肥具有周期长（一般需3～6个月）、易产生恶臭、占地面积大等缺点。因此厌氧堆肥不适合大面积推广应用。

3）中温好氧堆肥所需温度为15～45℃，由于温度较低，不能有效地杀灭病原菌。目前中温堆肥使用较少。

4）高温好氧堆肥所采用的高温一般在50～65℃，极限可达80～90℃，能有效地杀灭病原菌，且温度较高，令人生厌的臭气产生量较少。高温堆肥在各国采用较多。

5）静态堆肥是将收集的新鲜有机物成批地加以控制，当堆肥原料达到一定高度后，不再添加新的微生物并且不再进行翻倒，直待其微生物代谢充分或达到稳定化要求成为腐殖土后运出，其适用于厨余垃圾的处理。

6）动态（连续或间歇式）堆肥采用连续或间歇进、出料的动态机械堆肥装置，具有一次发酵或前稳定化的周期短（3～7d）、物料混合均匀、供氧充足、机械化程度高等特点，但其一次性投资和运行成本较高，在发达国家应用较普遍。

7）露天式堆肥即将堆肥物料露天堆积，使其在开放的场地上通过自然通风、翻堆或强制通风，以供给有机物降解所需的氧气。这种堆肥方式所需的设备简单、投资较低，较适宜在农村使用。其缺点是发酵周期长，占地面积大，受气候的影响大，有恶臭，易招致蚊蝇、老鼠的孳生等。

8）装配式堆肥也称封闭式堆肥，是将堆肥物料密闭在堆肥发酵设备（如发酵塔、发酵筒、发酵仓）中，通过风机强制通风，提供氧源。装配式堆肥的特点是机械化程度高、堆肥时间短、占地面积小、环境条件好、堆肥质量可控可调等，适用于大规模工业化生产。

9）为全面描述实际情况，常复合使用多种生活垃圾堆肥工艺加以说明，如高温好氧静态堆肥、高温好氧连续式动态堆肥、高温好氧间歇式动态堆肥等。

12.12 布里村生活垃圾处理技术改造问题及对策

12.12.1 开始阶段

12.12.1.1 观念问题及转变对策

① 对于废纸、废塑料、废金属制品等可回收垃圾，旧电器等大件垃圾，村民一般会将它们存放堆置起来，不会随意丢弃，等走街串巷的收废品人员上门收购。因此，处理中心可以采用集中收购的方式，吸引农村居民自发地将可回收垃圾卖到收购点，而且可将收购价格比走街串巷的人员收购价格定高一些。

② 对于可收购以外的垃圾，村民自行放入各户附近的垃圾桶内。根据村户的距离，每30m 设置一组颜色为红、黄、蓝的分类垃圾桶。红色桶用来盛放有害垃圾，蓝色桶用来盛放餐厨垃圾、果皮、花草枝叶等可堆肥垃圾，黄色桶用来盛放上述两种以外的垃圾。处理中心会有专门人员定时定期去各设置点收集各类垃圾，运往处理中心再分别进行处理。

红色桶与黄色桶内的垃圾，处理中心会分类储存，待储存到一定数量，集中运往相应的垃圾处理站，进行无害化、卫生化处理。蓝色桶内的垃圾，由处理中心集中堆肥。

③ 观念问题及转变对策

1）问题。据调查显示，布里村大多数村民会将垃圾堆放在院外，少数人将垃圾运往村内集中处理，同时有一部分人选择用焚烧的方式处理垃圾。

2）转变对策。介绍当前农村生活垃圾（包括秸秆）利用的现状，同时配合相应的图片加以展示，让大家更好地认识农村环境治理的必要性。根据废物利用的想法，提出用垃圾堆肥的主张，展示堆肥技术和堆肥成果，以获得公众的认可。

12.12.1.2 技术保障问题及对策

在技术方面，对于收购的垃圾，处理中心会分类存放在简易仓库中，待储存到一定数量再集中出售到专业的收购站。

对于可收购以外的垃圾，处理中心会运用具有专利权的堆肥技术将收集到的垃圾、粪便、秸秆等可堆肥原料进行堆肥，其产出肥料无害环保且肥效显著。

12.12.2 运行阶段

12.12.2.1 使用维护问题

定期检查使用设备并对其进行维修和保养。针对客户反映的问题及时下乡解决。

12.12.2.2 示范推广问题

以网站推广为主，同时配合其他的宣传形式，如期刊文章报道、村官培训讲座、公益活动宣传等，提高推广效应。

① 网站 以网站宣传作为技术推广的窗口，由于网络具有广泛连接、快捷、成本低的特点，所以建立网站不仅便于向社会传递信息，更好地与社会沟通，还可以大大减少相关的广告费用。

② 期刊报道 邀请一些专业的杂志社或报社作为合作对象，并由专业负责人在社会性问题、农村发展、环境改造等方面发表看法，吸引相关人士的注意。类似期刊有《中国农村》《新农村》《河北农民报》等。

③ 村民培训 加强与市县级政府的合作，在当地政府的同意下，举办村官培训讲座，同时邀请市县级领导，为大家解读国家出台的政策，分析农村环境治理的必要性、措施。

④ 公共活动宣传 开展一些公益活动，如与当地政府部门联合开展农村环保活动，倡导绿色消费，以奖励的形式鼓励村民进行垃圾分类处理、资源回收利用。

12.13 总结与收获

12.13.1 全文总结

党的十八大报告提出："要努力建设美丽中国，实现中华民族永续发展"，这是我国第一次提出"美丽中国"的全新概念。在2013年中央一号文件中，第一次提出了要建设"美丽乡村"的奋斗目标。由此美丽乡村建设拉开序幕。

2015年3月23日，中央财经领导小组第九次会议审议研究了《京津冀协同发展规划纲要》。中共中央政治局2015年4月30日召开会议，审议通过《京津冀协同发展规划纲要》。纲要指出，推动京津冀协同发展是一个重大国家战略，核心是有序疏解北京的非首都功能，要在京津冀交通一体化、生态环境保护、产业升级转移等重点领域率先取得突破。

本次的调研地点为我国留法勤工俭学发祥地——保定市高阳县布里村。调研发现在"美丽乡村"的建设过程中，以该村为代表的红色根据地的发展稍显滞后，农村厕所、污水处理、垃圾处理等基础设施都存在较大的问题。

调研发现，布里村的厕所以传统旱厕为主，属于自建卫生间。67.74%的家庭选择将厕所建在院子内，只有19.35%的家庭选择将厕所建在室内，而剩下的9.68%的家庭需要到院子外如厕。这些厕所基本为砖砌结构，9.68%的家庭在砌筑完成后，采用在墙面抹水泥的措施。从厕所的建造位置和砌筑方式可以看出，这些传统旱厕的建造，大大影响了布里村的村貌，不利于村民的生活，生态厕所的建造急需在该村开展。

布里村村民的月用水量在5t以下的家庭占79.03%，月用水量在5～10t之间的家庭占20.97%。这些生活用水，9.68%用于灌溉院内外菜地，38.71%用于淋浴、盥洗，51.61%用于饮用。而对于生活污水的处理，25.81%的村民选择泼洒的方式，20.97%的村民选择排入天然排水沟，29.03%的村民选择排入下水管道，24.19%的村民选择排入人工开挖的污水井。由此可以看出，村民的污水再利用意识较差。由于生活污水处理不当、工业排污、随意倾倒垃圾等行为，布里村的水质存在黑臭、水生生物减少和水生植物大量生长的问题。

村民的生活垃圾中，果厨类垃圾占垃圾总量的38.71%，购买物品用塑料和物品上自带的纸质包装占垃圾总量的51.61%，废旧衣物或家具占垃圾总量的9.68%，泥土、树叶等垃圾只有极少的一部分。生活垃圾主要有三种处理途径，分别为焚烧、院外空地堆放、村内集中处理。9.68%的村民采用焚烧处理方式，61.29%的村民采用堆放处理方式，29.03%的村民交给村内集中处理。对于秸秆的处理，村民不能将秸秆做到更大效率的利用，16.13%的村民将秸秆在田间焚烧，12.90%的村民将其随意弃置，70.97%的村民将其烂在田里做肥料。对于禽畜养殖废弃物的处理，一些人会选择将禽畜的粪便堆积用作农肥，但是绝大部分的人随意弃置粪便，无处理意识。

农村厕所、污水处理和垃圾处理改造，首先是改变观念问题。引导村民，让他们逐渐接受当今社会科学技术发展的变化，利用宣传和政策扶持，让村民认识到传统的农村技术设施和处理方法存在很多弊端，不利于农村环境的整治，且威胁着村民的健康。

其次是技术问题。现在国内比较成熟的农村生态卫生厕所类型有粪尿分集式卫生厕所、双瓮漏斗式厕所、三格式化粪池卫生厕所、三连通沼气式卫生厕所、通风改良双坑式厕所、完整上下水系统水冲式厕所。农村生活污水的处理与资源化技术成果有生物滴滤池、化粪池、生物净化槽、人工湿地、稳定塘、生物接触氧化池和膜生物反应器。生活垃圾处理及资源化技术有垃圾卫生填埋、垃圾焚烧处理和垃圾堆肥。

最后是管理维护问题。在各类设施建造之前，要将使用注意事项提前通知用户。为了给广大农民提供更加周到的服务，可以由各乡镇领导、农民共同成立改造小组。形成以技术工人为骨干，农民群众为主体，各级领导干部为依托的厕所改造、污水处理、垃圾处理系统，并做好跟踪服务，以便取得更理想的效果。

12.13.2　调研收获

为期一个半月的调研活动结束了，虽然我们为此次调研活动付出了很多辛劳，但是团队中的每个人都收获良多。它是我们大学生活中的一个短暂的过程，对我们来说却是难得的经历。

通过此次调研，我们发现，即使是我们曾经的红色革命根据地，在社会的发展，尤其是乡村的发展过程中，其基础设施也存在相当大的问题。在我国留法勤工俭学发源地——高阳县布里村，其基础设施条件有很大的欠缺，厕所的卫生条件、管理、使用情况不理想，生活污水处理和生活垃圾的处理不容乐观。这些都影响着这个具有历史意义的村庄的村貌，资源得不到有效利用，而且劣质的环境卫生威胁着农村村民的健康。所以，对布里村农村厕所、生活污水处理、垃圾处理的现状进行的调研是很有必要的，它能及时地为农村厕所、生活污水处理、垃圾处理的改造提供可参考的数据和相关信息，全面地了解民意。

调研汇总以及修改调研报告的过程中，我们还了解了很多专业调研报告应遵循的基本格式以及排版方法。还有在统计调研数据的过程中，用到了Excel图表分析方法，刚开始的时候，由于缺少相关知识的掌握，做出的图表并不美观，一些单位的标示、表头标题的拟定存在不恰当的地方，图表底色、坐标刻度、图例标注等方面都做了很多次的修改，在指导老师的帮助下，终于绘制出了比较理想的图表。在掌握这些知识的过程中，我们的学习能力也提高了。

此次调研活动中，同学们在布里村开展了以“弘扬爱国精神，打造美丽乡村”为主题的大学生社会实践活动，并利用此次活动的开幕式，将村民聚结，填写调研报告，并请老师为布里村村民举办了农村生态卫生及给排水处理“科学讲堂”。同学们以走访调查的方式面对面地与村民交谈，了解村民的想法和意愿，并做好记录。整理过程中，大家积极查阅各方面资料，逐字逐句地检查调研报告，认真发掘每个问题背后的原因。

这次暑期社会实践和调研活动让我们对河北农业大学“艰苦奋斗，甘于奉献，求真务实，爱国为民”的“太行山精神”有了更深刻的理解。在中国梦的实现过程中，我们应秉承中华民族的优秀传统，发扬艰苦奋斗的精神，为祖国的美丽乡村建设和京津冀的生态文明建设贡献自己的力量。

12.14 附表

河北省农村基础设施及环境现状调查问卷

一、整体情况

1. 您家庭所在地____________________（请填写详细地址），是否为乡镇政府所在地______，您的姓名______（可以不填）。

2. 贵村常住人口______。

3. 您家中的常住人口（不含长期在外人员）___人，居住面积____m^2。

4. 请估算去年您家总收入______元，人均______元，支出______元，主要用途为__________。

5. 本村的主要经济结构（根据村民收入的主要来源回答）

①种植业为主 ②养殖业为主 ③种养殖业为主 ④工业为主 ⑤服务业为主 ⑥外出打工

6. 您对您居住地的环境质量总体状况满意吗？

① 满意 ② 一般 ③ 不满意

7. 您认为您居住地的环境质量在以下哪个方面存在问题？(可多选)

①水源不洁净 ②空气不够清新 ③周围存在黑臭水体 ④垃圾随处可见 ⑤其他

8. 您认为您居住地的环境质量状况近年来的变化趋势如何？

①有明显改善 ②有明显恶化 ③没变化

9. 您认为导致您居住地环境质量状况发生变化的主要原因是什么？(可多选)

①公众环保意识　②环境管理　③工业污染治理　④社会经济发展　⑤其他

10. 贵村里有无集市、庙会？①有　②无；若有，其开放周期为__________次/月。

二、村庄公共基础设施

1. 本村____年通过新农村建设的村规划，____个自然村已集中迁建；

本村____年通过新农村建设，建成集中连片住宅小区____亩，共有____户。

2. 村与所在乡镇政府的距离：

①2km 以内　②2～5km　③5～10km　④10km 以外

3. 村与所在县城的距离：

①5km 以内　②5～10km　③10～20km　④20km 以外

4. 村内道路主要是（可多选）：

①水泥路与柏油路　②砂石路　③泥土路　④其他____________

5. 村庄垃圾集中收集处理设施：①有　②无

6. 村庄公共厕所：①有　②无

7. 村庄中生活污水处理设施：A 有　①运行情况良好　②无法正常运行　B 没有

8. 村庄中有无排水管网：①有　②无

9. 村内是否有专人管理垃圾与污水处理设施：①有　②无

10. 村内有无沼气工程：①有　②无

若有为：①统一出资建设管理　②住户出资管理　③其他__________

三、用水情况

1. 目前您家的生活用水取自：

①地表水　②地下水　③储存雨水　④其他____________

2. 对于现在您所在地的水源状况您觉得是：①很差　②一般　③好　④很好

3. 村内饮用水供水方式：①自来水（管道水）　②井水　③江河湖水　④其他____________

4. 村内自来水是来自：①村内水井　②相邻村共用的井　③与附近县城的供水管网连接

5. 您家一个月用水大约几吨？

①5t 以下　②6～10t　③11～15t　④16～20t　⑤20t 以上

6. 您家解决饮水问题所用资金：

①完全自筹资金　②国家（集体）补贴一部分　③全由国家（集体）解决　④其他

7. 您对现在的供水设施情况是否满意：

A 不满意：①没有自来水　②自来水不连续　③自来水水质不好

B 基本满意　　C 无所谓，一直就这样习惯了　　D 其他__________

8. 您家水源地周围有无污染源：

①有（污染源主要是__________________________________）　②没有

9. 您家的饮用水是否令您满意：

A 不满意：　①口感不好　②浑浊　③可能有污染　④有水垢

B 基本满意　C 无所谓，一直就这样习惯了

10. 您家所在地区是否发生过因饮用水不合格导致的疾病？①有（何时________何种疾病________）　②无

11. 贵村现在的自来水收费方式：

①用水量：______元/t ②按人头：______元/(人·月)

③统一定价：______元/月 ④其他方式：____________ ⑤不收费

12. 您认为下述收费方式哪种合理：

①按用水量 ②按人头 ③统一定价 ④其他方式________

13. 您家的饮水水质检测：

①每年进行 ②多年进行一次 ③出现问题才进行 ④从没有进行过

14. 您认为目前农村饮用水困难的主要原因（可多选）：

①政府投入资金不够 ②政府投入很大，但监管不力 ③供水体制单一，缺乏竞争 ④饮用水工程管理混乱、破坏严重 ⑤其他

15. 您所在村落用水过程中哪方面用水比例较大？(请在以下内容中选择，若选择其他，请您注明是什么)

饮食用水、洗衣服、冲厕、家务（包括有家庭卫生、洗碗、洗菜、淘米等）、个人卫生、其他您的选择是：________________。

16. 您家的排水方式：

①泼洒 ②排入天然排水沟 ③排入下水管道 ④再利用 ⑤排入人工开挖的污水井 ⑥其他

17. 您家厕所的类别：

①旱厕 ②水冲厕所 若为水冲厕，那您冲洗厕所的水来源于：________________。

18. 您认为污水对您的生活有无影响：①有 ②没有

四、水环境情况

1. 您居住地周围的地表水体（河流、湖泊、水库或池塘）的水质状况如何？

①很好 ②一般 ③较差

2. 您居住地周围地表水体水质存在的问题是什么？(可多选如果第 2 题选①，第 3 题可不作答)

①黑臭 ②水生生物减少 ③水生植物大量生长 ④其他

3. 您认为造成您居住地周围地表水体水质不理想的主要原因是什么？

①工业排污 ②生活污水排入 ③周围农田土壤随雨水排入 ④水体自身水量减少 ⑤其他

4. 贵村是否存在水井、泉水干涸情况：

A 存在 ①数量很多 ②数量较少 B 不存在

5. 贵村地表水（河流、湖泊、坑塘）等水量大致变化趋势：

①逐年增多 ②逐年减少 ③变化不明显

五、生活垃圾部分

1. 您家生活垃圾的来源：

①厨房废弃物（废菜、煤灰、蛋壳、废弃的食物） ②废塑料、废纸、碎玻璃、碎陶瓷、碎纤维、废电池 ③农村秸秆等纤维可降解的固体废物 ④其他废弃的生活垃圾________________

2. 请您估计一下家里平均每天产生的垃圾的质量__________kg。

3. 是否将垃圾进行分类： ①是 ②否

4. 生活垃圾收集与回收利用：　①是　　②否

5. 您平常怎样处理生活垃圾：　①焚烧　②掩埋　③集中抛弃在某处　④有专门回收站

6. 废塑料制品如何处理：

①垃圾桶　②河道中　③田地间或道路旁　④烧掉　⑤其他________________

7. 过期的药物和废旧电池如何处理：

①垃圾桶　②河道中　③田地间或道路旁　④烧掉　⑤等待上门回收　⑥其他____________

8. 您家中的人畜粪便去向：①直接还田　②出售　③丢弃　④其他

9. 有无设施（如沼气池、堆肥等）将粪便等作为资源利用：①有　②无

10. 垃圾堆放的位置：①随意堆放　②村外人稀处　③沿河道堆放　④规划垃圾点　⑤其他

六、工农业生产

1. 村里有无乡镇集体或私有工业企业？

A 有　①污染很少　②污染挺严重　③不清楚　　B 没有

2. 村工业废弃物主要是：①工业废水　②工业废气　③固体废弃物　④其他

3. 如果该村有工业废弃物（废水、废气、废固体物），其排放情况是：

①没有经过任何处理　②经过了简单处理但仍有污染　③经过了严格程序处理

4. 如果该村的工业废弃物排放没有经过任何处理，是因为：

①企业认为没有污染　②知道有污染，但治理成本太高，企业承担不了　③知道有污染，但治污技术上过不了关，处理不了　④知道有污染，但企业不愿花钱处理　⑤知道有污染，但治污是政府的事，企业不用管

5. 如果该村的工业废弃物排放没有经过任何处理或只是简单处理，其结果是（可多选）：

A 损害了村民身体健康，产生了慢性病（病名______）、地方病（病名____________）

B 破坏了土壤，导致村民年人均纯收入减少

C 污染了空气，污染程度：①严重阻碍呼吸　②空气有异味　③呼吸没什么感觉

D 污染了水源，污染程度：①人畜不能饮用　②不能灌溉农田　③轻微污染

E 破坏了生态植被，污染程度：①寸草不生　②草木发黄　③轻微污染

F 其他结果

6. 您村在农业生产中主要施用的肥料是什么？化肥施用比例占多少？

A ①化肥　②人畜粪便　③堆肥　④其他

B ①90%～100%　②0%～90%　③50%～70%　④0%～50%　⑤<30%

7. 您村使用过的废弃农用薄膜，是如何处理的？

①直接丢在使用过的田里　②从田里取出后随意弃置　③交给薄膜收集站统一处理　④混同生活垃圾扔进垃圾箱　⑤卖给收废品的　⑥该村不用薄膜

8. 您村收割后的秸秆（稻秆），是如何处理的？

①在田里焚烧秸秆　②随意弃置秸秆　③直接把秸秆烂在田里做肥料　④交给秸秆收集站（厂）　⑤发酵秸秆产生沼气　⑥使用秸秆烧饭　⑦其他处理方式　⑧该村没有秸秆产生

9. 您村禽畜养殖点（场）的废弃物是如何处理的？

①加工禽畜粪便生产有机肥料　②建立禽畜粪便收集站　③发酵禽畜粪便制造沼气　④将

禽畜粪便堆积用作农田肥料　⑤随意弃置禽畜粪便　⑥其他处理方式　⑦该村没有禽畜养殖点（场）

10. 您村因使用农药造成的影响：

①使人畜饮用水变质，不能使用　②使人畜饮用水受到影响，但还能使用　③使用规范、保护得当，对人畜没有危害　④使用的是无害农药

七、大气与噪声

1. 您认为您居住地的空气质量如何？（如果第 1 题选①，第 2 题可不作答）

①好　②一般　③较差

2. 您认为您居住地的空气质量存在哪些问题？（可多选）

①有异味　②粉尘大　③灰霾天气多　④其他

3. 您认为造成您居住地的空气质量不理想的主要原因是什么？

①全球空气质量变差　②当地工业污染造成　③生态环境被破坏　④其他

4. 您在您的居住地会受到噪声的干扰吗？

①没有　②经常　③偶尔

（如果第 4 题选①，第 5 题可不作答）

5. 您认为对您日常生活产生影响的噪声主要来自于哪里？（可多选）

①工业企业生产　②建筑施工　③道路交通　④娱乐活动　⑤其他

八、环保意识

1. 您认为环保工作是谁的事？

①每一个人　②政府　③环保人员　④不知道

2. 您是否担心后代人的生活环境会越来越差？

①非常担心，并且想为环保做自己力所能及的事　②担心，但没有办法　③不担心　④无所谓

3. 你周围有无关于环境保护的宣传和活动？

①经常有　②偶尔有　③听说过但是没有见过　④从未有过

4. 你觉得本村大部分居民对我村环境整治是什么态度？

①积极　②无所谓　③消极

5. 你觉得当地政府和领导对环境整治是什么态度？

①积极　②无所谓　③消极

6. 当工业企业在为您带来经济效益的同时，对环境造成了严重破坏，您会支持下列哪种做法？

①关闭工业企业　②保留工业企业，但其污染物需达标排放　③保留工业企业，牺牲环境　④其他

7. 您认为环境污染会使人体健康受到损害吗？

①会　②不会　③不知道

8. 当您的居住地出现环境问题，并使您的生活受到影响，您会采取下列哪种措施？

①无可奈何，听之任之　②向居住地的村镇干部反映　③拨打环保投诉电话　④其他

9. 您对您居住地的环境管理政策和力度满意吗？

①满意　②基本满意　③不满意

10. 您认为您居住地的环境管理在哪些方面还应该进一步加强？（可多选）

①定期发布当地的环境质量信息　②加强对生活污水和垃圾的处理　③加大环境污染的处罚力度　④加强对重污染工业的管理　⑤建立畅通的沟通渠道以反映和解决环境问题　⑥其他

12.15　荣誉证书

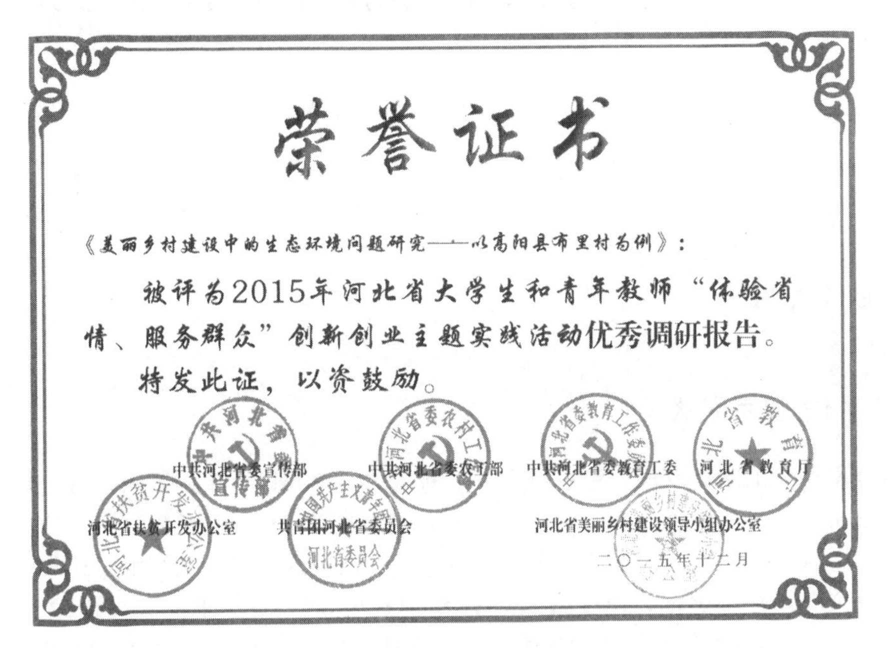

荣誉证书

《美丽乡村建设中的生态环境问题研究——以高阳县布里村为例》：

被评为2015年河北省大学生和青年教师“体验省情、服务群众”创新创业主题实践活动优秀调研报告。

特发此证，以资鼓励。

中共河北省委宣传部　中共河北省委农工部　中共河北省委教育工委　河北省教育厅

河北省扶贫开发办公室　共青团河北省委员会　河北省美丽乡村建设领导小组办公室

二〇一五年十二月

【案例评述】本次调研对象——布里村，隶属河北省保定市，是我国留法勤工俭学的发源地，是典型的具有红色爱国精神的代表地区。蔡培森在此地注入的“业精于勤”的精神是我们中华民族的宝贵财富。针对布里村农村厕所情况、污水处理情况和垃圾处理情况展开调研，是提出农村面貌改造提升的重要根据。

随着全面建设小康社会步伐的加快，农村基础设施滞后问题正在逐步引起各级党委政府重视，纷纷提出系统性的解决措施。目前，环境设施建设在农村基础设施建设中问题最为严重，农村污水和垃圾绝大多数未经处理就随意排放和堆放，对农村环境造成了严重的污染，甚至影响了农村饮水安全，因此在今后很长一个时期应把污水处理、垃圾集中处理等农村环境设施建设放在重要地位。同时，加大对建立和健全农村环境保持长效机制的财政支持力度，确保农村环境设施完备、长效保持机制健全，使环境改善效果显著。

第13章 发明制作类作品——以新型自控排蓄雨水装置[1]为例

13.1 研究背景

13.1.1 雨水利用现状

随着社会经济的高速发展，用水需求量不断增加，使我国水资源紧缺问题更加严峻，另一方面暴雨带来的自然灾害频繁发生以及人民对环境的要求程度日益提高；节约用水，高效利用水资源，保护自然水体，提高雨水利用效率迫在眉睫。为了有效缓解上述水资源和水环境问题，国家不断加大力度，出台政策文件保护水资源。2015年国家提出建设“海绵城市”，所谓海绵城市就指城市能够像海绵一样，在适应环境变化和应对自然灾害等方面具有良好的“弹性”，下雨时吸水、蓄水、渗水、净水，需要时将蓄存的水“释放”并加以利用。

13.1.2 城镇排水体制的发展

现行排水体制的选择主要基于城镇安全和环境污染方面的考虑。由于截流式合流制存在溢流水污染问题，因此随着城镇化的快速发展，许多城市的新建地区推荐选用分流制系统或推荐将旧城区的合流制改建为分流制系统，除了部分旧城区之外，我国多数城市基本采用了完全分流制排水体制，然而我国的城市水环境并没有得到根本性的转变，这不仅在于城镇污水处理管理上存在一定的问题，还在于城镇排水体制本身具有一定的局限性，分流制排水系统存在的雨污水管道混接以及初期降雨径流的问题日渐突出。

13.1.3 已有截流井的类型及优缺点

通过表13-1，可以看出在截流式合流制排水系统中现有的各种截流井虽然在一定程度上缓解了污水处理厂的负荷，但是污水和雨水对自然水体的水质有较大的影响，不能符合当下对水环境的要求。

---

[1] 本项目来源于河北省大学生创新创业训练计划，项目编号：201510086007；获得第九届全国大学生节能减排社会实践与科技竞赛三等奖，获奖人员：于禾苗、贾高峰、郝巍巍、郭晓阳、贾媛。

表 13-1　已有截流井技术特点及比较

类型	适用范围	技术特点
堰式截流井	截流式合流制排水系统	通过堰高控制截流井的水位,保证旱季最大流量时无溢流和雨季时进入截污管的流量得到控制
槽式截流井	截流式合流制排水系统	无需改变下游管道,甚至可由已有合流制管道上的检查井直接改造而成。由于截流量难以控制,从而给污水厂的运行带来困难
堰槽结合式截流井	截流式合流制排水系统	该截流井由于堰高的影响导致上游合流管道涌水的现象普遍存在,这也是导致污水截流井实际工况维护、管理难度增大的重要原因
跳跃堰式截流井	截流式合流制排水系统	该截流井使用中受到一定限制,即其下游排水管道应为新铺设管道,对于已有的合流制管道,不宜采用跳跃式截流井

13.2　工艺优化方案

本装置利用水流动能、水体浮力及重力平衡等水力学原理，创新构造了一种新型清洁雨水全回收式截流井，可应用在现行的城镇分流制排水体制中雨水管道中，作为现行排水体制的补充，结合污水管道，将初期雨水弃流，并将洁净雨水收集利用或排放到自然水体中，减少水体污染，补充生态水景。

13.2.1　设计总思路

本装置采用长方形池室结构，在传统截流井的基础上，在池室中增设了两个自动启闭阀门，来实现对降雨过程中初期污染雨水和后期洁净雨水的分流。同时，又根据雨水量强度通过水箱和沉淀池的水位结合浮力对阀门实现自动启闭。在一个降水周期中，此截流井可以通过上述结构实现对雨水的截流，在不污染受纳水体的创新构造基础上实现雨水资源的最大利用化。

此外，本装置在池室内设计了可以根据降雨地区下垫面污染程度的不同，对初期雨水弃流量和流向导流槽量设定不同的配比，来适应不同地区街区的降水条件。同时该设计作品在实际中可以考虑采用塑料材料，实现装配式安装。

13.2.2　两个阀门自动启闭设计思路

雨水通过雨水管道的收集进入截流井中，首先会流向第一个水箱，当进水流量大于水箱小孔流量时水箱水位会上升，水位到达一定高度，浮球会拉动与之相连的绳索，牵动沉淀池中低位的闸门。与此同时，初期雨水通过导流槽与平面配比，大部分流向污水管道，定量地通过导流槽流向沉淀池，由于此时沉淀池中低位阀门已经关闭，沉淀池内水位开始上升，沉淀池底设计为斜坡式，将流进的初期雨水所携带的泥沙沉降。当沉淀池内水位上升满足要求后，浮球推动翻板上升，关闭雨水流向污水管道的一侧，初期污染雨水弃流完毕，此时雨水开始流向雨水管道进行排放受纳水体或收集利用。当降雨很小或停止后，流向截流井的雨水量减少，此时进水流量小于水箱小孔流量，水箱水位降低，与之相连的绳索拉动沉淀池低位的闸门打开，沉淀池中雨水依靠重力以一定的流速流向污水管道，同时带走沉淀在沉淀池底部的泥沙，水位下降，翻板打开。一个降雨周期，两次阀门启闭完成，自动实现对雨水的输送。

另外，根据不同的水质调节翻板的长度。当中后期雨水中含泥沙量较大时，减小翻板后部的长度，促进沉淀。当中后期雨水中泥沙量较小时，相应地增加翻板后部的长度，减少洁净雨水与沉淀池中的雨水接触面积。

13.2.3　自动控制雨水分流设计思路

通过设计水箱孔口来控制沉淀池低位阀门，当雨水进入水箱，水位到达一定位置时，通过小球浮力将沉淀池低位阀门关闭。根据导流槽和翻板宽度的配比，控制初期雨水排入城市污水管网的流量，使初期污染的雨水大部分流入污水管网，小部分流入沉淀池内。当沉淀池内雨水达到一定量时，根据力学原理，翻板关闭，雨水将不再流入污水管网，全部流入雨水管网从而达到回收利用。通过导流槽和翻板宽度的不同配比实现在不同地区街区下垫面不同污染程度的弃流与收集。

13.3　工艺设计图

13.3.1　装置平面示意图及各部位名称

本装置采用长方形池室结构，并在池室中增设了两个自动启闭阀门，实现对初期污染雨水和后期洁净雨水的分流。如图 13-1 所示。

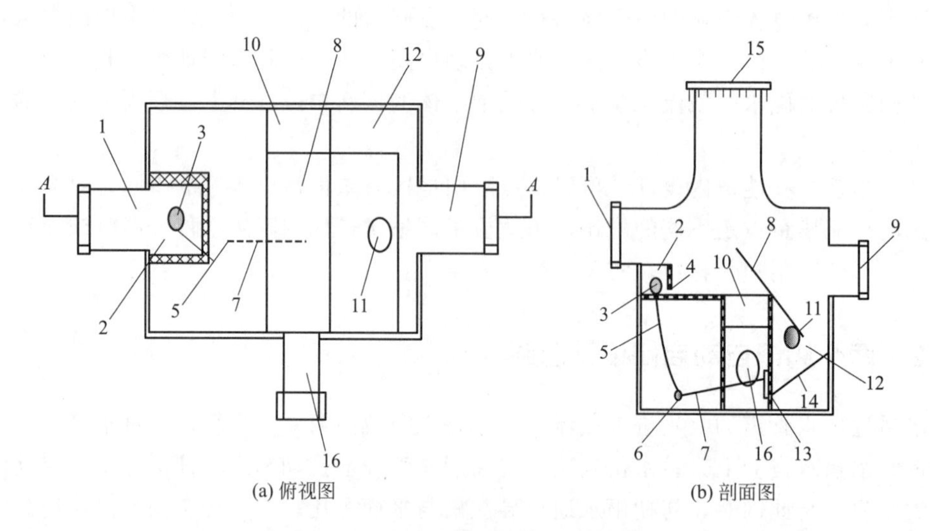

图 13-1　方案俯视图和方案剖面图

1—进水管；2—水箱；3—浮子；4—小孔；5—牵动绳索；6—配重；
7—旋转杆；8—翻板；9—清洁雨水排出管；10—导流槽；11—浮球；
12—沉淀池；13—底阀；14—斜板；15—雨水盖；16—初期雨水排出管

具体实施方式及过程：雨水通过进水管（1）流入水箱（2）中，当进水水量大于小孔（4）的流量时，水箱（2）的水位达到一定的高度，其内浮子（3）会拉动与之相连的绳索（5），牵动底阀（13）。与此同时，初期雨水通过导流槽（10）与平面配比，大部分流向初期雨水排出管（16），定量的通过导流槽（10）流向沉淀池（12），由于此时底阀（13）已经关闭，沉淀池（12）中的水位开始上升，斜板（14）将流进的初期雨水所携带的泥沙沉降。当沉淀池（12）内的水位上升到满足要求后，浮球（11）在浮力的作用下上升，从而带动翻板（8）上升使其达到水平，使雨水流向初期雨水排出管（16）受阻，此时雨水开始流向清洁雨水排出管（9），进行雨水的收集利用。

当降雨很小或停止后，流向进水管（1）的雨水量减少，此时进水流量小于水箱小孔（4）的流量，水箱（2）水位降低，绳索（5）拉动底阀（13）打开，沉淀池（12）中雨水通过重力以一定的流速流向初期雨水排出管（16），水位下降，浮球（11）下落使翻板（8）打开。一个降雨周期，两次阀门启闭完成，自动实现对雨水的输送。

13.3.2 3D效果图

方案3D效果见图13-2和图13-3。

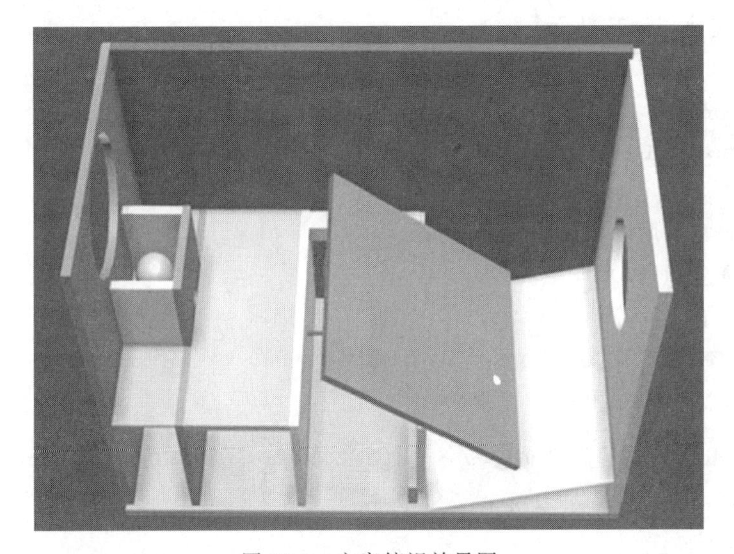

图13-2 方案俯视效果图

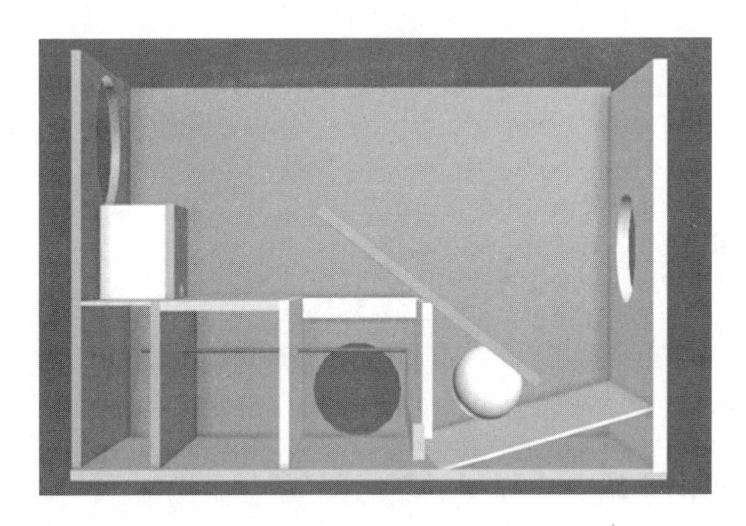

图13-3 方案剖视效果图

13.4 工艺计算书

13.4.1 结构设计

主体尺寸

以模型内壁计算

长度：35cm，宽度：25cm，高度：40cm

以模型外壁计算（加壁厚）

长度：35cm，宽度：25.8cm，高度：40cm

小水箱尺寸

长度：8cm，宽度：10cm，高度：5cm

（注：以沉淀池高为基准面）

$$V=8\times10^{-2}\times10\times10^{-2}\times5\times10^{-2}=2\times10^{-4}\,m^3$$

污水管道内室

长度：12cm，宽度：20cm，高度：20cm

水槽：

长度：17cm，宽度：5cm，高度：5cm

（污水面分流宽 4∶1）

翻板相关计算

翻板长度：24cm，宽度：20cm

（翻板左右长度比为 1∶1）

浮力球 $d=4$cm　质量为 2.7g　$v=\frac{4}{3}\pi(d/2)^3=\frac{\pi}{6}d^3=3.351\times10^{-5}\,m^3$

浮力球全部没入水中所受的浮力：

$$F_{浮}=\rho g v_{排}=1\times10^3\times9.8\times3.351\times10^{-5}=0.328N$$

计算

翻板开启时

$$G_0<G_0+G_{浮力球}+G_{配重}$$

翻板关闭时

$$G_0\geqslant G_0+G_{浮力}+G_{配重}-F_{浮}$$

式中　$F_{浮}$——浮力球全部没入水中所受的浮力；

G_0——翻板左侧、右侧所受重力；

$G_{浮力}$——浮力球自身所受重力；

$G_{配重}$——为实现不等式成立，在翻板右侧增添配重。

沉淀池

长度：16cm，宽度：25cm，高度：20cm

13.4.2 相关设计数据

沉淀池低坡角度

若使泥沙在静水中自行滑落：

$$mg\sin\theta-\mu mg\cos\theta=0$$

因此，$\tan\theta=\sin\theta/\cos\theta=\mu$

查资料，得有机玻璃 $\mu=0.4$

因此，$\theta=\arctan\mu=\arctan 0.4=0.381\text{rad}=21.83°\approx 22°$

沉淀池小孔尺寸及压力

沉淀池高度 $h=20\text{cm}$

小孔处压强 $p=\rho gh=1\times10^{3}\times9.8\times19\times10^{-2}=1.862\times10^{3}\text{Pa}$

小孔处水对闸门的压力：$F=ps=1862\times2\times10^{-3}=3.724\text{N}$

13.4.3　污水截流井设计计算算例

以流域面积为 1hm^2 城区为例，雨水集中排入附近受纳水体。街区街面泥沙较多，本算例相关设计计算参数见表 13-2。不同形式污水截流井的计算方法与计算条件参照《室外排水设计规范》(GB 50101—2005) 设计。

表 13-2　算例基本计算参数与计算条件

基本设计参数	参数或设计计算值
设计雨水流量/(L/s) $Q=\Psi Fq$	43.8
管道设计流量/(L/s)	46.21
暴雨强度/[L/(s·hm²)]	$q=87.6$

注：算例中设计雨水流量按河北省某城市暴雨强度公式计算，暴雨重现期取 $p=3$ 年，$q=167A/(t+b)n$ 其中，$n=1.010-0.006\ln(p-0.099)$；$b=25.865+3.37\ln(p-0.706)$；$A=55.408+22.338\ln(p-0.247)$。

由于本装置在雨水管道系统中基本位于末端，相对汇水面积的雨水流量较大，为简化模型计算，设定进入截流井的雨水流量为 1L/s，街道泥沙较多，沟槽与平面比选取 1∶4，初期污染降雨历时选取 60s（1min），总降水历时 300s（5min），水箱体积为 0.4L，由此可计算得：

水箱灌满时间：$t_1=0.4/1=0.4\text{s}$

降雨开始，0.4s 后水箱浮球开始动作沉淀池阀门关闭。

1min 内的弃流量：$V_{弃}=4/5\times60\times1=48\text{L}$

1min 内流向沉淀池的雨水量：$V_{沉}=1/5\times60\times1=12\text{L}\geqslant V_{沉标}$

翻板启动，洁净雨水管排放雨水。

收集量：$V_{收}=240\times1=240\text{L}$

通过计算得出，本装置能够弃流大部分的初期雨水，基本全部回收洁净雨水。

13.5　本装置应用前景

本装置是对现有的完全分流制排水体制的补充，为截流式分流制排水系统提供了实际操作的研究。在分流制雨水管道系统中应用本装置，可最大程度将初期污染较严重的雨水排向污水处理厂进行处理，减轻污水处理厂运行负荷，节省基建费用和运行成本，减少能源消耗，使城市污水处理厂规划更加合理。

将干净的雨水进行收集或排向自然水体，弥补了现有截流井的缺陷，完善了城镇排水系统。对建设海绵城市中雨水的利用和《水污染防治行动计划》中改善河湖水环境提供了施工基础。

让雨水成为资源，提高雨水回收率和利用率，节约水资源，在一定程度上可以缓解我国水资源紧缺的现状。

13.6　附件

13.6.1　专利说明书

(1) 技术领域

本发明涉及雨水截流技术，特别是涉及一种截流井，其截流效果要优于现有的截流井。

(2) 背景技术

随着全球社会经济的高速发展，用水需求量不断增加，使水资源紧缺问题更加严峻，另一方面暴雨带来的自然灾害频繁发生以及大量的雨水携带地表污染物流进河流和海洋，不仅污染了自然水体，还使雨水得不到资源化利用；节约用水，高效利用水资源，保护自然水体，提高雨水利用效率迫在眉睫。欧美等发达国家及地区就雨水收集利用早已开展了大量研究和应用，并取得很好的城市效应。

在我国，基于现阶段各城市的现状，除了部分旧城区之外，多数城市基本采用了完全分流制排水体制，将初期及清洁雨水全部排放至自然河道，造成环境污染；或者排放到城市管网造成污水厂负担过重。研究表明，在一次降雨事件中初期雨水携带了这场降雨所产生的大部分污染负荷，若其仍与清洁雨水混流，势必对一个周期内的降雨水体质量造成较大的影响，使清洁雨水不能收集再利用。随着雨水收集和利用的方法不断被提出，上述这些问题如果不能很好地解决，不但不能使建成的污水收集和处理系统充分发挥其净化初期雨水的作用，投资效益和社会效益会降低；而且不能收集再利用清洁雨水，达到缓解水压力的目的。因此，需要开发一种初期雨水和清洁雨水分别收集处理的截流井来达到此目的。

(3) 发明内容

本发明可以很好地解决上述问题，提供一种在分流制排水系统下初期雨水和清洁雨水分别收集利用的截流井。

截流井处于整个截流式合流制排水系统的枢纽部位，是整个系统的关键构筑物，系统通过其截流旱季污水及一部分初期雨水，并把超过截流水量的合流污水顺利排入水体，所以一个周期内清洁雨水都流入污水处理厂，并没有达到充分利用水资源和缓解污水处理厂负荷的目的。因此截流井形式的选择和内部构造是否合理，对于初期雨水和清洁雨水分流具有举足轻重的作用。传统截流井形式并不多，主要有堰式截流井、槽式截流井和槽堰式截流井。

堰式截流井在合流制截污系统中的应用是较为成熟的，它通过堰高来达到截流的目的，保证旱季最大流量时无溢流和雨季时大部分的雨水溢流排入水体。但对于持续小流量的雨水和后期清洁雨水无法保留。

槽式截流井一般在井内设一道与截流管管径等宽的截流槽，槽底低于合流管的管内底，利用截流槽来达到截流的目的，所以对于一些河道常水位和洪水位较高的城市，容易发生污水外泄的情况，并且对于城市污水量大的情况也达不到很好的截流效果，一般只用于已建合流制管道。

槽堰结合式截流井井内设一道较低的溢流堰，同时还会把截流管高程适当下降做成截流槽，其兼有槽式井和堰式井的优点，使其截流能力比二者更强。但是也具有二者的一些缺点，并且由于其构造复杂，工程造价要高于槽式和堰式截流井。

通过对截流式合流制排水系统中的现有的各种截流井比较，可以看出虽然在一定程度上缓解了污水处理厂的负荷，但是污水和雨水对自然水体的污染仍然很大，不符合当下对水环境的要求。并且对于清洁雨水并没有充分收集利用，与初期雨水混流仍然不能最大限度地缓解污水处理厂的负荷。

为解决上述问题，本发明的解决方案是：一种新型浮力式自动雨水截流井。本装置将合理设计内部结构，通过水力学原理实现阀门的自动化启闭，以实现对初期污染雨水和清洁雨水的分流，有效地解决了一个降水周期中，初期污染雨水和清洁雨水混流的状况，在不污染自然水体的前提下，实现雨水资源的最大利用率。该截流井包括水箱、浮球、阀门、沟槽、沉淀池等。如图 13-4、图 13-5 所示。

本发明装置的结构尺寸可根据情况调整。

本发明装置的各部分比例可根据情况适当调整。

本发明装置的主要参数可针对特殊情况进行调整。

本发明装置与传统的截流井装置比较，通过独特构造将清洁雨水有效回用，一方面提高了清洁雨水回收量；另一方面也有效提高了回收雨水的水质，应用后有助于海绵城市建设。

（4）附图说明

图 13-4 是本发明的俯视示意图。

图 13-5 是本发明的 $A—A$ 剖面图。

图 13-6 是本发明装置水流路径俯视示意图。

图 13-7 是本发明装置 $A—A$ 剖面图水流路径。

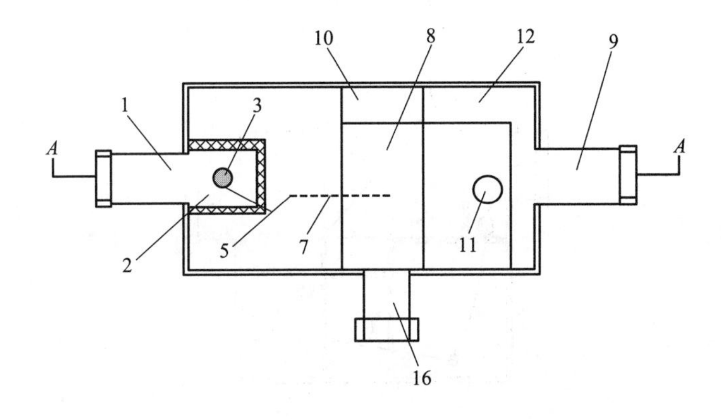

图 13-4　装置俯视示意（图中注释同图 13-5）

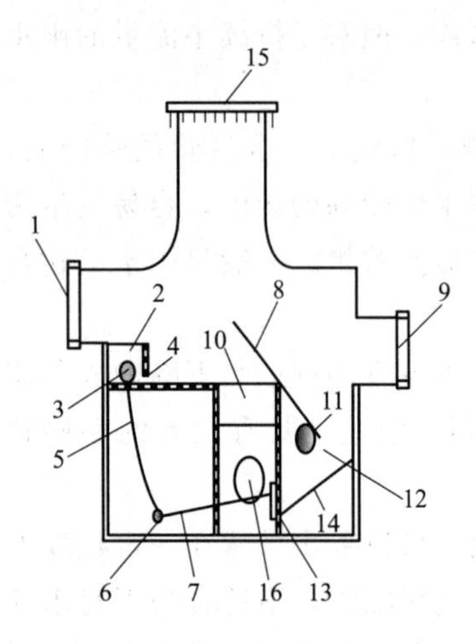

图 13-5 装置 *A*—*A* 剖面图

1—进水管；2—水箱；3—浮子；4—小孔；5—牵动绳索；6—配重；7—旋转杆；8—翻板；9—清洁雨水排出管；10—导流槽；11—浮球；12—沉淀池；13—底阀；14—斜板；15—雨水盖；16—初期雨水排出管

(5) 具体实施方式和过程

如图 13-4、图 13-5 所示，本发明装置采用长方形池室结构，雨水通过进水管（1）流入到水箱（2）中，当进水水量大于小孔（4）的流量时，水箱（2）的水位达到一定的高度，其内浮子（3）会拉动与之相连的绳索（5），牵动底阀（13）。与此同时，初期雨水通过导流槽（10）与平面配比，大部分流向初期雨水排出管（16），定量地通过导流槽（10）流向沉淀池（12），由于此时底阀（13）已经关闭，沉淀池（12）中的水位开始上升，斜板（14）将流进的初期雨水携带的泥沙沉降。当沉淀池（12）内的水位上升到满足要求后，浮球（11）在浮力的作用下上升，从而带动翻板（8）上升使其达到水平，使雨水流向初期雨水排出管（16）受阻，此时雨水开始流向清洁雨水排出管（9），进行雨水的收集利用。

当降雨很小或停止后，流向进水管（1）的雨水量减少，此时进水流量小于水箱小孔（4）的流量，水箱（2）水位降低，绳索（5）拉动底阀（13）打开，沉淀池（12）中雨水通过重力以一定的流速流向初期雨水排出管（16），水位下降，浮球（11）下落使翻板（8）打开。一个降雨周期，两次阀门启闭完成，自动实现对雨水的输送。

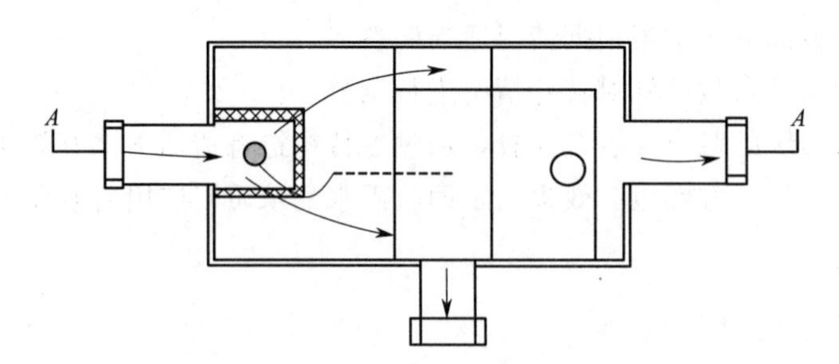

图 13-6 装置水流路径俯视示意

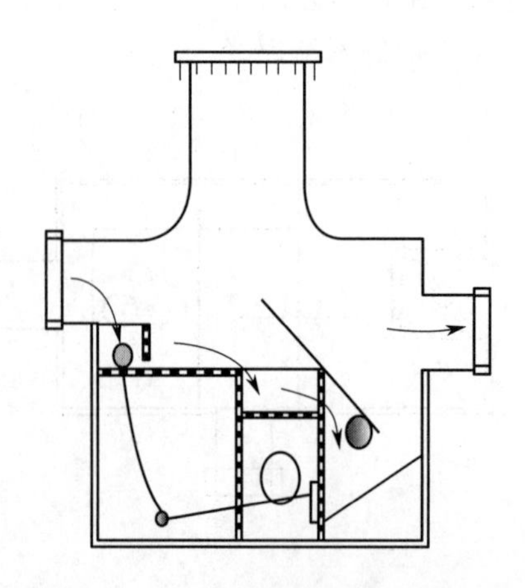

图 13-7 装置 *A*-*A* 剖面图水流路径示意

13.6.2　实用新型专利证书

证书号第4986324号

实用新型专利证书

实用新型名称：一种截流井

发　明　人：贾高峰；任恒阳；梁丽华；郝巍魏；于禾苗；赵旭阳；季准
张立勇

专　利　号：ZL 2015 2 0535672.2

专利申请日：2015年07月22日

专利权人：河北农业大学；河北建设集团有限公司

授权公告日：2016年02月03日

本实用新型经过本局依照中华人民共和国专利法进行初步审查，决定授予专利权，颁发本证书并在专利登记簿上予以登记。专利权自授权公告之日起生效。

本专利的专利权期限为十年，自申请日起算。专利权人应当依照专利法及其实施细则规定缴纳年费。本专利的年费应当在每年07月22日前缴纳。未按照规定缴纳年费的，专利权自应当缴纳年费期满之日起终止。

专利证书记载专利权登记时的法律状况。专利权的转移、质押、无效、终止、恢复和专利权人的姓名或名称、国籍、地址变更等事项记载在专利登记簿上。

局长
申长雨

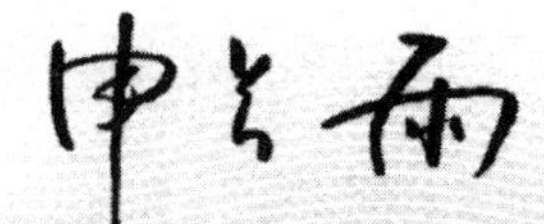

第 1 页 (共 1 页)

13.7　荣誉证书

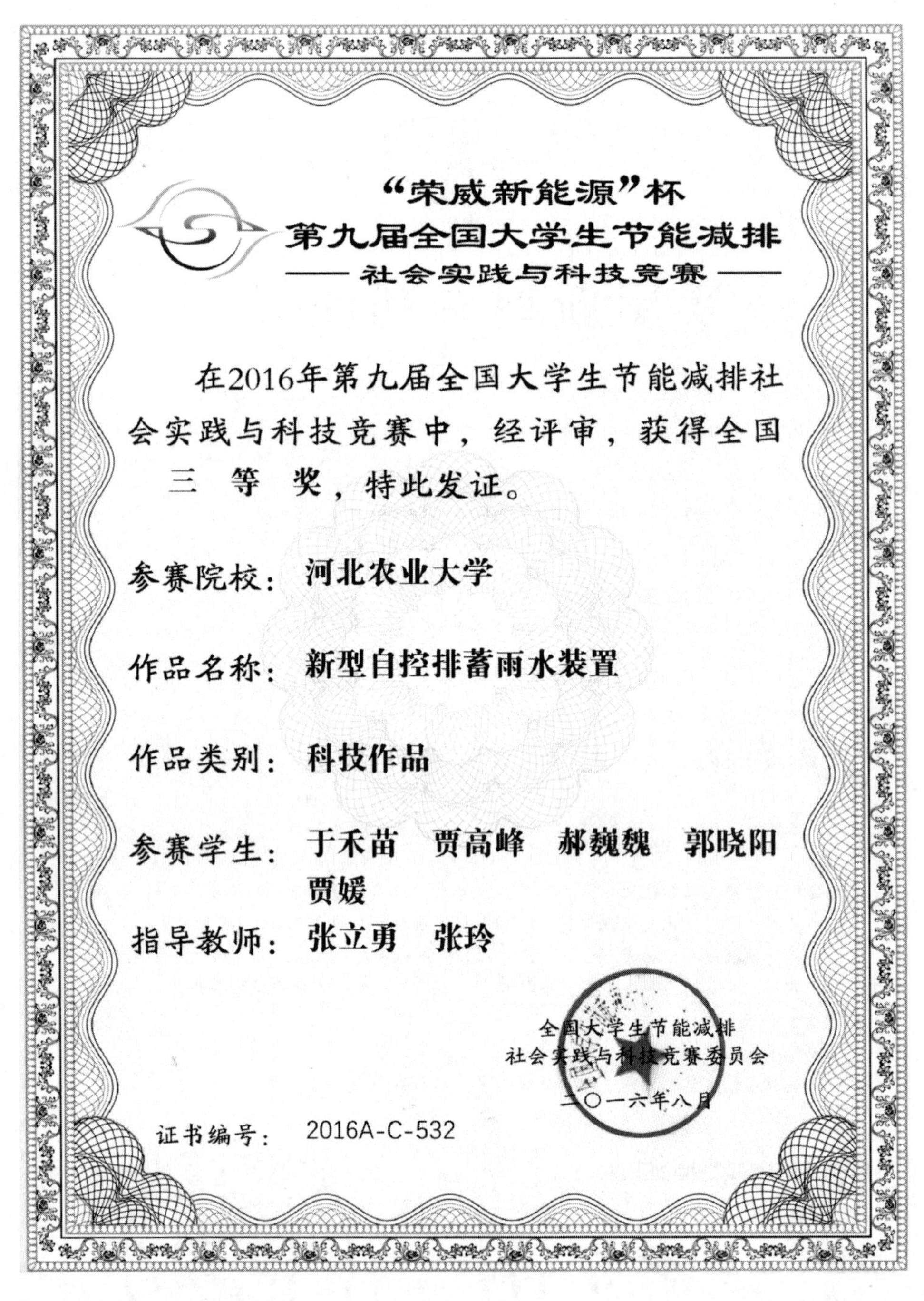

“荣威新能源”杯
第九届全国大学生节能减排
——社会实践与科技竞赛——

在2016年第九届全国大学生节能减排社会实践与科技竞赛中，经评审，获得全国 三 等 奖，特此发证。

参赛院校：河北农业大学

作品名称：新型自控排蓄雨水装置

作品类别：科技作品

参赛学生：于禾苗　贾高峰　郝巍魏　郭晓阳　贾媛

指导教师：张立勇　张玲

全国大学生节能减排
社会实践与科技竞赛委员会
二〇一六年八月

证书编号：2016A-C-532

【案件评述】该作品的设计符合社会发展的需要，作品巧妙地提出了城市排水、防洪排涝与雨水资源利用结合的解决办法。通过核心装置——新型自控雨水截流井，将初期污染雨水输送到污水处理厂得到处理，洁净雨水补充城市生态水系，将雨水分质缓排，符合当下海绵城市建设和城市低影响开发理念。作品整体设计连贯，由处理单元组成系统操作，雨水截流井创意新颖，利用浮力构造翻板结构以及低坡设计，充分体现出了理论知识与实践运用和装置设计的细节性。

该作品无论从整体功能设计，还是核心装置的创新上都充分展示了大学生的创新能力和知识转化能力，为保障系统运行的可靠性，引入的电控装置和网络传输装置符合“互联网+”走入水行业的发展趋势。

参考文献

[1] 崔常艳．论高校大学生创业意识的培养［J］．才智．2014（22）．
[2] 吴连臣，王红琳，陈曦．大学生科技创新素质培养策略研究［J］．高等农业教育．2015（5）：3-5．
[3] 张可．大学生创业政策实施现状及对策研究［D］．石家庄：河北师范大学，2013．
[4] 于海，赵雅静，付凤至．浅析大学生学术科技活动对创新创业教育的促进［J］．高教学刊．2015（14）：16-17．
[5] 邹海贵，常立农．大学生科技创新活动的内涵、特征及价值探析［J］．南华大学学报：社会科学版．2002，3（4）：13-15．
[6] 聂梅生，李圭白．论水工业及其学科的产生与发展［J］．给水排水．1997（4）：57-59．
[7] 贾玉梅．绿色建筑工程技术的发展［J］．科技与企业．2013（9）：219．
[8] 郭洋洋，刘龙坤．浅谈如何推进海绵城市建设［J］．建筑工程技术与设计．2015（31）．
[9] 徐桂华．以创业计划大赛为基础发展高校创业教育［J］．江苏高教．2011，2011（1）：116-117．
[10] 王金凤．创新环境评价的模型设计［D］．东营：中国石油大学（华东），2012．
[11] 王媛媛．基于“挑战杯”的学生创新实践能力培养研究［J］．课程教育研究：新教师教学．2013（24）．
[12] 魏婧．我国高校的创业教育方式研究［D］．天津：南开大学，2009．
[13] 方旎雯．从承办方角度谈挑战杯赛事的组织与实施［J］．西江月．2013，42．
[14] 杨晶，杜继勇．我国高校创业教育现状分析及对策［J］．职业教育旬刊．2014（5）：23-25．
[15] 袁志忠，陈功锡，胡文勇，等．大学生课外科技活动对创新能力培养的作用与策略［J］．高教论坛．2010（12）：37-39．
[16] 朱玉奴，缪家鼎，张冬梅，等．论科技查新中的科学技术要点和查新点［J］．图书馆理论与实践．2014（6）：16-18．
[17] 王振．高校科研项目管理工作的思考［J］．中国科技博览．2009（29）：138．
[18] 丁成．浅议如何确定专利申请类型［J］．城市建设理论研究：电子版．2013（20）．
[19] 黄文平，彭正龙，赵红丹．创业团队成员心理契约影响因素的探索性研究［J］．上海管理科学．2015，37（4）：33-37．
[20] 魏婧．我国高校的创业教育方式研究［D］．天津：南开大学，2009．
[21] 周新年，张正雄，邱荣祖．硕士研究生学位论文答辩过程与技巧［J］．中国林业教育．2008，26（3）：44-46．